纺织服装高等教育"十三五"部委级规划教材

第二版

服装制版—基础篇

编著 张文斌

U0377617

东华大学出版社·上海

内 容 提 要

本书总结了服装制版师必须要掌握的基础技能,即衣身结构平衡、基本的领袖结构、典型女装的结构设计样版的推档、工业样版的技术规定等技能。基础技能掌握好就为进一步学习提高篇以及最终成为优秀的制版师打好基础。

图书在版编目(CIP)数据

服装制版-基础篇/张文斌编著. —2版. —上海:东华大学出版社,2017.5
ISBN 978 - 7 - 5669 - 1147 - 6

Ⅰ. ①服... Ⅱ. ①张... Ⅲ. ①服装量裁
Ⅳ. ①TS941.631

中国版本图书馆 CIP 数据核字(2016)第 259005 号

责任编辑 杜亚玲
封面设计 潘志远

服装制版-基础篇〔第二版〕
张文斌 编著
东华大学出版社出版
(上海市延安西路 1882 号 邮政编码:200051)
苏州工业园区美柯乐制版印务有限责任公司印刷
新华书店上海发行所发行
开本:787×1092 1/16 印张:20.5 字数:510 千字
2017 年 5 月第 2 版 2022 年 7 月第 5 次印刷
ISBN 978 - 7 - 5669 - 1147 - 6
定价:39.00 元

目录

模块三　　上装部位与部件结构知识模块

模块四　　女装整体结构知识模块

模块五　男装整体结构知识模块

模块六　工业样版基础知识模块

模块一　基础知识模块

内容综述： 本模块介绍服装结构制图的基本概念和常用术语、制图规则、符号与工具；分析男女体型特征及测量方法与工具；介绍服装结构构成方法的种类特点及基础纸样，对各类原型的构成原理与制图方法进行具体剖析。

掌握： 结构制图主要概念、术语、各类原型结构构成原理和制图方法。

熟悉： 结构制图基本概念、术语以及制图规则、符号等；男女体型主要特征；结构线基础比例。

了解： 男女体型测量方法、工具。

第一章　服装结构制图基础知识

· ·

本章要点 ·

　　重点掌握服装各个部位的有关术语、结构制图的方法、尺寸标注的基本要求；理解服装中常用的基本概念；掌握常用的服装制图工具；熟悉服装制图主要部位点、线的中英文对照。

第一节　服装结构制图基本概念与术语 · · · · · · · · · · · · · · · ·

一、基本概念

　　1. 服装结构　服装各部件和各层材料的几何形状以及相互结合的关系，包括服装各部位外部轮廓线之间的组合关系、部位内部的结构线以及各层服装材料之间的组合关系。

　　2. 结构制图　也称"裁剪制图"，是对服装结构通过分析计算在纸张或布料上绘制出服装结构线的过程。

　　3. 结构平面构成　也称平面裁剪，是最常用的结构构成方法。分析设计图所表现的服装造型结构组成、形态吻合关系等，通过结构制图和某些直观的实验方法，将整体结构分解成基本部件的设计过程。

　　4. 结构立体构成　也称立体裁剪，能形象地表现服装与人体间对应关系，常用于款式复杂或悬垂性强的面料的服装结构。将布料覆合在人体或人体模型上剪切，直接将整体结构分解成基本部件的设计过程。

　　5. 结构制图线条

　　(1) 基础线：结构制图过程中使用的纵向和横向的基础线条。上装常用的横向基础线有基本线、衣长线、落肩线、胸围线、袖窿深线、腰节线等线条；纵向基础线有止口线、叠门线、撇门线、肩宽线、胸宽线、背宽线、背中心线等线条。下装常用的横向基础线有基准线、裤长线、腰围线、臀围线、横裆线、中裆线、脚口线等线条;纵向基础线有侧缝线、前裆直线、前裆内撇线、后裆直线、后裆内撇线等线条。

(2) 轮廓线:构成服装部件或成型服装的外部造型的线条。如领部轮廓线、袖部轮廓线、底边线、烫迹线等线条。

(3) 结构线:能引起服装造型变化的服装部件外部和内部缝合线的总称。如止口线、领窝线、袖窿线、袖山弧线、腰缝线、上裆线、底边线、省道、褶裥线等线条。

6. 各种图示

(1) 效果图:也称时装画,是设计师为表达服装的设计构思以及体现最终穿着效果的一种绘图形式。

(2) 设计图:也称款式结构图,为表达款式造型及各部位加工要求而绘制的造型图,一般是不涂颜色的单线墨稿画。要求各部位成比例,造型表达准确,工艺特征具体。

(3) 示意图:为表达某部件的结构组成、加工缝合形态、缝迹类型以及成型的外部和内部形态而制定的一种解释图,在设计、加工部门之间起沟通和衔接作用。有展示图和分解图两种。展示图表示服装某部位的展开示意图,通常指外部形态的示意图,作为缝纫加工时使用的部件示意图;分解图表示服装某部位的各部件内外结构关系的示意图。

二、部位术语

1. 肩部　指人体肩端点至颈侧点之间的部位。

(1) 总肩宽:自左肩端点通过颈椎点至右肩端点的宽度,简称"肩宽"。

(2) 前过肩:前衣身与肩缝缝合的部位。

(3) 后过肩:后衣身与肩缝缝合的部位。

2. 胸部　指前衣身最丰满的部位。

(1) 领窝:前后衣身与衣领缝合的部位。

(2) 门襟和里襟:门襟是锁扣眼一侧的衣片;里襟是钉钮扣一侧的衣片。

(3) 门襟止口:门襟的边沿,有连止口和加挂面两种形式。

(4) 叠门:门、里襟重叠的部位。叠门量一般为 1.7～8 cm,一般是服装材料越厚重,使用的钮扣越大,叠门量则越大。

(5) 扣眼:钮扣的眼孔。有锁眼和滚眼两种,锁眼根据扣眼前端形状分圆头眼和方头眼。扣眼排列形状有纵向排列和横向排列两种形式,纵向排列时扣眼正处于叠门线上,横向排列时扣眼要在止口线一侧并超越叠门线 0.2 cm 左右。

(6) 眼档:扣眼间的距离。眼档的制定一般是先制定好首尾两端扣眼,然后平均分配中间扣眼,根据造型需要眼档也可不等。

（7）驳头：衣身随领子一起向外翻折的部位。

（8）驳口：驳头里侧与衣领的翻折部位的总称，是衡量驳领制作质量的重要部位。

（9）串口：领面与驳头的缝合部位。

（10）摆缝：前、后衣身的缝合部位。

3. 背缝　指为贴合人体或造型需要在后衣身上设置的缝合部位。

4. 臀部　指对应于人体臀部最丰满的部位。

（1）上裆：腰头上口至裤腿分衩处之间的部位，是衡量裤装舒适与造型的重要部位。

（2）横裆：上裆最宽处，是关系裤子造型的最重要部位。

（3）中裆：脚口至臀部的 1/2 处左右，是关系裤筒造型的重要部位。

（4）下裆：横裆至脚口之间的部位。

5. 省道　指为适合人体或造型需要，将一部分衣料缝去，以作出衣片曲面状态或消除衣片浮起余量。由省道和省尖两部分组成，按功能和形态进行分类：

（1）肩省：省底作在肩缝部位的省道，常作成钉子形，且左右两侧形状相同。分为前肩省和后肩省，前肩省是作出胸部隆起状态及收去前中线处需要撇去的浮起余量；后肩省是作出背部隆起的状态。

（2）领省：省底作在领窝部位的省道，常作成钉子形。作用是作出胸部和背部的隆起状态，用于连衣领的结构设计，有隐蔽的优点，常代替肩省。

（3）袖窿省：省底作在袖窿部位的省道，常作成锥形。分为前袖窿省和后袖窿省，前袖窿省是作出胸部隆起的状态；后袖窿省是作出背部隆起的状态。

（4）侧缝省：省底作在侧缝部位的省缝，常作成锥形。主要使用于前衣身，作用是作出胸部隆起的状态。

（5）腰省：省底作在腰部的省道，常作成锥形或钉子形。作用是使服装卡腰呈现人体曲线美。

（6）肋下省：省底作在肋下部位处的省道。作用是使服装卡腰呈现人体曲线美。

（7）肚省：前衣身腹部的省道。作用是为符合腹部凸起的状态。

6. 裥　为适合体型及造型的需要将部分衣料折叠熨烫而成，由裥面和裥底组成。

7. 褶　为符合体型和造型需要，将部分衣料缝缩而形成的褶皱。

8. 分割缝　为符合体型和造型需要，将衣身、袖身、裙身、裤身等部位进行分割而设置的缝合部位，如刀背缝、公主缝。

9. 衩　为服装的穿脱行走方便及造型需要而设置的开口形式，如背衩、袖衩等。

10. 塔克　将衣料折成连口后缉成细缝，起装饰作用，取自于英语 tuck 的译音。

三、部件术语

1. 衣身 覆合于人体躯干部位的服装部件,是上装的主要部件。

2. 衣领 覆合于人体颈部的服装部件,起保护和装饰的作用,广义包括领身和与领身相连的衣身部分,狭义单指领身。领身安装于衣身领窝上,包括以下几部分:

(1) 领上口:领子外翻的翻折线。

(2) 领下口:领子与衣身领窝的缝合部位。

(3) 领外口:领子的外沿部位。

(4) 领座:领子自翻折线至领下口的部分。

(5) 翻领:领子自翻折线至领外口的部分。

(6) 领串口:领面与挂面的缝合部位。

(7) 领豁口:领嘴与领尖间的最大距离。

3. 衣袖 覆合于人体手臂的服装部件,广义包括衣袖和与袖山相连的衣身部分。袖山缝合于衣身袖窿处,包括以下几部分:

(1) 袖山:衣袖与衣身袖窿缝合的部位。

(2) 袖缝:衣袖的缝合部位,按所在部位分前袖缝、后袖缝和中袖缝等。

(3) 大袖:衣袖的大片。

(4) 小袖:衣袖的小片。

(5) 袖口:衣袖下口边沿部位。

(6) 袖克夫:缝在衣袖下口的部件,起束紧和装饰作用,取自于英语 cuff 的译音。

4. 口袋 插手或盛装物品的部件,按功能和造型的需要可有多种不同的形式。

5. 襻 具有扣紧、牵吊等功能和装饰作用的部件,由布料或缝线制成。

6. 腰头 与裤身、裙身腰部缝合的部件,起束腰和护腰作用。

四、结构制图术语

(一)基础线

1. 衣身基础线 前后衣身基础线共有17条,如图1-1所示。

1—上衣基本线,2—衣长线,3—落肩线,4—胸围线,5—袖窿线,6—腰节线,7—领深线,8—止口线,9—搭门线,10—撇门线,11—领口宽线,12—肩宽线,13—前胸宽线,14—摆缝线,15—收腰线,16—门襟圆角线,17—背中心线。

2. 衣袖基础线 衣袖基础线共有11条,如图1-2所示。

1—衣袖基本线,2—袖长线,3—袖窿线,4—袖山线,5—袖肘线,6—袖口翘线,7—前袖缝线,8—前偏袖线,9—后偏袖线,10—后袖缝线,11—袖中线。

3. 裤片基础线 前后裤片基础线共有16条,如图1-3所示。

1—裤基本线,2—裤长线,3—横裆线,4—臀围线,5—中臀线,6—中裆线,7—侧缝线,8—前裆线,9—前裆内撇线,10—小裆宽线,11—烫迹线,12—腰。

（二）结构线

1. 衣身、衣领结构线　前后衣身、衣领结构线共有20条,如图1-1所示。

① 止口线,② 叠门线,③ 领窝线,④ 驳口线,⑤ 驳头止口线,⑥ 肩斜线,⑦ 袖窿线,⑧ 摆缝线,⑨ 袋位线,⑩ 底边线,⑪ 扣眼位线,⑫ 省道线,⑬ 门襟圆角线,⑭ 背缝线,⑮ 开衩线,⑯ 分割线,⑰ 翻领上口线,⑱ 翻领外口线,⑲ 领座上口线,⑳ 领座下口线。

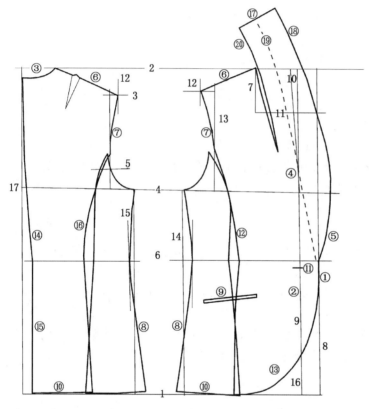

图1-1　衣身基础线与结构线
1-基础线(下同)　①-结构线(下同)

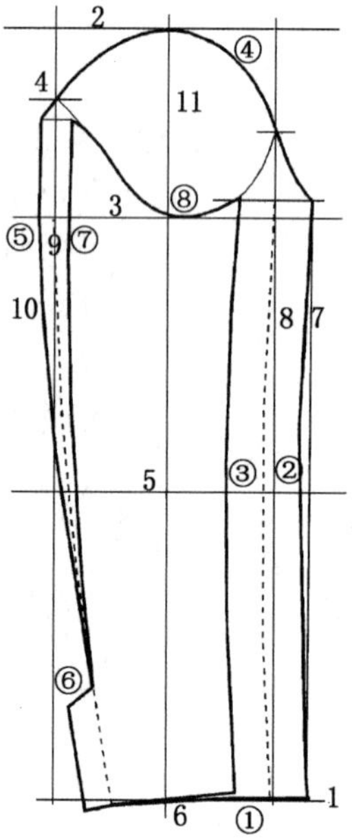

图1-2　衣袖基础线与结构线

2. 衣袖结构线　衣袖结构线共有8条,如图1-2所示。

① 袖口线,② 前袖缝线,③ 前偏袖线,④ 袖山弧线,⑤ 后袖缝线,⑥ 后袖衩线,⑦ 后偏袖线,⑧ 小袖底弧线。

3. 裤片结构线　前后裤片结构线共有14条,如图1-3所示。

① 侧缝线,② 前裆线,③ 下裆线,④ 裥位线,⑤ 腰缝线,⑥ 后裆线,⑦ 后袋线,⑧ 腰头上口线,⑨ 腰头下口线,⑩ 门襟止口线,⑪ 门襟外口线,⑫ 里襟里口线,⑬ 里襟外口线,⑭ 脚口线。

图 1 - 3
裤片基础线
与结构线

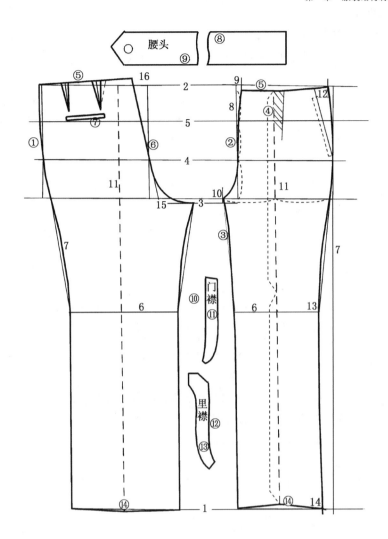

第二节　服装结构制图规则、符号与工具 ·

一、结构制图规则

　　结构制图的基本规则一般是先作衣身,后作部件;先作大衣片,后作小衣片;先作前衣片,后作后衣片。具体的来说是先做衣片基础线,后作外轮廓结构线,最后作内部结构线。在作基础线时一般是先定长度、后定宽度,由上而下、由左而右进行。作好基础线后,根据结构线的绘制要求,在有关部位标出若干工艺点,最后用直线、曲线和光滑的弧线准确地连接各部位定点和工艺点,画出结构线。

　　服装结构制图主要包括净缝制图、毛缝制图、部件详图、排料图等。

　　净缝制图是按照服装成品的尺寸制图,图样中不包括缝份和贴边。

　　毛缝制图是在净缝制图的基础上外加缝份和贴边,剪切衣片和制作样板时不

7

需要另加缝份和贴边。

部件详图是对缝制工艺要求较高、结构较复杂的服装部件,除作结构制图外,再作详图加以补充说明,以便缝纫加工时作参考。

排料图是记录衣料辅料划样时样板套排的图纸,通常采用十分之一缩比绘制,图中注明衣片排列时的布纹经向方向,衣料门幅的宽度和用料的长度,必要时还需在衣片中注明该衣片的名称和成品的尺寸规格。

1. 制图比例

根据使用场合的需要,服装结构制图的比例可以有所不同。制图比例的分档规定如表1-1所示。

表1-1
制图比例

原 值 比 例	1∶1
缩 小 比 例	1∶2 1∶3 1∶4 1∶5 1∶6 1∶10
放 大 比 例	2∶1 4∶1

同一结构制图应采用相同的比例,应将比例填写在标题栏内;如需采用不同的比例,必须在每一部件的左上角标明比例,如:M1∶1,M1∶2等。

2. 制图线及画法

在结构制图中常用的制图线迹有粗实线、细实线、虚线、点画线、双点画线五种。裁剪图线形式及用途如表1-2所示。

表1-2
图线画法
及用途
单位:mm

序号	制图线名称	制图线形式	制图线宽度	制 图 线 用 途
1	粗实线	———————	0.9	衣片、部件或部位结构线
2	细实线	———————	0.3	结构基础线,尺寸线和尺寸界线,引出线
3	粗虚线	- - - - -	0.9	背面轮廓影示线
4	细虚线	- - - - - - -	0.3	缝纫明线
5	点画线	—·—·—·—	0.9	对折线
6	双点画线	—··—··—··	0.3	折转线

同一结构制图中同类线迹的粗细应一致。虚线、点画线及双点画线的线段长短和间隔应各自相同,点画线和双点画线的两端应是线段而不是点。

3. 字体标注

结构制图中的文字、数字、字母都必须做到:字体工整,笔画清楚,间隔均匀,排列整齐。字体高度(用 h 表示)为:1.8 mm,2.5 mm,3.5 mm,5 mm,7 mm,10 mm,14 mm,20 mm,如需要书写更大的字,其字体高度应按比例递增,字体高度代表字体的号数。汉字应写成长仿宋体字,高度不应小于 3.5 mm,字宽一般为

h/1.5。字母和数字可写成斜体或直体,斜体字字头应向右倾斜,与水平基准线成75°,用作分数、偏差、注脚等的数字或字母,一般应采用小一号字体。

4. 尺寸注法

(1) 基本规则:在结构制图中标注服装各部位和部件的实际尺寸数值。图纸中(包括技术要求和其他说明)的尺寸一般以 cm(厘米)为单位。

图 1-4
尺寸界线
的画法

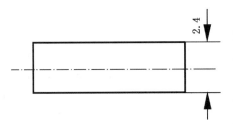

(2) 尺寸界线的画法:尺寸界线用细实线绘制,可以利用结构线引出细实线作为尺寸界线,如图 1-4 所示。

(3) 标注尺寸线的画法:尺寸线用细实线绘制,其两端箭头应指到尺寸界线处,如图 1-5(a)所示。 制图结构线不能代替标注尺寸线,一般也不得与其他图线重合或画在其延长线上,如图 1-5(b)所示。

图 1-5
标注尺寸
线的画法

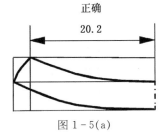

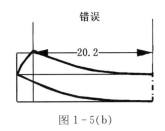

图 1-5(a)　　　　　　　　　　图 1-5(b)

(4) 标注尺寸线及尺寸数字的位置:标注直距离尺寸时,尺寸数字一般应标注在尺寸线的左面中间,如图 1-6(a)所示。如距离尺寸位置小,应将轮廓线的一端延长,另一端将对折线引出,在上下箭头的延长线上标注尺寸数字,如图 1-6(b)所示。

图 1-6
标注尺寸线
及尺寸数字
的位置

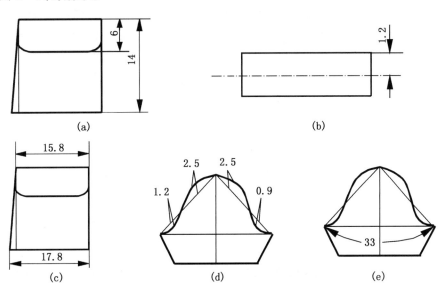

　　标注横距离的尺寸时,尺寸数字一般应标注在尺寸线的上方中间,如图1-6(c)所示。如横距离尺寸位置小,需用细实线引出,标注尺寸数字,如图1-6(d)所示。

　　尺寸数字线不可被任何图线所通过,当无法避免时,必须将尺寸数字线断开,用弧线表示,尺寸数字就标注在弧线断开的中间,如图1-6(e)所示。

二、制图符号

　　1. 服装结构制图符号　常用服装结构制图服号如表1-3所示。

表1-3
制图符号

序号	符号形式	名　称	说　　明
1	△　2	特殊放缝	与一般缝份不同的缝份量
2		拉　链	表示装拉链的部位
3		斜　料	用有箭头的直线表示布料的经纱方向
4	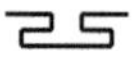	阴　裥	裥底在下的折裥
5		阳　裥	裥底在上的折裥
6	○　△　□	等量号	两者相等量
7		等分线	将线段等比例划分
8	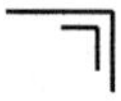	直　角	两者成垂直状态
9		重　叠	两者相互重叠
10	 ↓或↑	经　向	有箭头直线表示布料的经纱方向
11		顺　向	表示褶裥、省道、覆势等折倒方向(线尾的布料在线头的布料之上)
12	 ∿∿∿	缩　缝	用于布料缝合时收缩

序号	符号形式	名　称	说　明
13		归　拢	将某部位归拢变形
14		拔　开	将某部位拉展变形
15		按　扣	两者成凹凸状且用弹簧加以固定
16		钩　扣	两者成钩合固定
17		开　省	省道的部位需剪去
18		拼　合	表示相关布料拼合一致
19		衬　布	表示衬布
20		合　位	表示缝合时应对准的部位
21		拉链装止点	拉链的止点部位
22		缝合止点	除缝合止点外,还表示缝合开始的位置,附加物安装的位置
23		拉　伸	将某部位长度方向拉长
24		缝　缩	将某部位长度缩短
25		扣　眼	两短线间距离表示扣眼大小
26		钉　扣	表示钉钮扣的位置
27		省　道	将某部位缝去
28	（前）　（后）	对位记号	表示相关衣片两侧的对位

（续表）

序号	符号形式	名　称	说　明
29	 　或	部件安装的部位	部件安装的所在部位
30	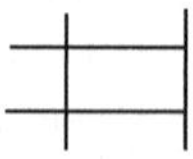	布环安装的部位	装布环的位置
31	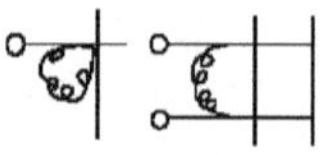	线袢安装位置	表示线袢安装的位置及方向
32	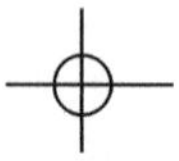	钻眼位置	表示裁剪时需钻眼的位置
33	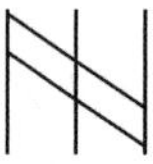	单向折裥	表示顺向折裥自高向低的折倒方向
34		对合折裥	表示对合折裥自高向低的折倒方向
35	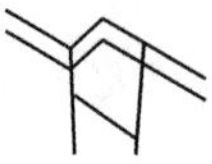	折倒的省道	斜向表示省道的折倒方向
36	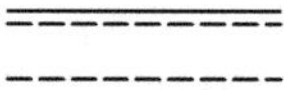	缉双止口	表示布边缉缝双道止口线

注：在制图中，若使用其他制图符号或非标准符号，必须在图纸中用图和文字加以说明。

　　2. 服装制图主要部位代号　服装制图过程中使用的主要部位代号如表 1 - 4 所示。

表 1 - 4
服装制图
主要部位代号

序　号	中　　文	英　　文	代　号
1	领　围	Neck Girth	N
2	胸　围	Bust Girth	B
3	腰　围	Waist Girth	W
4	臀　围	Hip Girth	H
5	肩　宽	Should Width	S
6	大腿根围	Thigh Size	TS
7	领围线	Neck Line	NL
8	前领围	Front Neck Girth	FN
9	后领围	Back Neck Girth	BN

（续表）

序 号	中 文	英 文	代 号
10	上胸围线	Chest Line	CL
11	胸围线	Bust Line	BL
12	下胸围线	Under Bust Line	UBL
13	腰围线	Waist Line	WL
14	中臀围线	Middle Hip Line	MHL
15	臀围线	Hip Line	HL
16	肘 线	Elbow Line	EL
17	膝盖线	Knee Line	KL
18	胸高点	Bust Point	BP
19	颈侧点	Side Neck Point	SNP
20	颈前点	Front Neck Point	FNP
21	后颈椎点(颈椎点)	Back Neck Point	BNP
22	肩端点	Shoulder Point	SP
23	袖窿	Arm Hole	AH
24	袖窿深	Arm Hole Line	AHL
25	衣 长	Body Length	L
26	前衣长	Front Length	FL
27	后衣长	Back Length	BL
28	头 围	Head Size	HS
29	前中心线	Central Front Line	CF
30	后中心线	Central Back Line	CB
31	前腰节长	Front Waist Length	FWL
32	后腰节长(背长)	Back Waist Length	BWL
33	前胸宽	Front Bust Width	FBW
34	后背宽	Back Bust Width	BBW
35	裤 长	Trousers Length	TL
36	裙 长	Shirt Length	SL
37	股下长	Inside Length	IL
38	前裆弧长	Front Rise	FR

（续表）

序　号	中　文	英　文	代　号
39	后裆弧长	Back Rise	BR
40	脚　口	Slacks Bottom	SB
41	袖　山	Arm Top	AT
42	袖　肥	Biceps Circumference	BC
43	袖　口	Cuff Width	CW
44	袖　长	Sleeve Length	SL
45	肘　长	Elbow Length	EL
46	领　座	Stand Collar	SC
47	领　高	Collar Rib	CR
48	领　长	Collar Length	CL

三、制图工具

（一）结构制图工具

1. 米尺　以公制为计量单位的尺子,长度为 100 cm,质地为木质或塑料,用于测量和制图。

2. 角尺　两边成 90°的尺子,两边刻度分别为 35 cm 和 60 cm,反面有分数的缩小刻度,质地为木质或塑料。

3. 弯尺　两侧成弧线状的尺子。

4. 直尺　绘制直线及测量较短直线距离的尺子,其长度有 20 cm、50 cm 等数种。

5. 三角尺　三角形的尺子,一个角为直角,其余角为锐角,质地为塑料或有机玻璃。

6. 比例尺　用来度量长度的工具,其刻度按长度单位缩小或放大若干倍。

7. 圆规　用来画圆的绘图工具。

8. 分规　用来移量长度或两点距离和等分直线或圆弧长度的绘图工具。

9. 曲线板　绘制曲线用的薄板。

10. 自由曲线尺　可以任意弯曲的尺,其内芯为扁形金属条,外层包软塑料,质地柔软,常用于测量人体的曲线、结构图中的弧线长度。

11. 擦图片　用于擦拭多余及需更正的线条的薄型图板。

12. 丁字尺　绘制直线的丁字形尺,常与三角板配合使用,以绘出 15°、30°、45°、60°、75°、90°等角度线和各种方向的平行线和垂线。

13. 鸭嘴笔　绘墨线用的工具。

14. 绘图墨水笔　绘制基础线和结构线的自来水笔,特点是墨迹粗细一致,墨量均匀,其规格根据所画线型宽度可分为 0.3 mm、0.6 mm、0.9 mm 等多种。

15. 铅笔　实寸作图时,绘制基础线选用 H 或 HB 型铅笔,结构线选用 HB 或 B 型铅笔;缩小作图时,绘制基础线选用 2H 或 H 型铅笔,结构线选用 H 或 HB 型铅笔;修正线宜选用彩色铅笔。

（二）样板剪切工具

1. 工作台板　裁剪、缝纫用的工作台。一般高为 80～85 cm,长为 130～150 cm,宽为 75～80 cm,台面要平整。

2. 画粉　用于在衣料上绘制结构制图的工具。

3. 裁剪剪刀　剪切纸样或衣料时的工具。有 22.9 cm(9 英寸)、25.4 cm(10 英寸)、27.9 cm(11 英寸)、30.5 cm(12 英寸)等数种规格,特点是刀身长、刀柄短、捏手舒服。

4. 花齿剪　刀口呈锯齿形的剪刀,主要将布边剪成三角形花边,作为剪布样用。

5. 擂盘　在结构制图或衣料上做标记的工具。

6. 模型架　有半身或全身的人体模型,主要用于造型设计、立体裁剪、试样补正。我国的标准人体模型均采用国家号型标准制作,有男体模型、女体模型和儿童模型等;质地有硬质(塑料、木质、竹质)和软质(硬质外罩一层海绵)两大类;尺码有固定尺码与活动尺码两种。

7. 大头针　固定衣片用的针。

8. 钻子　剪切时钻洞作标记的工具,以钻头尖锐为佳。

9. 样板纸　制作结构图用的硬质纸,由数张牛皮纸经热压粘合而成,可久用不变形。

思 考 题

1. 服装结构、结构制图、结构平面构成、结构立体构成的概念。
2. 衣片基础线、结构线分别包括哪些线条,在结构制图中有什么区别?
3. 结构制图中服装尺寸标注应该注意哪些事项?
4. 衣长、胸围、腰围、胸点、肩宽、肩端点、前后中心线、前裆弧长、后裆弧长、脚口线等部位、部件的中英文对照及英文缩写。

第二章　人体体型特征与测量

··

本章要点 ···

了解人体骨骼组成及其与人体测量的关系；掌握人体体型分类、人体动态外形的重要尺寸和角度，重点掌握人体测量与服装测量的关系、人体比例与服装比例关系。

第一节　人体体型特征 ·······································

一、人体骨骼与肌肉特征

（一）人体体表区域的划分

人体的骨骼、肌肉、脂肪的突起与陷落作用形成了凹凸不平的复合曲面，人体体表可划分为头部、躯干、上肢、下肢四个部分，如图 2-1 所示。

1. 头部

头部与颈部的界线在正中线上，从下巴的下端开始，通过左右下颌的下缘，再沿左右耳根的下端到达后头部的隆起的线。头部在服装结构设计中涉及比较少，只在帽子或连衣帽衫设计中加以考虑。

2. 躯干

服装的躯干部以颈、胸、肩、腰、臀五个局部组成。

（1）颈部：颈部是人体躯干中最活跃的部分，将头部与躯干连接在一起。在服装结构设计中围绕其一周的结构形式决定服装领窝线。

（2）肩部：肩部属立方体躯干部的上面，以颈的粗细与手臂厚薄为基准，与胸部没有明确的界线。在服装结构设计中肩线部位尤为重要，决定造型的形态风格。

图 2 - 1
人体体表
区域的划分

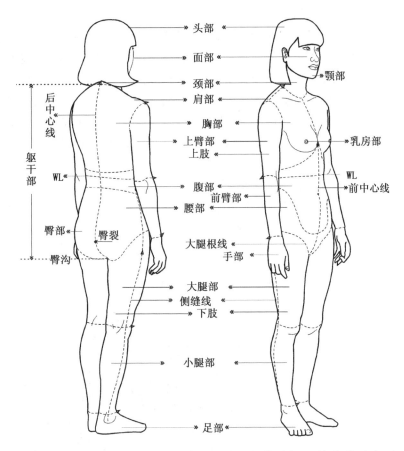

头部

面部

颈部　　　颚部

肩部

胸部

上臂部　　乳房部
上肢

后中心线

躯干部

WL　　　　　　腹部　　　WL
前臂部　　　前中心线
腰部

臀部　　　臀裂

臀沟

大腿根线
手部

大腿部

侧缝线

下肢

小腿部

足部

　　（3）胸部：解剖学中的胸部包括前后胸部,服装结构设计中称胸部的后面为"背部",前后胸的分界以胁线为基准,胁线即身体厚度中央线。乳房因人种、年龄、发育、营养、遗传等因素形态各不相同,是服装结构设计中需处理的重点和难点。

　　（4）腰部：腰部除后面的体表有脊柱之外无其他骨骼,服装结构设计中腰围线在此部位确定。

　　（5）臀部：腰线以下至下肢分界线之间的躯干部位。服装结构设计中对臀沟的处理与人体该部位的形态及舒适性有直接关系。

　　3. 上肢

　　上肢是由上臂、下臂和手三部分组成,臂部的形态特征与服装结构设计有较大关系。上肢的肘关节以上部位为上臂,肘关节到手腕部为下臂,手腕到手指尖为手部。当上肢自然下垂时,其中心线并不是直线,从人体侧面观看,下臂向前略有倾斜;当手心向前时,下臂向外侧略有倾斜,整个上肢自上而下逐渐由粗变细。上肢与肩部的区分是以袖窿弧线为基准线,袖窿弧线为通过肩端点、前腋点、后腋点,穿过腋下的曲线。上肢的活动范围较大,整个上肢可以前后摆动、侧举和上举,上臂与下臂之间可以屈伸,下臂还可以 180°转动。因此在服装结构设计和制作中,除要注意上肢的静止形态,还要了解运动中的形态特征,使服装适应上肢活动的规律。

４.下肢

下肢由大腿、小腿和足三部分组成,与服装关系较大的是胯部(下肢与躯干连接处)和腿部的形态特征。大腿根线是指通过腹股沟、大腿骨、臀沟的曲线,它将躯干与下肢部分区分开来,大腿根线到膝线的部分为大腿部。膝线到脚踝部分为小腿部,腿部的形体特征为上粗下细,大腿肌肉丰满、粗壮,小腿后侧形成"腿肚"。从正面观看,腿部的大腿从上至下略向内倾斜,而小腿近于垂直状;从侧面看,大腿略向前弓,小腿略向后弓,形成 S 形曲线,脚踝以下为足部。

(二)人体骨骼结构特征

人体骨骼的大小决定着人体外形的大小和高矮,在进行结构设计时,为了使服装更加适合人体,满足人体的基本活动量,掌握其运动规律是十分重要的。主要骨骼名称如图 2-2 所示。

图 2-2
人体主要
骨骼名称

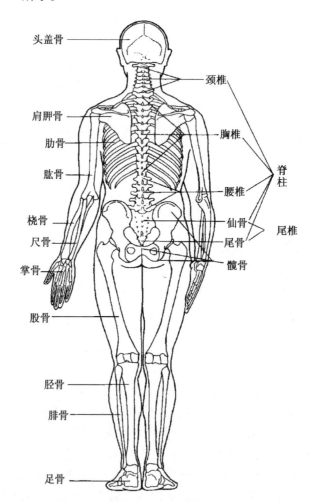

１.头部的骨

人体的头盖骨可以近似看作是一个椭圆球体,其围长和高度是确定帽子大小的依据。

2. 躯干部的骨

(1) 脊柱：脊柱是人体躯干部最主要的骨骼群，其整体可以屈动，呈"S"形曲线。在颈椎中，第七颈椎点即后颈椎点是服装结构设计中很重要的一个点，是测量背长、颈围的基准点。

(2) 胸骨：胸骨是肋骨内端汇合的中心，位于两乳之间。

(3) 肋骨：肋骨共有 12 对 24 根，在人体前面和胸骨相连，后面与胸椎相连，形成躯干部主要的形状——胸廓。胸廓形状近似于卵形，上小下大。前面上半部明显向前隆起，后部弧度较小，在成年女性中，从第 2 到第 6 或第 7 个肋骨间是乳房的底面，第 5 和第 6 个肋骨间是乳头，包含有乳房的胸廓形状，对服装构成有直接关系。胸廓与骨盆之间的腰部细窄，形成服装结构中的腰围线。

(4) 肩胛骨：肩胛骨位于背部上端两侧，形状为倒三角形的扁平骨。三角形上部凸起为肩胛棘，在肩胛棘的外前方，有较大扁平的突起称为肩峰，肩峰是决定肩宽的测定点之一。两肩胛骨在背部中间形成一凹沟，称之为背沟。人体背部、肩胛骨的活动量比较大，且有一定的隆起，为适合人体的这种特性，需在服装结构设计中加以体现。

3. 上肢的骨

(1) 肱骨：肱骨是上臂的骨骼，肱骨与肩部连接形成关节，其表面形状是浑圆、丰满的状态。

(2) 尺骨和桡骨：尺骨和桡骨是下臂的骨骼，在手臂下垂掌心朝前时，两根骨头是并列的，外面的是桡骨，里面的是尺骨。尺骨、桡骨和肱骨相连形成手臂，连接部分称为肘关节。肘关节只能前屈，且在手臂自然下垂时，手臂呈一定的弯曲，在服装结构设计中作为设计袖身造型的重要依据。

(3) 掌骨：掌骨由 27 块骨头组成，各块骨骼之间由关节相接而成，可形成复杂运动。

(4) 锁骨：在胸部前面的上端呈 S 状稍带弯曲的横联长骨。锁骨的内侧与胸骨相连，外侧与肩峰相连。端肩或溜肩的体型由锁骨与胸骨连接角度的状态来决定。

(5) 骨盆：构成腹臀部整体的骨骼叫骨盆，在脊柱下方的骶骨与尾骨左右与髋骨连接，呈臼状形，骨盆在人体的骨骼中是最能体现男女性体型差异的部位。

(6) 髋骨：由上部的髂骨、下部的坐骨、前部的耻骨三块骨头结合构成。髋骨在外侧与大腿骨连接成为股关节，其活动范围很广，在制作裙子、裤子时要充分考虑股关节的构造与运动。

4. 下肢的骨

(1) 股骨：也称为大腿骨，是人体中最长的骨头，上端与髋骨相连接构成股关节，在外上侧有突出的大转子，是下装制作重要的测定点。

(2) 膝盖骨：在股骨、胫骨和腓骨之间形成膝关节，位于膝关节前面薄型小骨头为膝盖骨,其中点是决定裙长的一个重要基准点。

（3）胫骨和腓骨:胫骨和腓骨是小腿的骨骼。

（4）足骨:足骨由26块骨头构成。脚踝骨是测量裤长的基准点。

（三）人体肌肉结构特征

人体中共有600多块肌肉,占身体总重量的40%,它的构成形态和发达程度与服装造型关系极大,各种体型的变化或特殊体型,就会引起结构设计中不同的处理方法,从而保证服装的美观、得体。人体主要部位肌肉名称如图2-3(a)、(b)、(c)所示。

图2-3
人体主要
部位肌肉名称

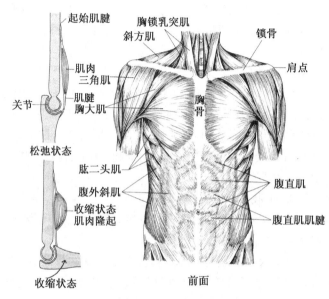

（a）体表浅层肌肉名称

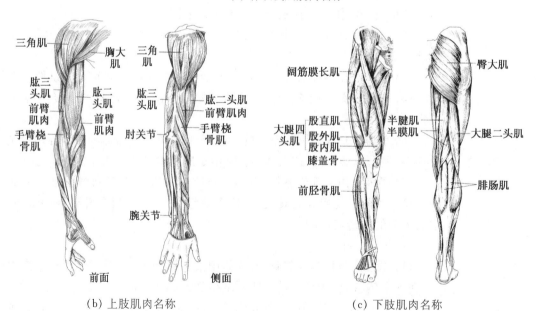

（b）上肢肌肉名称　　　　　　　（c）下肢肌肉名称

1．颈部肌肉

胸锁乳突肌是人体颈部的浅层肌肉，这块肌肉运动时，会在肩部产生不同的造型，如前凹后凸的造型，因此必须在结构设计或工艺设计时进行相应处理，如作肩线前短后长的结构处理或作前拔的工艺处理形式。

2．躯干部肌肉

（1）胸大肌：较大面积覆盖于人体胸部的肌肉，形状像展开的扇形，上肢上举时，胸大肌处于并列的状态，下垂时交汇于腋窝的前端，成为人体测量点。

（2）腹直肌：覆盖于腹部前面的肌肉，通常称为八块腹肌，该肌肉运动使躯干呈前屈状态，腹部由于易沉积脂肪，因此成年人腹部往往呈向前凸起状。

（3）腹外斜肌：包裹腹直肌，斜行向上人体外侧，止于肋骨，形成腹部侧部的肌肉，左右两侧的腹外斜肌同时运动时，人体处于前屈的状态。单侧运动时，脊柱向运动的一方屈曲，身体则向反方向运动。

（4）斜方肌：覆盖于人体肩背部最浅层的肌肉，也是肩背部最为发达的肌肉，在男体中最为突出。从体表来看，形成了人体的肩胛，斜方肌越发达，其肩斜度就越大，同时颈侧处隆起越明显。

（5）背阔肌：起始于第 8 胸椎以下的脊柱及髂骨，两侧斜行向上，止于上臂部。背阔肌可将上肢拉下，还可将上臂向后拉，使背部的活动量远远大于胸部，在结构设计当中应特别注意这一特性，使服装既贴合人体又要给人体一定的活动量及舒适量。

（6）臀大肌：构成臀部形状的肌肉，当两腿直立时，丰满的臀大肌向后隆起，在人体胯部两侧最宽的地方，大转子后方形成臀窝，在胯部下方形成臀股沟；当大腿前屈时，臀窝与臀股沟则消失。

3．上肢肌肉

（1）三角肌：起于锁骨外侧，形成上臂外侧形状的肌肉，使上臂举起时，与胸大肌形成腋窝。

（2）肱二头肌：位于上臂前面的肌肉，与三角肌会合。该肌肉运动时，使肘弯曲，肌肉膨胀隆起。

（3）肱三头肌：位于上臂后部，起始于肩胛骨和上臂上部，止于尺骨的肘关节点，该肌肉弯曲时上臂伸直。

（4）下臂的肌肉：在下臂上有很多起始于下臂上部，止于手掌，指骨的肌肉，这些肌肉控制手腕、手掌、手指的运动。

4．下肢肌肉

（1）大腿肌肉

① 四头肌：位于大腿前面，面积较大的肌肉，起始于髂骨及股骨的上部，止于髌骨及胫骨前面上部，该肌肉主要使膝关节伸直或弯曲。

② 二头肌：位于大腿后面外侧的肌肉，使膝弯曲，股关节伸直。

③ 半腱肌、半膜肌：位于大腿后面内侧，同大腿二头肌一样，可使膝弯曲，股关

节伸直。

（2）小腿肌肉

前胫骨肌和腓肠肌是使脚踝及足部运动的主要肌肉。

二、人体轮廓特征

人体的外形轮廓是一个复杂的曲面体,要想把平面的材料做成适合人体曲面的服装,就要对人体曲面进行有规则的分解并做平面展开,剪开部分可作为收省或分缝设计的依据,在考虑了一定的舒适量(静态、动态两种)和装饰性功能以后,所得到的平面几何图形就是服装衣片。

（一）人体体型的分类

人体体型在人的成长过程中受生理、遗传、年龄、职业、健康原因和生长环境等多种因素的影响不断变化,可有以下几种分类方式:

1. 从整体体型分

（1）标准体:指身体的高度与围度的比例协调,且没有明显缺陷的体型,也称为正常体。

（2）肥胖体:身体矮胖,体重较重,围度相对身高较大,骨骼粗壮,皮下脂肪厚,肌肉较发达,颈部较短,肩部宽大,胸部短宽深厚,胸围大。

（3）瘦体:身材瘦长,体重较轻,骨骼细长,皮下脂肪少,肌肉不发达,颈部细长,肩窄且圆,胸部狭长扁平。

2. 从身体部位形态分(正常体除外,指特殊体型)

（1）躯干

① 挺胸体:也叫鸡胸体,胸部挺起,背部较平,胸宽尺寸大于背宽尺寸（正常体中,一般胸宽尺寸小于背宽尺寸）。

② 驼背体:身体屈身,背部圆而宽,胸宽较窄,在穿着正常体型服装时,会引起前长后短。

③ 厚身体:身体前后厚度较大,背宽与肩宽较窄。

④ 扁平体:身体前后厚度较小,是一种较干瘦的体型。

（2）腰腹部

① 腹凸体:腹部肥满凸出的体型。

② 腰粗体:腰部粗壮,无明显腰部曲线的体型。

（3）臀部

① 凸臀体:臀部丰满度大。

② 平臀体:臀部丰满度小。

（4）颈部

① 短颈:颈长较正常体短,肥胖体和耸肩体型的居多。

② 长颈:颈长较正常体长,瘦型体和垂肩体型的居多。

③ 粗颈:颈围较正常体粗,肥胖体型的居多。

④ 细颈：颈围较正常体细,瘦型体型的居多。

（4）腿部

① X型腿：腿形呈外撇形。

② O型腿：腿形呈内弧形。

（5）肩部

① 耸肩：肩部较正常体挺而高耸。

② 垂肩：与耸肩相反,肩部缓和下垂。

③ 高低肩：左右肩不均衡。

（二）不同性别和年龄层人群的体型特征

由于性别和年龄不同,男女老幼体型存在着较大差异。

1. 青年男女体型差异

男女体型差异主要表现在躯干部,主要由骨骼大小和肌肉、脂肪的多少引起。在男性体中,骨骼一般较为粗壮和突出,而女性体骨骼较小且平滑。男性体肩部较宽,肩斜度较小,锁骨弯曲度大,显著隆起于外表,胸部宽阔而平坦,乳腺不发达,腰部较女性宽,背部凹凸明显,脊椎弯曲度较小。正常男子前腰节比后腰节短1.5 cm左右。

女性体肩部较窄,肩斜度较大,锁骨弯曲度较小,不显著,胸廓较狭而短小,青年女性胸部隆起丰满,随着年龄增长和生育等因素影响,乳房增大,并逐渐松弛下垂。腰部较窄,臀腹部较浑圆,背部凹凸不明显,脊椎骨弯曲较大,尤其站立时,腰后部弯曲度较明显。对亚洲女性来说,前腰节比后腰节长1~1.5 cm左右。"乳房发达,臀部丰满而腰细,皮下脂肪层厚而体表曲线平缓,肩斜而颈细"是女性体型的一般特征。

2. 老年体

老年人的体型随生理机能的衰落,各部位关节软骨萎缩,两肩略下降,胸廓外形也变得扁平,皮下脂肪增多,腹部较大且向前突出,松弛下坠,脊椎弯曲度增长。

3. 儿童体

儿童处在生长发育阶段,其体型特征在不同阶段变化情况十分明显。在幼儿期(1~6岁),胸部小于腹部,胸廓较短而阔,腹部圆,突出,背部较平坦,肩胛骨显著于外表,腰部不明显,整个体型成浑圆状态,男女无明显区别;学童期(6~12岁)男女之间在体型和性格上都逐渐出现差别,腰围增长缓慢,胸围和臀围的增长相对较快,逐渐显现出躯干曲线;中学生期(12~15岁)是向成年体型转变的一个重要阶段,也可以说是人体的定型阶段。女性的胸部和臀部日趋丰满,变化最大,腰部的变化仍较缓慢,使躯干的曲线日趋完美,皮下脂肪丰厚,逐渐发展成脂肪型体型;男性的体高和胸围均有大的提高,肩宽和胸廓增宽,骨骼和肌肉发育较快,但男性的皮下脂肪层厚度远不及女性,发展成肌肉型体型。

（三）人体比例与服装造型

人体比例是人体结构中最基本的因素,以头高为度量单位来衡量人体全身及其他肢体高度的"头高比例",如图 2-4 所示。

图 2-4
人体比例

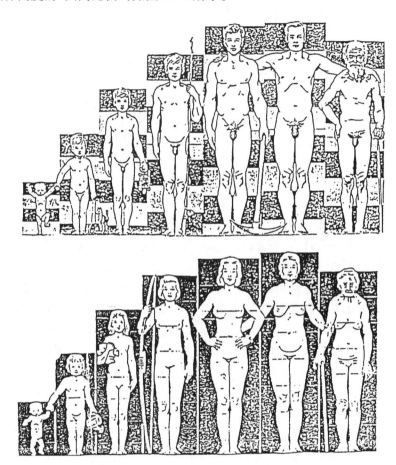

1. 长度关系

成年人体的高矮差别,头部最小,躯干次之,腿部最大,所以高矮差别主要表现在腿部。以七头身为标准体,小于七头身的为矮体,大于七头身的为高体。相对男女体型来说,男性的上体较长,下体较短;女性的上体较短,下体较长。在人体成长过程中,长度比例也在发生变化,1~2 岁儿童为四头身,2~6 岁为五头身,14~15 岁为六头身。

2. 围度关系

成年体型的胖瘦差别,横向变化较小,纵向变化较大,所以瘦体显得扁薄,胖体显得浑圆。从正面观察成年男女体型,女性的肩部较窄,乳房发育主要表现在纵向,臀部较男性发达,从双肩至臀部呈正梯形;男性则相反,肩部较宽,胸部横向扩展较多,臀部不及女性发达,从双肩至臀部呈倒梯形,如图 2-5 所示。

图 2-5
人体围度

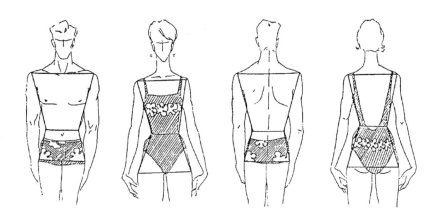

第二节　人体体型测量

人体测量的目的是了解人体各部位尺寸大小以及与服装形态之间的关系。

一、人体测量工具

1. 软尺　质地柔软,伸缩性小的扁平状的测量工具,尺寸质地稳定,长度为150 mm,如图 2-6 所示。

2. 角度计　刻度用度表示的测量工具,用于测量肩部斜度、背部斜度等人体部位角度,如图 2-7 所示。

图 2-6　软尺

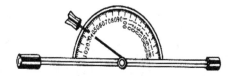

图 2-7　角度计

3. 身高计　由一个用毫米刻度,垂直安装的管状尺子和一把可活动的横臂(游标)组成,可根据需要上下自由调节,用于测量人体身高等纵向长度的工具,如图 2-8 所示。

4. 测距计　由一个毫米刻度的管状尺子和两把可活动的较短直型尺臂构成的活动式测量器,用于测量人体两点之间的直线距离,如图 2-9 所示。

5. 杆状计　由一个用毫米刻度的管状尺子和两把可活动的较长直型尺臂构成的活动式测量器,用于测量人体表面较大部位宽度、厚度的活动式测量器,如图 2-10 所示。

6. 触角计　由一个用毫米刻度的管状尺子和两把可活动的触角状尺臂构成的活动式测量器,其固定的尺臂与活动的尺臂是对称的触角状,用于测量人体曲面部位宽度和厚度,如胸部正中厚度,如图 2-11 所示。

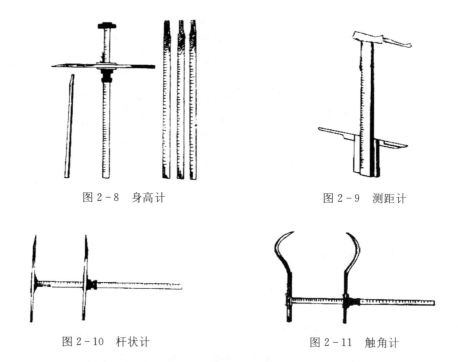

图 2-8　身高计　　　　　　　　　　　　图 2-9　测距计

图 2-10　杆状计　　　　　　　　　　　图 2-11　触角计

7. 可变式人体截面测量仪　用于测量人体水平横截面和垂直横截面的工具，如图 2-12 所示。

8. 人体轮廓线摄影机　被测者站在仪器里面，摄影机从人体的前面、侧面拍摄 1：10 缩放比例的人体轮廓图片，用于观察分析人体体型特征，如图 2-13 所示。

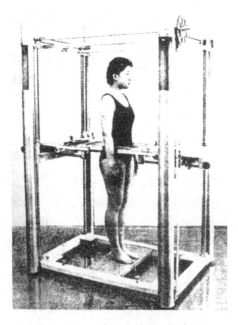

图 2-12　可变式人体截面测量仪　　　　图 2-13　人体轮廓线摄影机

9. 莫尔体型描绘仪　使用莫尔等高线对人体体型进行计算和测量的仪器,原理是同时操纵两台摄影机,在人体表面形成莫尔波纹,然后根据波纹间隔、形态的差异观察人体的体型特征,如图2-14所示。

图2-14
莫尔体型
描绘仪

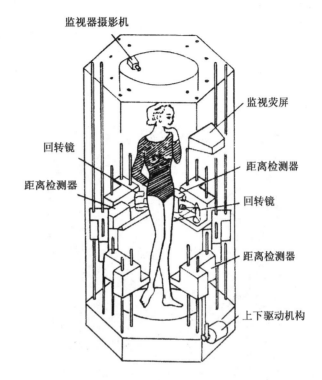

10. 三维人体扫描仪(3D Body Scanner)　用激光测量仪器中人体的三维数据,摄像机接收激光测量的结果,时间大约是8～20秒,经计算机处理可获得人体各部位测量的结果,为非接触式人体测量,此设备价格昂贵,不可随意移动,如图2-15所示。

图2-15
法国力克的
三维人体
扫描仪

11. 三维人体轮廓仪(3D Contour)　被测量者在仪器里,使用光束将人体轮廓投影,进行 正面、侧面、背面三个位置的测量,由计算机处理得到数据,这三个位置的测量结果将合成为一个人体尺寸,为非接触人体测量。此设备价格较低,可随意移动,如图 2-16 所示。

图 2-16
三维人体
轮廓仪

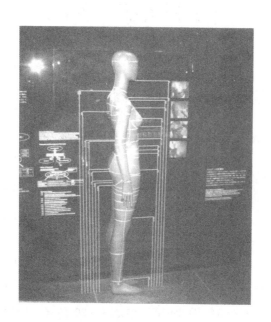
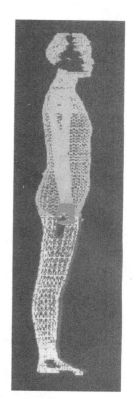

二、人体测量的基准点及测量部位

由于人体具有复杂的形态,为了求得准确的测量数值,必须找出正确的人体测定点和基准线,这是获得量体正确尺寸的基本保证。在进行测定点和基准线选择时应选择明显、固定、易测,不会因时间、生理的变化而改变的部位,一般选在骨骼的端点、突出点和肌肉的沟槽等部位,如图 2-17 所示。

(一)人体测量基准点

1. 头顶点　以正确立姿站立时,头部最高点,位于人体中心线上方的地方,测量身高时的基准点。

2. 颈窝点　颈根曲线的前中心点,前领圈的中点。

3. 颈侧点　在颈根的曲线上,从侧面看在前后颈厚之中央稍微偏后的位置。此基准点不是以骨骼端点为标志,所以不易确定。

4. 颈椎点　颈后第七颈椎棘突尖端之点,当颈部向前弯曲时,该点就突出,较易找到,是测量背长的基准点。

图 2 - 17
人体测定
点的位置

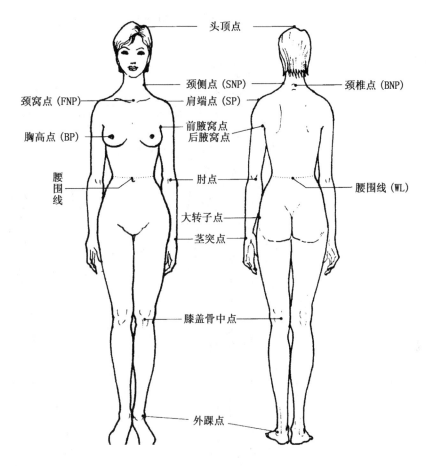

5. 肩端点　在肩胛骨上缘最向外突出之点,即肩与手臂的转折点,肩端点是衣袖缝合对位的基准点,也是量取肩宽和袖长的基准点。

6. 前腋窝点　在手臂根部的曲线内侧位置,放下手臂时,手臂与躯干在腋下结合处之起点,是测量胸宽的基准点。

7. 后腋窝点　在手臂根部的曲线外侧位置,手臂与躯干在腋下结合处之终点,是测量背宽的基准点。

8. 胸高点　胸部最高的地方,是服装构成上最重要的基准点之一。

9. 肘点　尺骨上端向外最突出之点,上肢自然弯曲时,该点很明显的突出,是测量上臂长的基准点。

10. 茎突点　也称手根点,桡骨下端茎突最尖端之点,是测量袖长的基准点。

11. 肠棘点　在骨盆位置的上前髂骨棘处,即仰面躺下时,可触摸到骨盆最突出之点,是确定中臀围线的位置的基准点。

12. 大转子点　在大腿骨的大转子位置,是裙、裤装侧部最丰满处。

13. 膝盖骨中点　膝盖骨之中央。

14. 外踝点　脚腕外侧踝骨的突出点,是测量裤长的基准点。

（二）人体测量部位（图 2-18 所示）

图 2-18
人体测量
部位

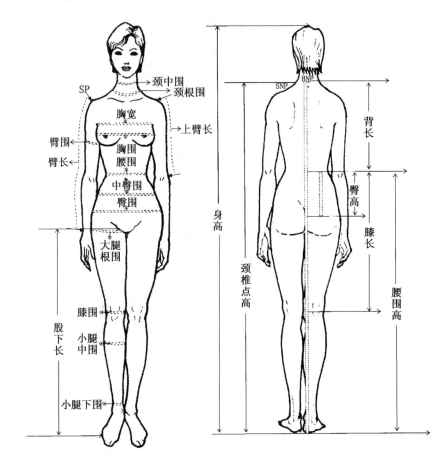

1. 身高　人体立姿时从头顶点垂直向下量至地面的距离。

2. 颈椎点高　从颈椎点垂直向下量至地面的距离。

3. 背长　从颈椎点垂直向下量至腰围中央的长度。

4. 前腰节长　由颈侧点通过胸高点量至腰围线的距离。

5. 坐姿颈椎点高　人坐在椅子上,从颈椎点垂直量到椅面的距离。

6. 乳位高　由颈侧点向下量至胸高点的长度。

7. 腰围高　从腰围线中央垂直量到地面的距离,是设计裤长的依据。

8. 臀高　从后腰围线向下量至臀部最高点的距离。

9. 股上长　从后腰围线量至臀沟的长度。

10. 股下长　从臀沟向下量至地面的距离。

11. 臂长　从肩端点向下量至茎突点的距离。

12. 上臂长　从肩端点向下量至肘点的距离。

13. 手长　从茎突点向下量至中指指尖的长度。

14. 膝长　从前腰围线量至膝盖中点的长度。

15. 胸围　过胸高点沿胸廓水平围量一周的长度。

16. 腰围　经过腰部最细处水平围量一周的长度。

17. 臀围　在臀部最丰满处水平围量一周的长度。

18. 中臀围　腰围与臀围中间位置水平围量一周的长度。

19. 头围　通过前额中央、耳上方和后枕骨，在头部水平围量一周的长度。

20. 颈围　通过颈侧点、颈椎点、颈窝点，在人体颈部围量一周的长度。

21. 颈中围　通过喉结，在颈中部水平围量一周的长度。

22. 乳下围　乳房下端水平围量一周的长度。

23. 腋围　过肩端点穿过腋下围量一周的长度。

24. 臂围　在上臂最粗处水平围量一周的长度。

25. 肘围　过肘关节水平围量一周的长度。

26. 腕围　过腕关节茎突点围量一周的长度。

27. 掌围　拇指自然向掌内弯曲，通过拇指根部围量一周的长度。

28. 胯围　通过胯骨关节，在胯部围量一周的长度。

29. 大腿根围　在大腿根部水平围量一周的长度。

30. 膝围　过膝盖中点水平围量一周的长度。

31. 小腿中围　在小腿最丰满处水平围量一周的长度。

32. 小腿下围　在踝骨上部最细处水平围量一周的长度。

33. 肩宽　从左肩端点通过颈椎点量至右肩端点的距离。

34. 颈幅(小肩宽)　肩端点至颈侧点的距离。

35. 胸宽　胸部两前腋窝点之间的距离。

36. 乳间距　胸部两胸高点之间的距离。

37. 背宽　背部两后腋窝点之间的距离。

三、人体测量方法

人体测量时，被测者应采用正确立姿或坐姿，以正确反映被测者的体型特征。

正确立姿要求：被测者挺胸直立，平视前方，肩部放松，上肢自然下垂，手伸直并轻贴躯干，左、右足跟并拢，足掌分开呈45°夹角。

正确坐姿要求：被测者挺胸坐在被调节到适合高度的座椅平面上，平视前方，左、右大腿基本与地面平行，膝盖成直角，足平放在地面上，手轻放在大腿上。

测量数据使用目的不同，被测量者的着装要求也有所不同。在测量人体的尺寸时，被测量者最好保持上体裸体状态，也可穿着紧身内衣。如果是设计较宽松式的外衣，可以穿单衣、裤进行测量。

在测量时，要注意观察被测量者的体型特征，对特殊部位要记录下来，并加测这些部位的尺寸，使服装对人体有很高的适合度。在进行测量时，要掌握好松紧程度，不宜太紧或太松。

第三节　人体静、动态与体型特征参数 ·······················

进行服装结构设计,人体在静态和动态下的形态特征也是服装的造型和功能的制约条件。

一、人体静态尺度参数

人体静态是指人自然垂直站立的状态,这种状态所构成的固定的体型数据标准就是人体静态尺度,如表2-1所示。

表2-1
人体静态
尺度参数

	男	女	图　解
肩斜度	21°	20°	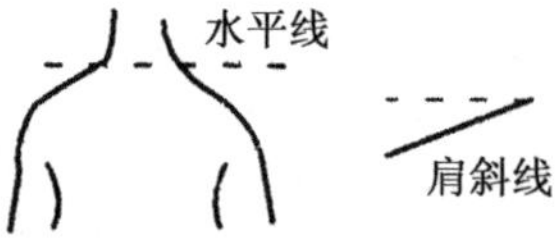
颈斜度	17°	19°	
手臂下垂自然弯曲平均值	6.8 cm	4.99 cm	
胸坡角 σ	16°	24°	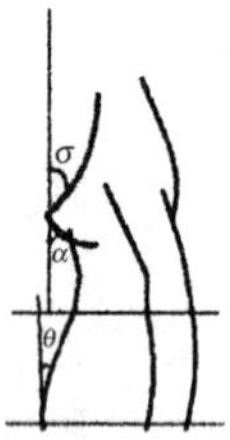
胸角 α、腹角 θ	θ>α α 10°~13.5° θ 10°~13.5°	θ<α α 21° θ 10°~13.5°	
臀角 　臀部垂直交角 β 　臀沟垂直交角 γ	19.8° 10°	21° 12°	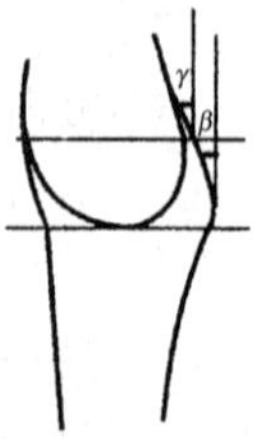

1. 肩斜度 指人体从肩端点至颈侧点的小肩宽与水平线所形成的夹角,男性为21°,女性为20°。

2. 颈斜度 指人体的颈项与垂直线所形成的夹角,男性为17°,女性为19°。

3. 手臂下垂自然弯曲平均值 人体自然直立时,手臂呈稍向前弯曲的状态,弯曲程度男性为6.8 cm,女性为6 cm。

4. 胸坡角 指人体胸高点与前颈窝点的连线与通过胸高点的垂线所形成的夹角。一般男体胸坡角为16°,女体为24°。

5. 胸角、腹角 指人体胸、腹最高点和腰节点的连线分别与通过胸、腹最高点的垂线所形成的夹角。表中 α 角为胸角,θ 角为腹角。

6. 臀角 指人体后中线臀部最丰满处的垂线夹角 β,男体为19.8°,女体为21°;人体臀沟处的垂直夹角为 γ,男体为10°,女体为12°。

二、人体动态尺度参数

服装结构中宽松量和运动量的设计,主要是依据人体正常运动状态的尺度,正确了解人体运动的尺度是服装使用功能与审美功能完美结合的需要。

1. 肩关节的活动尺度

肩关节是人的躯体与手臂相连的关节,是活动量最大的关节,如图 2-19 所示。肩关节所对应的服装部位在结构上应增加适当的量,主要是指后衣片的袖窿及袖片部位要有手臂活动所需要的活动松量。

图 2-19
肩关节的
活动尺度

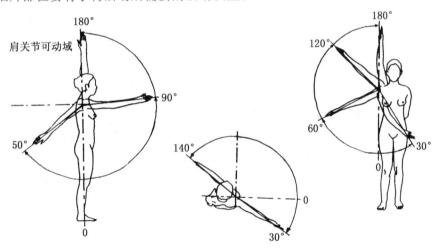

2. 髋关节和膝关节的活动尺度

髋关节的活动以大转子的活动范围为中心,以向前运动为主,是下装臀部尺寸设计的动态依据,同时也要考虑到双腿同时前屈90°的坐姿,在臀部、裆部的结构上给予适当的活动尺度。膝关节的活动是单方向的后屈动作,为了适应这种运动特点,一般在裤结构的中裆处都要留有余地。如果腿的活动幅度较大,则需要在横裆上增加活动量,如武术裤,如图 2-20 所示。

图 2-20
髋关节和
膝关节的
活动尺度

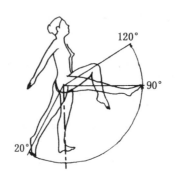
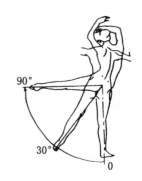

3. 腰脊关节的活动

腰脊关节的活动主要是以腰部脊柱的弯曲来达到运动变形的,且人体的腰脊前屈幅度大于后屈幅度,侧屈幅度也不如前屈显著,而且前屈机会较多,如图 2-21 所示。在考虑运动机能的结构时一般是在后衣身增加适度的活动松量,而前衣身则注意与之平衡美观,裤装的后翘、上装后衣身下摆长于前衣身等都是基于这个因素的考虑。

图 2-21
腰脊关
节的活动

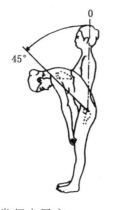

4. 正常行走尺度

正常行走包括步行和登高,通常女性标准步行前后距离为 65 cm,此时膝围为 82~109 cm,如图 2-22 所示。在裙装设计时,裙摆幅度不能小于一般行走和登高的活动尺度,两膝的围度是制约裙装造型的基本条件。窄摆裙的开衩或折裥就是基于这种功能设计的。

图 2-22
正常行走尺度

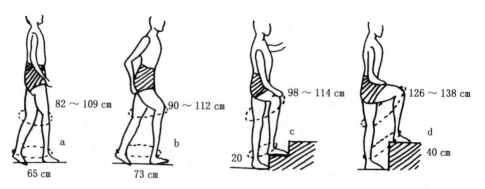

思　考　题

1. 人体体表可划分为哪几部分？
2. 人体各部位主要的骨骼有哪些及与服装结构制图的关系？
3. 人体肌肉与服装造型有怎样的关系？
4. 人体体型分类标准有哪些及具体分类情况？
5. 男女体型的差异主要表现在哪些方面？
6. 人体测量工具主要有哪些？非接触人体测量工具有哪些，并简要比较其优劣。
7. 人体测量的基准点和主要的测量部位。
8. 人体动态尺度主要参数有哪些，及与服装结构制图的关系？

第三章　服装结构构成方法与基础纸样

本章要点

掌握平面裁剪的方法种类及其技术特征、原型的种类及其划分方法；重点掌握箱形原型的制图方法；熟练运用箱形原型进行衣身结构平衡；了解服装的比例形式。

第一节　服装构成方法的种类、特点

一、服装构成方法种类

服装构成方法分平面构成和立体构成两大类，实际操作时往往将两种方法交替使用。

结构平面构成也称平面裁剪(flat cutting)，是指将服装立体形态实测或人的思维分析(视觉—经验—判断)通过服装与人体的立体三维关系转换成服装与纸样的二维关系，并通过定寸或公式绘制出平面的图形(纸样)。平面构成方法具有简捷、方便、绘图精确的优点，但由于纸样和服装之间缺乏形象、具体的立体对应关系，影响三维设计——二维设计——三维成衣的转换关系的准确性，故在实际应用时常使用假缝——立体检验——补正的方法进行修正，以臻完美。

结构立体构成，也称立体裁剪(draping)，是将布料覆合在人体或人体模型上，将布料通过折叠、收省、聚集、提拉等手法做成效果图所显示的服装主体形态，并展平成二维的布样。由于整体操作是在人体或人体模架上进行，三维设计效果——二维布样——三维成衣的转换很具体，布样的直观效果好，便于设计思想的充分发挥和修正。立体构成还有能解决平面构成难以解决的不对称性、多皱褶的复杂造型等优点，但其缺点也是很明显的，其操作条件(需标准人体模架，材料耗用大)要求高,同时因动作的随机性大,对操作者的技术素质和艺术修养也要求高。

鉴于两种构成方法各具所长,各有所短,在实际操作时往往交替使用,世界各国服装产业在使用上采用以下三种模式:

1. 以立体构成为主、平面构成为辅

在标准人体模架上以立体构成技术为主、平面构成技术为辅,形成立体构成布样→款式纸样→修正→推板的运行模式,并运用在各类服装的构成。

2. 立体构成、平面构成并举

立体形态较规则的服装使用平面构成→立体检验→修正→推板(如常用的衬衫、西服、裤类)的模式;而立体形态复杂的服装使用立体构成(如夜礼服、婚纱、舞会服等)。

3. 以平面构成为主、立体构成为辅

对所有服装的构成都采用:立体形态较规则的部件(部位)用平面构成,立体形态复杂的部件(部位)用立体构成,形成平面构成款式纸样→立体检验→修正→推板的模式。

经济发达的国家多采用第一种模式,发展中国家多采用第三种模式或第二种模式,我国部分服装专业院校已进行教改,从第二种模式过渡到第一种模式。

二、结构平面构成方法

结构平面构成首先考虑人体特征、款式造型风格、控制部位的尺寸,并结合人体穿衣的动、静态舒适要求,运用相关(身高、净胸围、净腰围)回归关系式作为细部技术手法,通过平面制图的形式绘制出所需的结构图。

服装平面构成根据结构制图时有无过渡媒介体而分为间接构成法与直接构成法两种。

(一)间接构成法

间接构成法又称过渡法,即采用原型或基型等基础纸样为过渡媒介体,在其基础上根据服装具体尺寸及款式造型,通过加放、缩减尺寸及剪切、折叠、拉展等技术手法作出所需服装的结构图。

基础纸样的种类分原型法、基型法两种。

1. 原型法　以结构最简单,能充分表达人体重要部位(FWL、BWL、NL、BP、BL、WL等)尺寸的原型为基础,加放衣长,增减胸围、胸背宽、领围、袖窿等细部尺寸,并通过剪切、折叠、拉展等技法最终作出符合服装造型的服装结构图。

2. 基型法　以所设计的服装品种中最接近该款式造型的服装纸样作为基型,对基型作局部造型调整,最终作出所需服装款式的纸样。由于步骤少、制版速度快,常为企业制版时采用。

(二)直接构成法

直接构成法亦称直接制图法,是指不通过任何间接媒介,按服装的各细部尺寸或运用基本部位与细部之间的回归关系式直接进行制图,这些回归关系式必须通过大量人体体型测量得到精确的关系式,再将精确关系式进行简化,变为实用的计算公式,其形式往往随公式中变量项的系数的比例形式而不同。此类方法具有制图直接、尺寸具实的特点,但在根据造型风格估算计算公式的常数值时需一定的经验,可采用比例制图法和实寸法两种方法。

1. 比例制图法　根据人体的基本部位(身高、净胸围/净腰围)与细部之间的回归关系,求得各细部尺寸用基本部位的比例形式表达。一般表达衣长、袖长、腰节长、裤长等长度尺寸用身高的比例形式:$Y=ah+b$(h 为身高,a、b 为常数);表达肩宽、胸宽、背宽等上装围度尺寸,用净胸围或胸围(在净胸围基础上加放了松量)的比例形式:$Y=aB+b$(B 为净胸围或胸围,a、b 为常数);下装的围度尺寸用 $Y=aH+b$ 或 $Y=aW+b$(H 为臀围,W 为腰围,a、b 为常数)的形式。

由于上述细部制图公式主要是以胸围或臀围的回归方程表达,故又称胸度法或臀度法。根据回归方程常数的比例形式,常分为下列几种:

(1) 十分法:常数的比例形式为 aB/10,aH/10…的形式(a 为 1~10 的整数)。

(2) 四分法:常数的比例形式为 aB/4,aB/8…的形式(a 为 1~4 或 1~8 的整数)。

(3) 三分法:常数的比例形式为 aB/3,aB/6…的形式(a 为 1~3 或 1~6 的整数)。

2. 实寸法(又称短寸法)　以特定的服装为参照基础,测量该服装的细部尺寸,以此作为服装结构制图的细部尺寸或参考尺寸,行业中称为剥样。

间接构成法和直接构成法是由于制图尺寸形式不同而产生的不同的制图方法,虽然名称各异,但从原理上分析,这两种方法均属于下列方法:

(1) 比例法:上装用胸度法,下装用臀度法,都是以人体胸、臀尺寸或服装的基本部位尺寸的比例形式来计算各细部尺寸。

(2) 短寸法:实际测量人体的尺寸或服装的各部位尺寸,绘制原型或服装款式纸样。

第二节　平面基础纸样构成方法 ·····························

基础纸样是服装结构设计的基础图形,是结构最简单且能包含人体最基本的尺寸信息的纸样。狭义地讲,基础纸样特指原型类结构图,是最简单的纸样;广义地讲,基础纸样还包括所要设计的服装品种中款式最简单的服装纸样。

基础纸样是服装结构构图的过渡形式,并非服装结构图的最终形式。通过对基础纸样的旋转、剪切、折叠、加放松量等变形方法,采用省道、折裥、抽褶、分割、连省成缝等各种结构形式,便可形成所需的服装结构图。基础纸样必须具备的四个条件:

1. 采寸部位尽量少　要制作一件合体的服装,需要测量人体各部位的尺寸,但实际操作过程中由于受测量者的技术和测量工具的误差以及测量部位本身固有的不确定性等的影响,使服装结构制图中的技术难度增大。同时在工业生产中要大量生产适合最大数量的消费者的穿着需求,要求测得很多部位的数据也是不可能的。这时根据最少数量的基本部位的尺寸,应用相关性科学地来确定其间的比例形式,并最终表达大量的非基本部位的尺寸是非常必要的。

2．作图过程容易　指需用的作图工具简单,基本尺寸的运算简便。基础纸样使用的公式是通过采集大量人体部位数据,并将其经过统计分析而得到的,具有相当的科学性。

3．适用度高　纸样既要满足人体静态的美观要求,又要能适合人体运动的舒适性要求。在满足这两个条件的基础上做到适穿者的范围要广泛。

4．应用、变化容易　基础纸样不但本身要制作容易,而且将其用在各类款式的纸样设计时,要求图形变化方法简单、明白易懂。

基础纸样按性别或年龄分为:女装基样、男装基样、童装基样;按覆盖人体的躯体部位分为:衣身基样、裙装基样、裤装基样、袖身基样。

需要说明的是在现有的国内外资料中所采用的尺寸代号,有的是按基本尺寸出现,有的已增加了松量。为区别两者,凡未加放松量的部位都在代号右上角加"*",如胸围代号为B,那么净胸围为B^*。

一、女装原型

女装原型是女装基础纸样的主要形式,按覆盖人体的部位分:衣身原型、袖身原型和裙装原型;按衣身的立体构成形态分:箱形原型、梯形原型。其中按衣身的立体构成形态分类是原型的本质分类。

图 3－1
前浮余量与
后浮余量

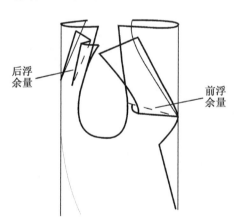

后浮余量

前浮余量

（一）衣身前后浮余量

1．浮余量的概念

衣身前后浮余量是指衣身覆合在人体或人台上,将衣身纵向前中心线、后中心线及纬向胸围线、腰围线分别与人体或人台的标志线覆合一致后,前衣身在胸围线(BL)以上(肩缝、袖窿处)出现的多余量称前浮余量,亦称胸凸量(从人体的角度);后衣身在背宽线以上(肩宽、袖窿处)出现的多余量称后浮余量,亦称背凸量(从人体的角度),如图 3－1 所示。

2．前浮余量消除方法

前浮余量的消除是使衣身能很好地覆合人体,即使衣身的结构达到平衡。其消除方法有结构处理方法和工艺处理方法两种,结构处理方法又分为收省(含省道、抽褶、折裥等形式)和下放两种方法。

(1) 前浮余量用省道的形式消除。图 3－2(a)是将前浮余量用对准胸高点(BP点)的肩胸省的结构形式进行消除,此时前中心线成垂直状,胸围线(BL)、腰围线(WL)呈水平状。图 3－2(b)是将前浮余量用对准 BP 点的袖窿省的结构形式进行消除。

图 3 - 2
前浮余量
用省道的
形式消除

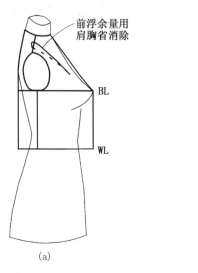
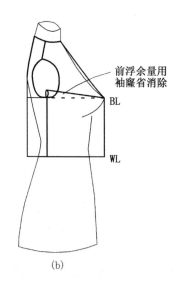

(a)　　　　　　　　　　　　　　　　　　(b)

（2）前浮余量用下放的形式消除。图 3 - 3 是将前浮余量捋向下方至衣身自然平整,形成前中心线外倾,腰围线（WL）呈水平状态,腰围线与基础线之间形成的量称下放量。

（3）前浮余量用省道＋下放的形式消除。将部分前浮余量用收省的方式消除,部分前浮余量（一般≤1 cm）用下放的方式消除。

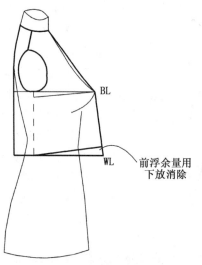
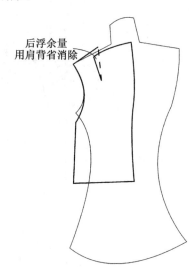

图 3 - 3　前浮余量用下放的形式消除　　　　图 3 - 4　后浮余用肩背省消除

3. 后浮余量消除方法

后浮余量的消除方法也分为结构处理方法和工艺处理方法两种,结构处理方法亦可分省道和下放两种形式,多采用肩背省的结构形式进行消除,如图 3 - 4 所示;工艺处理方法一般采用肩缝缝缩的工艺形式进行消除。

（二）衣身原型的分类和构成

根据衣身浮余量消除方法的不同,衣身原型可分为下列两种类型:

1. 箱形原型　将前后衣身的标志线与人台的标志线对合一致后,把前衣身 BL 以上的浮余量捋至袖窿处收去,形成袖窿省,后衣身浮余量捋至背宽线处形成袖窿省,形成的原型立体构成图如图 3-5(a)所示,展开后形成的原型纸样如图 3-5(b)所示。我国的箱形原型——东华原型、日本文化式(第七版)原型皆属此种原型。

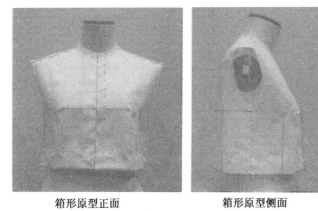 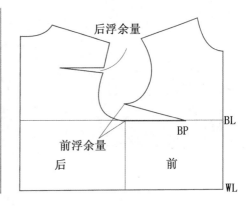

箱形原型正面　　　　　　　箱形原型侧面

(a)　　　　　　　　　　　　　　　(b)

图 3-5　箱形原型

在箱形原型的基础上在前后衣身腰部再收腰省,形成衣身整体与人体贴合的贴体型原型,形成的原型立体构成图如图 3-6(a)所示,展开后形成的原型纸样如图 3-6(b)所示。欧美等国家的原型大都采用这种形式,因其前后浮余量都用省道的方法消除,故其本质上仍属箱形原型。

图 3-6
箱形(收省)原型

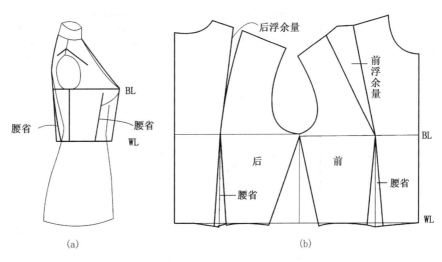

(a)　　　　　　　　　　　　　　　(b)

2. 梯形原型　将前后衣身的标志线与人台的标志线对合一致,把前衣身 BL

以上的浮余量全部向下捋向袖窿以下部位,使之与 BL 以下的腰部浮起余量合成一体,后衣身浮余量用肩背省的方法消除,形成的原型立体构成图如图 3-7(a)所示,展平后形成的原型纸样如图 3-7(b)所示。日本的文化式(第六版)原型及登丽美式原型都属此类原型。

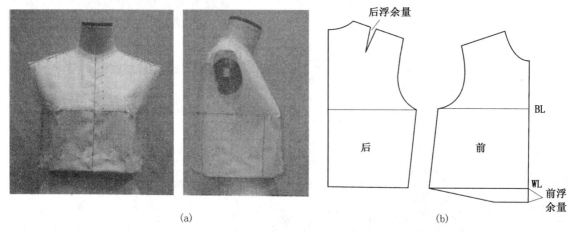

图 3-7 梯形原型

目前,这两类原型尚并存使用,但世界各国的衣身原型都在向箱形发展,箱形原型已成为主流,梯形原型由于展平的前后衣身关系与人体前后腰节关系在形式上不能统一,且浮余量形式不明显,故逐渐弃用。

(三) 衣身原型的组合类型

由于前、后衣身原型的浮余量都有收省和下放两种处理方法,分别用三种形式立体形态进行组合,可形成如图 3-8 所示的若干种原型类型:

图 3-8
衣身原型的
组合类型

	(1)	(2)	(3)
前	梯形	箱形	箱形
后	箱形	箱形	梯形
	(4)	(5)	(6)
前	梯形	箱形	箱形(收省)
后	梯形	箱形	箱形(收省)

(1) 前部为梯形,后部为箱形的原型;

(2) 前部为箱形(用袖窿省形式处理浮余量),后部为箱形的原型;

(3) 前部为箱形,后部为梯形的原型;

(4) 前部为梯形,后部为梯形的原型;

(5) 前部为箱形(用肩胸省形式处理浮余量),后部为箱形的原型;

(6) 前后部均为箱形加以收取腰省的原型。

以上这些原型类型将世界各国的女装原型都包括在内。

（四）箱形原型与梯形原型的相互关系

将箱形原型的展平图与梯形原型的展平图重合后可以看出其相互间的关系,如图 3-9 所示。

1. 箱形原型的胸围一般大于梯形原型的胸围。梯形原型的胸围松量为 10 cm 左右,而箱形原型一般为 12 cm 左右,两者基本上都等于各自的原型衣身自然包覆人体所需的最小松量。

2. 箱形原型的袖窿宽 a 略大于梯形原型的袖窿宽 b。

3. 箱形原型 BL 以上的浮余量以袖窿省(或肩胸省)的形式进行处理,将其关闭使其量转移到腰省,便可转换为梯形原型。反之亦然。

图 3-9
箱形原型与
梯形原型
展平图的比较

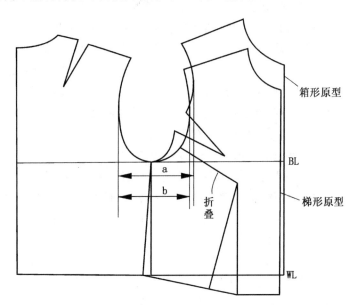

（五）原型与人体的关系

1. 衣身原型胸围与人体胸围:如图 3-10 所示,图(a)中的粗实线为贴体包覆人体胸围的线,即测体时的净胸围,图(b)中的粗实线为衣身原型的胸围,即在净胸围的基础上加上松量。观察衣身原型的松量构成,主要在前后两部分:前部松量在 BP 至前腋点之间;后部松量在后腋点周围。原型的构成方式不同,其前后松量的比例亦不同,梯形一般为 10 cm,箱形一般为 12 cm。

2. 衣身原型腰节长与人体腰节长：原型的前后腰节长分别与人体计测得到的实际前后腰节长相同。

3. 衣身原型领窝与人体颈根围：原型领窝对应于人体颈根围，即从 BNP～SNP～FNP 形成的原型领窝，形状和数量都对应于人体的颈根围。

4. 衣身原型袖窿深与人体腋深：原型袖窿深应比人体腋深的位置稍低，即必须有基本的间隙量，大小一般为 2 cm 左右，或将袖窿深定在胸围线上。

图 3－10
衣身原型与
人体的关系

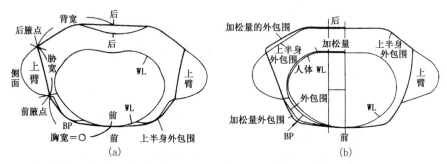

5. 衣身原型的前胸宽、后背宽与人体的前胸宽、后背宽：原型的前胸宽、后背宽分别与人体的前胸宽、后背宽相等。

6. 衣身原型肩斜角与人体肩斜角：原型前后肩斜角是在人体计测得到的肩斜角的基础上进行修正的结果，女装原型前肩斜角为 22°，后肩斜角为 17°。

7. 原型袖袖山、袖身与人体手臂：原型袖袖山、袖身的形状和加放量的设计都是在手臂静止状态或上抬 45°的状态之间，这样原型袖更具变化的机动性和最大的适应性。原型袖的设计原理是当人体手臂在静止下垂状态上抬 20°～30°时，袖窿线所对应的部位作为袖山高，此时的袖山高比静止下垂状态的袖山高低 1.4～1.7 cm，原型袖的袖宽约为手臂最大围度加上 4～5 cm，袖山缝缩量（吃势量）为 2～4 cm，袖身的形状一般取直身袖。

8. 裙装原型的腰、臀围与人体腰、臀围：裙装原型腰围比人体净腰围多 2 cm 左右的松量，裙装原型臀围比人体净臀围多 4 cm 左右的松量（人体基本活动时的臀部最小松量为 4 cm。本书第四章下装结构中将详细讨论）。

（六）主要衣身原型

1. 中国箱形原型——东华原型

东华原型是东华大学服装学院在对大量女体计测的基础上，得到各计测部位数据的均值及人体细部与身高、净胸围的回归关系，并在此基础上建立标准人台，通过在标准人台上按箱形原型的制图方法作出原型布样，将人体细部与身高、净胸围的回归关系进行简化作为平面制图公式制订而成的中国箱形原型。平面结构制图如图 3－11(a)、(b)所示。

后衣身：

① 作水平 WL 线，长为 $B^*/2+6$ cm(松量)，取背长作背长线，取 $B^*/20+3=$ ◎为后领窝宽，取◎/3 为后领窝深。

② 在后衣身水平线向上量取 B*/60 为前衣身水平线,自前水平线向下取 0.1 h+9 cm作袖窿深线(BL 线)。

③ 将水平 WL 线两等分作为前后胸围大,在袖窿深线上取 0.13B* +7 cm 为后背宽线。

④ 作后肩斜为 17°,在后背宽外取 2 cm,连接 SNP 作成后肩宽线。

图 3 - 11
中国箱形原型
——东华原型

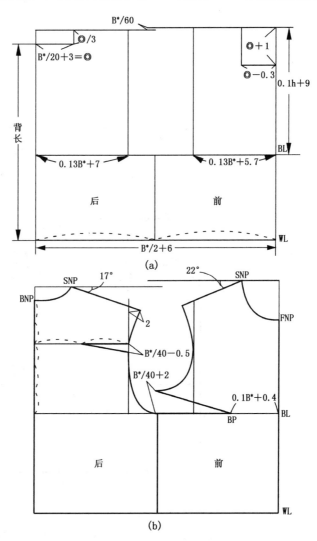

⑤ 在 BNP 至 BL 间 2/5 处作水平线,在袖窿处取 B* /40－0.5 cm 为后浮余量,画顺后袖窿弧线。

前衣身:

⑥ 取◎＋1 cm 作前领窝深,取◎－0.3 cm 为前领窝宽。

⑦ 在袖窿深线上取 0.13B* ＋5.7 cm 作前胸宽线,作前肩斜为 22°,与后肩宽等长。

⑧ 在袖窿深线上取 0.1B* ＋0.4 cm 为 BP,取前浮余量为 B* /40＋2 cm 画向

45

BP,画顺前袖窿弧线。

2. 箱式原型——日本文化式(第七版)原型　日本文化式(第七版)原型属于箱形原型,前浮余量用袖窿省形式消除,后浮余量用肩背省形式消除。平面结构制图如图 3-12(a)、(b)所示。

图 3-12
箱式原型——
日本文化式
(第七版)原型

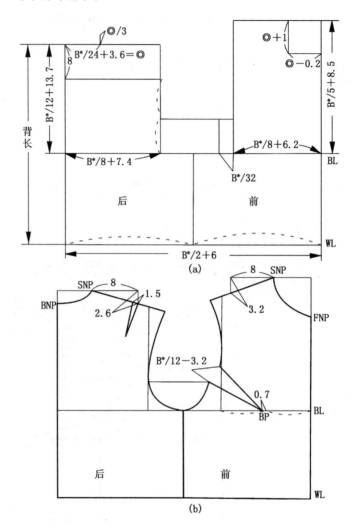

后衣身:

① 作水平 WL 线,长为 B*/2+6 cm(松量),取背长作背长线,取 B*/20+3.6=◎为后领窝宽,取◎/3 为后领窝深。

② 在背长线向下量取 B*/12+13.7 cm 作袖窿深线(BL 线)。

③ 将水平 WL 线两等分作为前后胸围大,在袖窿深线上取 B*/8+7.4 cm 为后背宽线。

④ 自 SNP 点水平取 8 cm,向下 2.6 cm 确定后肩斜,根据人体肩宽作后肩宽线,并在肩线上做出后浮余量 1.5 cm。

⑤ 过背宽线与袖窿深线两等分处画顺后袖窿弧线。

前衣身：

⑥ 袖窿深线向上量取 $B^*/5+8.5$ cm 作前衣身水平线。取◎＋1 cm 作前领窝深，取◎－0.3 cm 为前领窝宽。

⑦ 在袖窿深线上取 $B^*/8+6.2$ cm 作前胸宽线，自 SNP 点水平取 8 cm，向下取 3.2 cm 作前肩宽＝后肩宽－1.5 cm(后肩省量)。

⑧ 在袖窿深线上取前胸宽两等分左移 0.7 cm 确定 BP 点，取前浮余量为 $B^*/12-3.2$ cm 画向 BP，画顺前袖窿弧线。

3. 梯形原型——日本文化式(第六版)原型　日本文化式(第六版)原型属梯形原型，前浮余量用下放的形式消除，后浮余量用肩部缝缩的形式消除。平面结构制图如图 3－13(a)、(b)所示。

图 3－13
梯形原型——
日本文化式
(第六版)原型

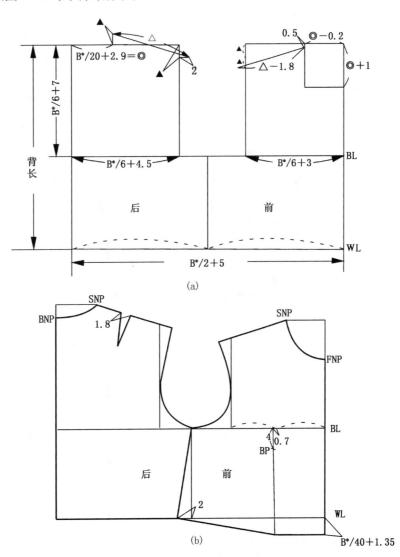

(a)

(b)

后衣身：

① 作水平线 WL 线，长为 $B^*/2+5$ cm(松量)，取背长作背长线，取 $B^*/20+2.9$ cm＝◎为后领窝宽，取◎/3 为后领深(◎/3 记作▲)。

② 在背长线向下量取 $B^*/6+7$ cm 作袖窿深线(BL 线)。

③ 将水平 WL 线两等分作为前后胸围大，在袖窿深线上取 $B^*/6+4.5$ cm 为后背宽线。

④ 在后背宽线上向下量取▲，向外取 2 cm，连接 SNP 作后肩宽线。

⑤ 在肩线上作后浮余量 1.8 cm，画顺后袖窿弧线。

前衣身：

⑥ 取◎＋1 cm 作前领窝深，取◎－0.2 cm 为前领窝宽。

⑦ 在袖窿线上取 $B^*/6+3$ cm 作前胸宽线，在前胸宽线上向下量取 2▲，连接前领窝深向下 0.5 cm，作前肩宽＝后肩宽－1.8 cm(后肩省量)，画顺前袖窿弧线。

⑧ 在袖窿深线上取前胸宽两等分左移 0.7 cm，向下 4 cm，确定 BP 点。

⑨ 在 WL 线下放出前衣身下放量 $B^*/40+1.35$ cm，前衣身侧缝后偏 2 cm。

（七）裙装原型制图方法

裙装作为女装下装的重要品种，制图方法有精确制图法和简便制图法两种。

1. 裙装原型的精确制图法 制图步骤如图 3－14 所示。

图 3－14
裙装原型的
精确制图法

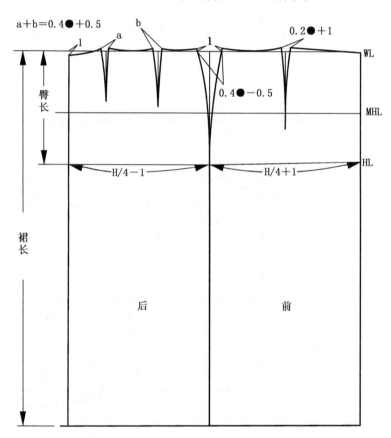

① 作腰围线 WL,臀长取 h/10＋2.5 cm,约为 17～20 cm,作臀围线 HL,取两等分处作中臀围线 MHL,作裙长线。

② 取前臀围大为 H/4＋1 cm,后臀围大为 H/4－1 cm。

③ 设(H－W)/2＝●,取 0.2●＋1 cm 为前腰省,取 0.4●＋0.5 cm 为后腰省,取 0.4●－0.5 cm 为两侧缝撇去量,并且前侧缝撇去量较大,后侧缝撇去量较小。

④ 后腰缝低于水平线 1 cm,侧缝处腰缝起翘 1 cm,画顺腰缝。注意前后腰缝在侧缝处拼合后要圆顺,前后腰缝与侧缝的夹角要大于 90°,一般接近 93°左右。

2. 裙装原型的近似制图法　制图步骤如图 3-15 所示。文化式裙装原型属于近似制图法。

图 3-15
裙装原型的
近似制图法

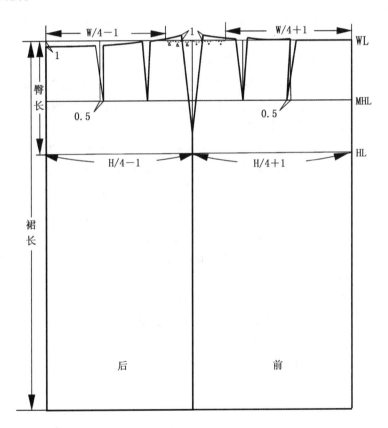

① 作腰围线 WL,根据臀长作臀围线 HL,取两等分处作中臀围线 MHL,作裙长线。

② 取前臀围大为 H/4＋1 cm,取 W/4＋1 cm 为前腰围大。

③ 将前臀围大与前腰围大的差三等分,其中 1/3 为侧缝撇量,2/3 为前腰省量。

④ 取 H/4－1 cm 为后臀围大,取 W/4－1 cm 为后腰围大。

⑤ 后臀围大与后腰围大的差三等分,其中 1/3 为侧缝撇量,2/3 为后腰省量。

⑥ 后腰缝低于水平线 1 cm,侧缝处腰缝起翘 1 cm,画顺腰缝。

二、男上装原型

男上装原型按立体构成形态分为梯形原型和箱形原型两种,按用途分为衬衫类原型和外衣类原型两种,其结构形式与平面结构方法都不尽相同。

（一）男上装原型的立体构成

梯形原型以男衬衫原型为例,其立体构成方法采用:前衣身用梯形原型的构成方法,即将胸围线 BL 以上的浮余量全部捋至 BL 以下,在腰线 WL 处下放。后衣身用箱形原型的构成方法,即将背宽线以上的浮余量全部捋至后肩缝处,以后肩缝缩量的形式处理。

箱形原型以男西装原型为例,其立体构成方法采用:前衣身用箱形原型的构成方法,即将胸围线 BL 以上的浮余量全部捋至前领窝部位,以撇胸量的形式消除,在制作时除去人体自然撇胸量(1 cm 左右)以外的量用归拢的方式(拉牵条或熨烫归拢)除去,这样前衣身原型在 WL 处便没有下放量,而呈水平线形式。后衣身用箱形原型的构成方法,即将背宽线以上的浮余量全部捋至后肩缝处,以后肩缝缩量的形式处理。

梯形原型采用的衣身胸围等于 $B^*/2+10$ cm,为宽松风格,袖窿和袖山的造型风格为较宽松型,袖窿宽较小(前胸宽、后背宽较大)、袖山高较小。箱形原型采用的衣身胸围等于 $B^*/2+8\sim10$ cm,为较贴体风格,袖窿和袖山的造型风格为贴体形,袖窿宽较大(前胸宽、后背宽较小)、袖山高较大。

（二）男上装箱形原型平面制图

男上装箱形原型的前浮余量以撇胸的形式消除,平面结构制图如图 3 - 16 所示。

后衣身:

① 作水平 WL 线,长为 $B^*/2+8\sim10$ cm(松量),取背长作背长线;取 $B^*/12=$ ◎为后领窝宽,取◎/3 作后领窝深。

② 在背长线向下取 $B^*/6+7.5$ 作袖窿深线(BL 线)。

③ 将水平 WL 线两等分作为前后胸围大,在袖窿深线上取 $B^*/6+4.5$ 作后背宽线。

④ 在后肩宽线上向下量取◎/3,向外 1.5 cm 作后肩线,画顺后袖窿弧线。

前衣身:

⑤ 在袖窿深线上取 $B^*/6+4$ 作胸宽线,取 $1/2(B^*/6+4)$ 作前领窝宽,取◎为前领窝深。

⑥ 在前胸宽线上向下量取◎/3 连接 SNP,作前肩线,前肩宽＝后肩宽－0.7 cm(少量缝缩量),画顺前袖窿弧线。

图 3-16
男上装箱形
原型平面
制图法

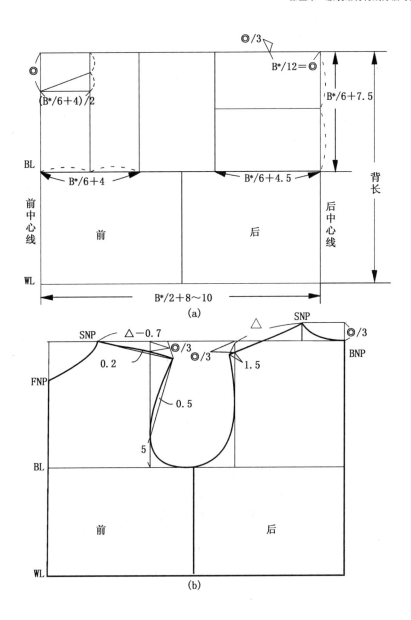

三、童装原型

童装原型分为幼童原型和少女原型两个类别。由于幼童时期男女体型相似，几乎不存在太大的性别差异，所以男女幼童原型均为同一个原型；随着儿童的生长发育，儿童尤其女童的体型变化明显，更趋向成年人，所以产生少女原型。少女原型与幼童原型的形式基本相同，只是各个部位尺寸的计算与松量设计有所不同，少女原型更接近女装原型，符合少年体型特征的要求。目前幼童原型适用年龄范围广，量身部位少，制图方法简单、易于操作，故常将幼童原型称为童装原型。

（一）幼童原型

1. 幼童原型的立体构成

幼童原型的立体构成形式是前衣身采用梯形原型,即将前衣身 BL 以上的浮余量全部挪至 BL 以下在 WL 处作下放处理。后衣身采用箱形原型,即将后衣身背宽线以上的浮余量全部挪至肩线上,用肩省或缝缩量进行处理。立体构成形成的童装原型的胸围松量为 14 cm。

2. 幼童原型的平面构成

幼童上装原型的平面结构制图如图 3－17(a)、(b)所示。

图 3－17
幼童原型的
平面构成

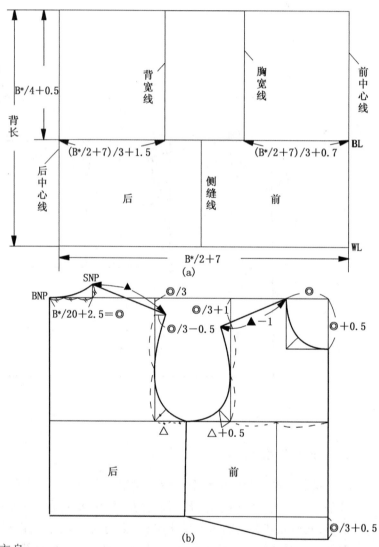

后衣身:

① 作水平 WL 线,长为 B*/2＋7 cm(松量),取背长作背长线,取 B*/20＋2.5 cm＝◎作后领窝宽,取◎/3 作后领窝深。

② 在背长线向下取 $B^*/4+0.5$ cm作袖窿深线(BL 线)。

③ 将腰围线 WL 线取两等分作前后胸围大,在袖窿深线上取$(B^*/2+7\text{ cm})/3+1.5$ cm 作后背宽线。

④ 在后背宽线上向下量取◎/3,向外取◎/3－0.5 cm,连接 SNP 作出后肩线,画顺后袖窿弧线。

前衣身:

⑤ 取◎＋0.5 cm 作前领窝深,取◎作前领窝宽线。

⑥ 在袖窿深线上取$(B^*/2+7\text{ cm})/3+0.7$ cm 作前胸宽线,在前胸宽线上取◎/3＋1 cm,连接 SNP 作前肩线,使前肩宽＝后肩宽－1 cm,画顺前袖窿弧线。

⑦ 在 WL 线下,作下放的前浮余量◎/3＋0.5 cm。

(二) 少女原型

1. 少女原型的立体构成

少女原型的立体构成形式是前衣身采用梯形原型,即将前衣身 BL 以上的浮余量全部捋至 BL 以下在 WL 处作下放处理。后衣身采用箱形原型,即将后衣身背宽线以上的浮余量全部捋至肩线上,用肩省或缝缩量进行处理。立体构成形成的少女原型的胸围松量为 12 cm,与幼童原型不同的是增加了 BP 点的设置,并将幼童前挺的"腹凸量"转化为少女隆起的"胸凸量",而且该"胸凸量"略小于正常成年女子。

2. 少女原型的平面构成

少女上装原型的平面结构制图如图 3－18 所示。

图 3－18
少女原型的
平面构成

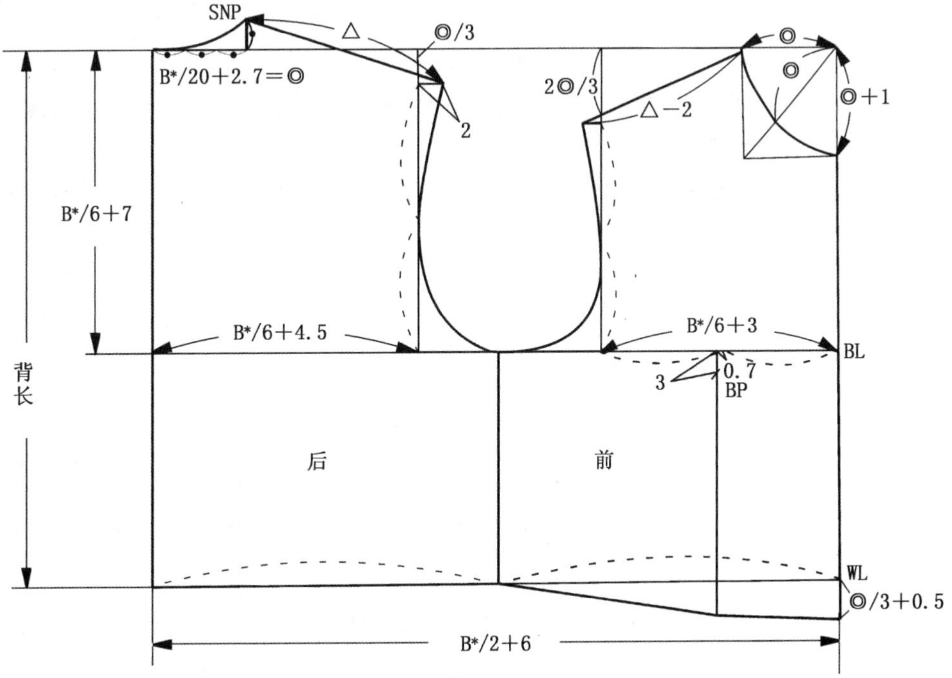

后衣身：

① 作水平 WL 线，长为 $B^*/2+6$ cm（松量），取背长作背长线，取 $B^*/20+2.7$ cm＝◎作后领窝宽，取◎/3 作后领窝深。

② 在背长线向下取 $B^*/6+7$ cm 作袖窿深线（BL 线）。

③ 将水平 WL 线两等分作前后胸围大，在袖窿深线上取 $B^*/6+4.5$ cm 作后背宽线。

④ 在后背宽线上向下量取◎/3，向外取 2 cm，连接 SNP 作出后肩线，画顺后袖窿弧线。

前衣身：

⑤ 取◎＋1 cm 作前领窝深，取◎作前领窝宽线。

⑥ 在袖窿深线上取 $B^*/6+3$ cm 作前胸宽线，在前胸宽线上取 2◎/3 连接 SNP，作前肩线，使前肩宽＝后肩宽－2 cm，画顺前袖窿弧线。

⑦ 在袖窿深线上取前胸宽两等分左移 0.7 cm，向下 3 cm，确定 BP 点。

⑧ 在腰围线 WL 下作下放的前浮余量为◎/3＋0.5 cm。

第三节　服装构成的艺术比例 ·····················

服装构成的艺术比例是服装在构成中整体与细部、细部与细部之间存在的量的配比关系。合理的整体与细部、细部与细部间比例关系或者给人以均衡感、协调感，或者给人以运动感、节奏感，总之都能达到完美的艺术感。

矩形边比为 $1:1,1:\sqrt{2},1:1.618,1:\sqrt{3},1:\sqrt{5}$ 的比例，是属于常用的比例形式，其艺术感按稳定到动感的特征进行变化，其中 $1:\sqrt{2}$ 比例具有最稳定的静态特征，$1:1.618$ 是稳定感与动感最恰当的比例形式，$1:\sqrt{5}$ 的比例相对具有最运动的感觉。

反复使用相同差量的等差与相同比例的等比关系是服装构成时亦常用的比例关系，其节奏感强烈，其中后者给人的运动感、节奏性更强烈。

1. 正方形比例

正方形中边长与对角线之比为 $1:\sqrt{2}$，其比例的艺术感是具有安定、丰满、温和的协调感，称为"调和之门"，如图 3 - 19 所示。

2. 黄金分割比

黄金分割比是矩形边长比为 $1:1.618$ 的比例关系，该比例关系给人以优美、典雅、协调，近于完美的艺术感，自古以来，被称为"美的数"、"黄金分割"。它不但在服装设计上得到应用，而且广泛应用于建筑、绘画等其它艺术领域，如图 3 - 20 所示。

3. 矩形比例

矩形边比为 $1:\sqrt{5}$ 的比例，这一比例由于应用于服装比例时部位差距较大，故更趋动感，常用于年轻化风格服装，如图 3 - 21 所示。

4.等差与等比比例

多部位之间长度的比例呈从小到大的相同差数或相同比例形成等差或等比比例,能形成极强的节奏感,但等差比例较等比比例视觉感更柔和。如图 3-22 所示,腰部装饰距离为等差比例排列,富于节奏感。

图 3-19 服装设计的正方形比例

图 3-20 服装设计的黄金分割比   图3-21 服装设计的矩形比例   图3-22 服装设计的等差比例

第四节　几何体造型的平面展开 · · · · · · · · · · · · · · · · · ·

　　服装的立体造型可分解成若干几何形体,而几何形体又可分为可展曲面体和不可展曲面体,可展曲面体可按一定规则展平为平面图形,不可展曲面体则需加以延展、压缩等手段使之展开。

　　圆柱体、圆台、多面体、圆锥、球体等几何体都是可展曲面体,服装的衣身廓体、袖身、BP 点附近的衣身、卡腰造型的腰线部位都属于上述几何体,其平面展平的原理是服装结构展平的数学基础。

　　1. 单一方位展开　图 3-23 是一系列可展曲面体从单一方位(常为纵向)进行展开的过程图。图(a)是圆柱体通过母线 AB 处展开,展平为矩形的平面图;图(b)是圆台体通过在母线 AB、BC 处剪开,上下两圆台体分别展平为扇形面;图(c)是圆柱体被斜平面斜切而成的截面柱体,其展开图为正弦曲线和矩形组合而成的正弦曲线面;图(d)是四面体,其展开图为四个三角形的多边形,其组成形式可有三种形式,这说明曲面体展开图的多样性;图(e)是圆锥体的展开图,最简单的展开是在一条母线上剪开形成扇形面,变形的展开可在两条母线上剪切展开,形成两个扇形面。BP 点周围的省道变化便是以此原理为基础。

图 3-23①
几何体造型
的平面展开

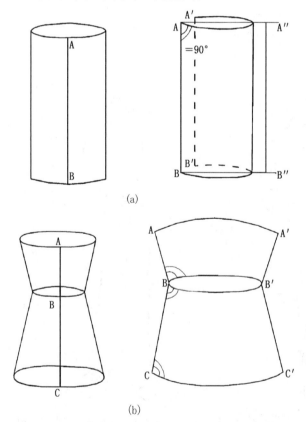

(a)

(b)

图 3 - 23②
几何体造型
的平面展开

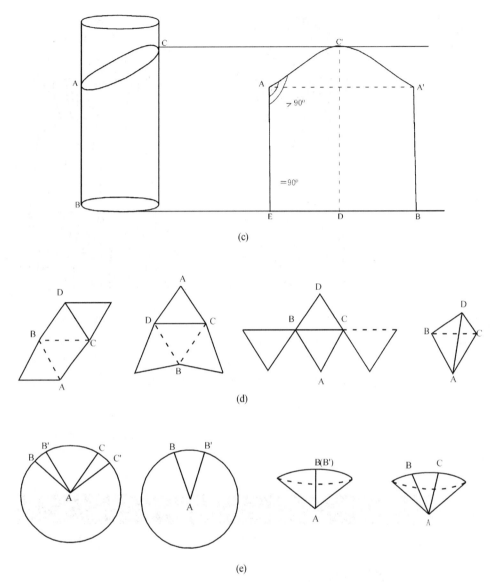

(c)

(d)

(e)

2. 图 3 - 24 是椭球体的立体展开图,可从纵横向等多方位展开。横向展开原理是其横向展开图上作 A、B、C 线切展,展平图可近似展平为三个扇面(见 1/4 椭圆体展开平面),分割线越多,分割面越接近平面。纵向展开原理在其纵向平面图上作尽可能多的纵向平均分割线(图中是八片分割),这样分割而得的锥形面更接近平面。

图 3 - 24
椭球体的
立体展开图

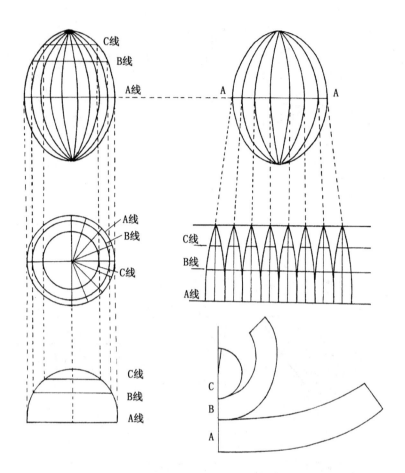

思 考 题

1. 服装平面构成的方法有哪些？

2. 浮余量的定义及消除方法。

3. 衣身原型的种类及相互关系。

4. 原型与人体的关系？

5. 箱形原型——东华原型的结构制图。

6. 梯形原型——日本文化式(第六版)原型的结构制图。

7. 裙装原型精确制图。

8. 幼童原型的结构制图。

9. 服装构成的艺术比例形式有哪些？

模块二　下装结构知识模块

内容综述：介绍下装(裙装、裤装)结构种类以及与人体体型的关系；下装规格设计和结构制图。

掌握：裤装结构设计原理；基本裙装、裤装规格设计和结构制图。

熟悉：下装(裙装、裤装)结构种类；下装结构设计与人体相关部位的关系。

了解：下装结构设计中常用的与人体体型相关的主要参数。

第四章　下装结构

本章要点

裙、裤装结构种类;裙、裤装结构设计与人体的相关关系;裙、裤基本结构设计。

人体 WL 线以下穿着的服装统称为下装。下装可分为裙装和裤装。下装与 WL 线以上的衣身组合称为上下连装,裙装与 WL 线以上衣身的组合称为连衣裙,裤装与 WL 线以上衣身的组合称为连衣裤,通常将连衣裤纳入下装结构范畴。

第一节　裙装结构设计

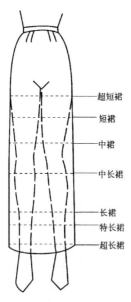

图 4-1
裙装按
长度分类

超短裙
短裙
中裙
中长裙
长裙
特长裙
超长裙

一、裙装结构种类

1. 按臀围线上裙装与人体的贴合程度分类,可分为直身裙、A 形裙、波浪裙等,其相关关系如下:

$$\text{直身裙}(H = H^* + 0 \sim 4 \text{ cm}) \xrightarrow{\text{H略增加}}$$

$$\text{A 形裙} \xrightarrow{\text{H再增加}} \text{波浪裙}$$

2. 按裙装长度分类,可分为超短裙、中裙、长裙等,如图 4-1 所示。

二、裙装结构与人体体型关系

(一) 裙装省道与人体腰臀差关系

1. 人体腰臀差的大小是裙装结构设计中最重要的影响因素。如何合理解决腰臀差直接影响裙装结构造型。

《国家服装号型标准》中规定人体体型分为 Y、A、B、C 四种体型,各体型组别女性腰臀差如表 4-1 所示。

表 4-1
女体腰臀差
单位:cm

体型组别	Y	A	B	C
腰 臀 差	28~23	22~18	18~13	13~9

2. 省道大小的分配

设 (H-W)/2=●,则前腰省=●/5-1;侧缝撇去量=2●/5;后腰省=●/5+1。一般来讲,对于贴体裙装,侧缝省应控制在 0.5~1 cm,随着宽松程度的增加,省量可在 0.5~3 cm 之间变化;裙片内省量一般控制在 1.5~3 cm。

3. 省长设置 前片的省道和褶裥主要作用于腹凸,长度一般为 8~9 cm,并尽可能均匀分布;后片的省道作用于臀凸,长度一般为 11~13 cm,也应均匀设计。由于女性臀凸较明显且靠近后中,故靠近后中的省应比靠近侧缝的省长 1 cm 左右。

(二)裙装侧部造型与人体侧部体表角的关系

裙装侧部造型与人体侧部体表角的对应关系如图 4-2 所示。

图 4-2
裙装侧部造型
与人体侧部体
表角的对应关系

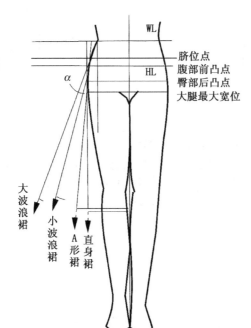

1. **直身裙** 裙装侧部自 HL 以下为垂直状整体为贴体形,HL 以下垂直倾斜角为 0°。

2. **A 形裙** 裙装侧部自 HL 以下倾斜角较小,HL 以上为较贴体,HL 以下有较小垂直倾斜角。

3. **小波浪裙** 裙装自腹部脐点位水平线以下的倾斜角约为 12°~14°,HL 以上为较宽松造型,腹部脐点以下有较大垂直倾斜角。

4. **大波浪裙** 裙装侧部自腹部脐点位水平线以下的倾斜角约为 14°~19°,HL 以上为宽松造型,腰线以下有很大垂直倾斜角。

(三)裙装腰、臀围的松量

裙装腰、臀围松量一般取人体在自然状态下的动作幅度。

实验证明,当席地而坐作 90°前屈时,腰围平均增加量为 2.9 cm,这是最大的变形量,同时考虑到腰围松量过大会影响束腰后腰围部位的外观美观性,因此一般裙装腰围松量取 2 cm。

在席地而坐作 90°前屈时,臀围平均增加量为 4 cm,即下装臀部的舒适量最少需要 4 cm,再考虑因舒适性所必需的空隙,因此一般舒适量要大于 5 cm。至于因式样造型需要增加的装饰性舒适量则无限定。因此一般裙装臀围松量最少取 4 cm。

（四）裙装腰节线处理

如图 4-3 所示,在裙装原型立体构成图中,前后腰围线不在同一水平线,一般后腰线比水平线低 0.6～1.2 cm(常取 1 cm),当裙摆量很大的圆摆裙及腰部抽褶的抽褶裙,后腰线比水平线低 1.3～3.5 cm,且随着摆量、抽褶量越大,下落量越大,如图 4-4 所示。

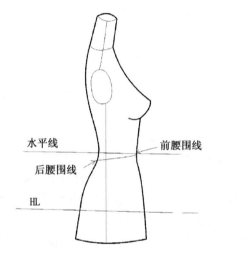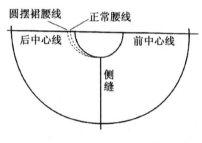

图 4-3　裙装腰节线处理立体构成　　　图 4-4　裙装腰节线处理平面构成

（五）裙装侧缝线处理

从造型美观的角度考虑,侧缝宜居于侧体正中稍偏后的位置。制图时一般前臀围大取 H/4+1 cm,后臀围大取 H/4-1 cm,取 1 cm 适用于正常人体体型。由于人体腹凸量小于臀凸量,在处理特殊体型时,要根据具体情况区别对待:对于腹凸量大的体型,前臀围大应增加,后臀围大应减少。

三、裙装基本结构设计

（一）直身裙

1. 规格设计

$$SL=\begin{cases} 0.4\,h\pm a(短裙) \\ 0.5h\pm a(长裙) \end{cases} \quad (a\ 为常量,视款式而定)$$

$W=W^*+0\sim2\ cm$

$H=H^*+4\sim6\ cm$

臀长$=0.1\,h+2\ cm$

2. 结构制图

直身裙也称一步裙,是裙装中最基本的款式,其结构保留裙装原型的基本框架,即 HL 以上合体,HL 以下呈直身形。因下摆处步行时活动量较少,一般要开衩,如图 4-5 所示。

① 按裙长 SL、腰围 W、臀围 H、臀长作裙装原型结构。

② 取前(后)臀围大-前(后)腰围大为侧缝撇量和省量,画顺前后省及侧缝。

③ 作开衩,画顺裙子的腰口线及下摆。

图 4-5
直身裙
结构制图

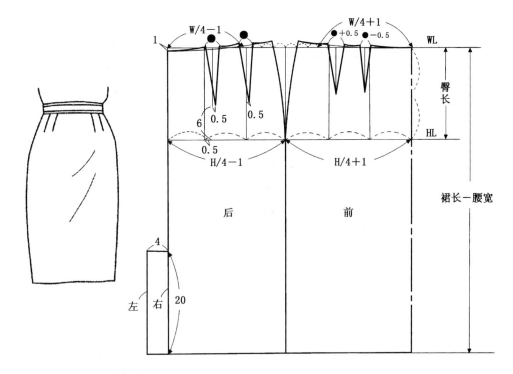

（二）A 形裙结构

1. 规格设计

$SL = 0.4 h \pm a$(a 为常量,视款式而定)

$W = W^* + 0 \sim 2 \ cm$

$H = H^* + 6 \sim 12 \ cm$

臀长$= 0.1 h + 2 \ cm$

2. 结构制图

方法一:A 形裙腰部无省道,通过关闭腰部省道获得裙摆量,如图 4-6 所示。

① 按裙长 SL、腰围 W、臀围 H、臀长作裙装原型结构。

② 闭合腰省,裙摆放出量由腰省拼合后自然形成。

③ 根据效果图截取裙长,画顺裙子腰口线及下摆。

方法二:A 形裙腰部有省道,通过适当倾斜侧缝线获得裙摆量,如图 4-7 所示。

① 按裙长 SL、腰围 W、臀围 H、臀长作裙装原型结构。

② 取前(后)臀围大-前(后)腰围大为侧缝撇量和省量。

③ 在侧缝处增加裙摆量,确定 A 形裙造型,画顺侧缝线。

④ 画顺裙子腰口线下摆。

图 4 - 6
A 形裙结构
制图方法一

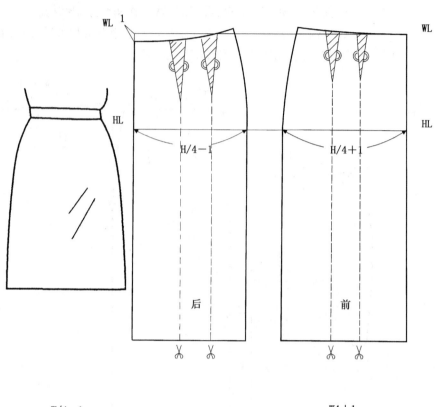

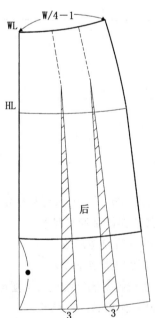

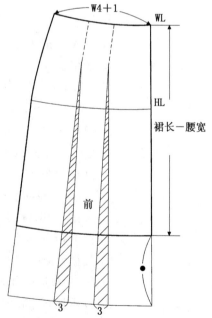

图 4 - 7
A 形裙结构
制图方法二

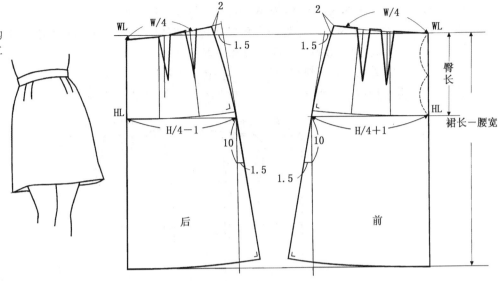

（三）波浪裙结构

1. 规格设计

SL＝0.4 h～0.6 h±a(a 为常量,视款式而定)

W＝W* ＋0～2 cm

H＝H* ＋12 cm 以上

臀长＝0.1 h＋2 cm

2. 结构制图

波浪裙也称喇叭裙,其结构随裙片的数量及裙摆的大小而变化。按裙片的数量分为一片、两片、四片、六片、八片等形式;以侧缝角计算裙片裙摆大小,分为 45°、60°、90°、120°、150°、180°、210°、240°、270°、300°、360°等形式。

方法一：直接作图法,如图 4-8 所示。

图 4 - 8
波浪裙结构
制图方法一

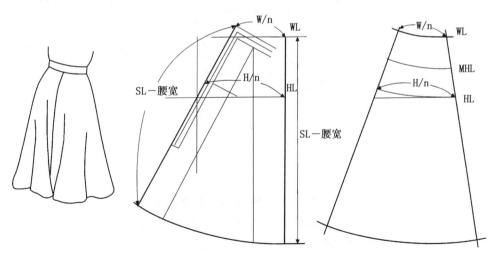

65

① 按裙长 SL、腰围 W/n(n 为裙片数)作矩形。

② 在 WL 中心处用直角尺旋转使裙片的臀围＝H/n(n 为裙片数)。

③ 画顺波浪裙片腰口线和下摆。

方法二：波浪裙腰部无省道,首先关闭腰部省道获得一定裙摆量,在此基础上再进行拉展获得较大裙摆量,臀部有较大的松量,如图 4-9 所示。

图 4-9
波浪裙结构
制图方法二

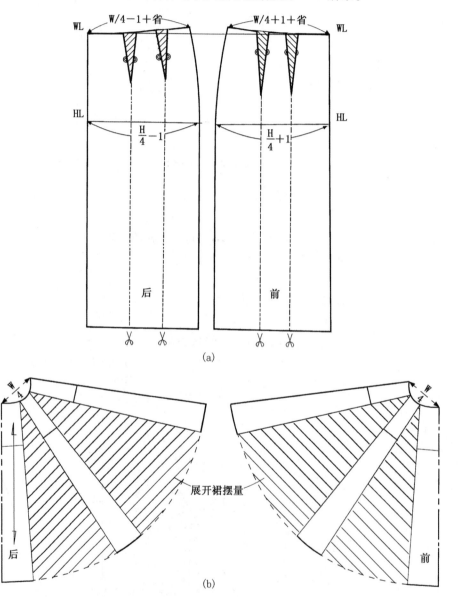

(a)

(b)

① 按裙长 SL、腰围 W、臀围 H、臀长作裙装原型结构。

② 闭合腰省后,继续拉展裙片增大裙摆量。

③ 画顺裙侧缝线、腰口线和下摆。

方法三：圆裁的波浪裙可利用圆周率,根据腰围尺寸算出圆的半径,绘制圆并按侧缝夹角进行分割,如图 4 - 10 所示。

图 4 - 10
波浪裙结构
制图方法三

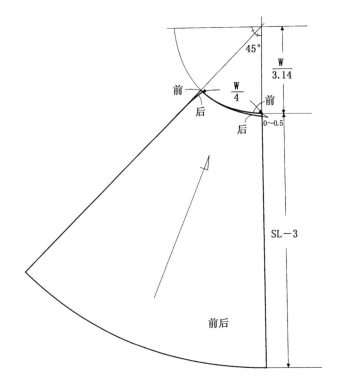

① 利用圆周率,根据腰围尺寸计算出圆的半径,画出半圆摆裙的 1/4,即侧缝夹角为 45°。

② 作出裙长。

③ 画顺侧缝线、腰口线和下摆。

第二节 裤装结构设计 ·······

一、裤装结构种类

裤装结构种类可按以下几种方式进行分类:

1.按裤装臀围的宽松量进行分类(如图 4 - 11(a)所示)

贴体裤:裤装臀围的松量≤6 cm 的裤装;

较贴体裤:裤装臀围的松量 6～12 cm 的裤装;

较宽松裤:裤装臀围的松量 12～18 cm 的裤装;

宽松裤:裤装臀围的松量 18 cm 以上的裤装。

2. 按裤装的长度进行分类(如图 4 - 11(b)所示)

超短裤:裤长＜0.4 h－10 cm 的裤装;

短裤：裤长 0.4 h−10 cm～0.4 h＋5 cm 的裤装；

中裤：裤长 0.4 h＋5 cm～0.5 h 的裤装；

中长裤：裤长 0.5 h～0.5 h＋10 cm 的裤装；

长裤：裤长 0.5 h＋10 cm～0.6 h＋2 cm 的裤装。

3. 按裤装脚口的大小分类

直筒裤：裤脚口量＝0.2H～0.2H＋5 cm，即中裆与脚口基本相等的裤装；

瘦脚裤：裤脚口量≤0.2H−3 cm 的裤装；

宽脚裤：裤脚口量≥0.2H＋10 cm 的裤装。

图 4-11
裤装结构种类

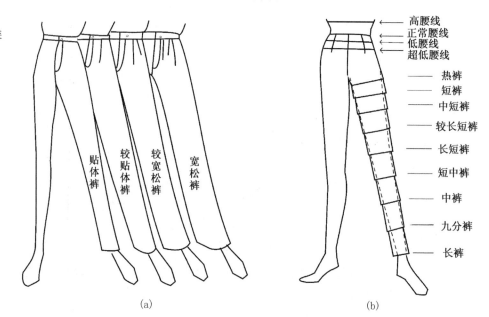

(a)　　　　　　　　　　　　　　(b)

二、裤装结构设计原理

（一）裤装腰、臀围的规格设计与人体腰臀部的关系

腰围的规格设计：$W=W^*+0\sim2$ cm；

臀围的规格设计：

$H=H^*+0\sim6$ cm 为贴体风格；

$H=H^*+6\sim12$ cm 为较贴体风格；

$H=H^*+12\sim18$ cm 为较宽松风格；

$H=H^*+18$ cm 以上的为宽松风格。

（二）裤装省道

设 $(H-W)/2=●$，前省量＝$●/5+1$ cm，靠近前中线的省略小，靠近侧缝的省略大；侧缝撇去量＝$2●/5-0.5$ cm，前侧缝撇去量略大，后侧缝撇去量略小；后省量＝$2●/5-0.5$ cm，靠近侧缝处省略小，靠近后中线处省略大。对于不同风格的裤装，可在此基础上根据造型需要将省量进行适当的调整。

（三）裤装上裆宽

裤装作为包覆人体腹臀部的服装,裆宽的设计与人体腹臀宽有着密切的吻合关系,如图 4-12 所示,裤装裆宽的形状是由人体臀部的截面形状所决定的,裆宽在很大程度上决定裤子的适体性。裆宽过大会影响横裆尺寸及下裆线的弯度;裆宽过窄则又会使臀部绷紧,造成运动不便。一般人体腹臀宽 $AB=0.24H^*$,故裤装上裆宽 $A'B'=AB+$ 少量松量－材料伸长量 $=0.24H^*+$ 少量松量－材料伸长量。当裤装造型为裙裤时,前后下裆缝夹角 $\alpha+\beta=0°$,上裆宽 $=0.21H$ 。当裤装造型由裙裤向贴体风格裤装结构变化时,前后下裆缝夹角 $\alpha+\beta$ 增大,下裆缝拼合后,上裆宽 $\geqslant 0.21H$ 。为使裤装造型美观又可满足人体体型要求,可减小上裆宽 $A'B'$,一般裤装上裆宽取 $0.14H\sim0.16H$ 便可适应各种裤装需要。

图 4-12
裤装上裆设计

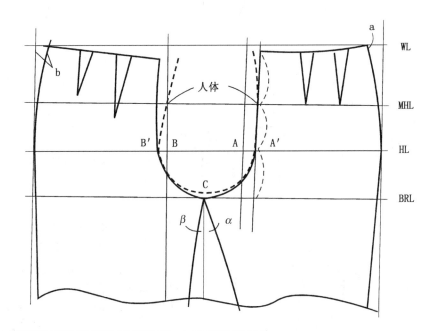

根据裤装风格宽松程度不同,上裆宽的设计为:

贴体风格: $0.14H\sim0.15H$;

较贴体风格: $0.145H\sim0.155H$;

较宽松风格: $0.15H\sim0.16H$;

宽松风格: $0.145H\sim0.155H$ (因臀围规格很大);

（四）裤装后上裆垂直倾斜角与后上裆倾斜增量

裤装后上裆倾斜增量是由后上裆垂直倾斜角决定的,后上裆垂直倾斜角受两方面因素的影响:

一是受人体静态体型的制约,即由腰臀差的大小和臀部的倾斜程度决定的。若后上裆垂直倾斜角过大,会导致后裆部起绺,影响裤子的外观造型。因此,应使后上裆垂直倾斜角与人体臀部的凸出量相一致,如图 4-13 所示。

图 4 - 13
后上裆垂直倾
斜角与人体
臀部的关系

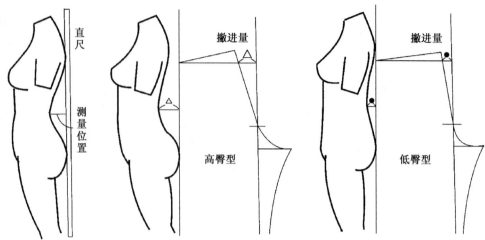

二是人体动态所需运动松量。若后上裆垂直倾斜角过小,则会影响下肢的前伸,造成运动不便。因此,运动装的后上裆垂直倾斜角应大于人体后臀部的凸出量。

图 4 - 14
裤装落裆量

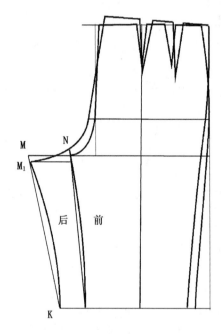

总之,在设计后上裆垂直倾斜角时,应综合考虑静态美观性和动态舒适性。以贴体风格为例,若材料拉伸性好且裤装主要考虑静态美观性时,后上裆倾斜角≤12°;若材料拉伸性差且主要考虑动态舒适性时,后上裆倾斜角取值趋向15°。

（五）裤装落裆量

在裤装结构制图中,后片的上裆长度一般要大于前片的上裆长度,把前后上裆长度之差称为"落裆量"。如图 4 - 14 所示,图中 M_1 至 M 间的距离即为落裆量。

落裆量的大小随前后窿门宽的变化而变化。若前后窿门宽的差数越大,落裆量也越大;反之,则越小。当前后片窿门的宽度相等时(如便裤或裙裤等),落裆量为零。

在臀围相同的情况下,脚口越大,裤管的锥度越小,所形成的落裆量越小;脚口越小,裤管的锥度越大,所形成的落裆量也越大。在相同情况下,裤管越短,落裆量越大,如图 4 - 15 所示,正常裤子的落裆一般为 0.8～1 cm,短裤的落裆量则在 2～3 cm 之间。

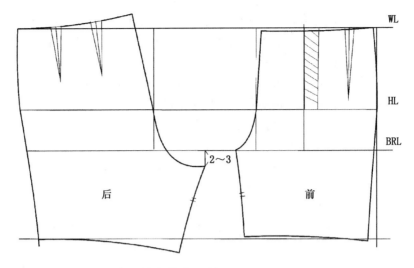

图 4 - 15
短裤的落裆量

（六）裤装上裆部运动松量的综合设计

裤装后上裆运动松量⊗＝后上裆倾斜增量●＋后上裆深增量◎＋后上裆材料伸长量,这三个增量是相互制约的,如图 4 - 16 所示。

图 4 - 16
裤装上裆部
运动松量

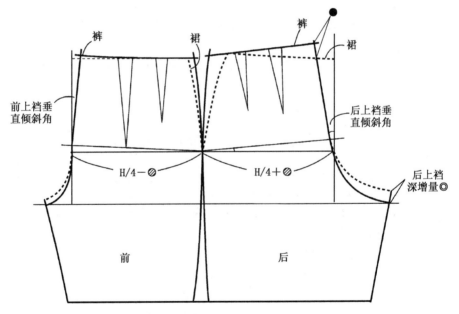

后上裆倾斜增量●的设计为：

裙裤装后上裆垂直倾斜角＝0°；

宽松风格裤装后上裆垂直倾斜角＝0°～5°；

较宽松风格裤装后上裆垂直倾斜角＝5°～10°；

较贴体风格裤装后上裆垂直倾斜角＝10°～15°（常用 10°～12°）。

常用贴体裤类后上裆垂直倾斜角 14°～16°；运动型贴体裤后上裆垂直倾斜角 16°～20°。

71

从裤装穿着的适体性和机能性考虑,裤装上裆应与人体裆底间有少量松量,即后上裆深增量。裤装的上裆长度＝人体上裆长＋后上裆深增量。后上裆深增量◎的设计:

裙裤装后上裆深增量＝3 cm;

宽松风格裤装后上裆深增量＝2～3 cm;

较宽松风格裤装后上裆深增量＝1～2 cm;

较贴体风格裤装后上裆深增量＝0～1 cm;

贴体风格裤装后上裆深增量＝0 cm。

综上所述,裤装后上裆运动松量⊗的处理方法有三种:

裤装后上裆运动松量⊗处理为裤装后上裆倾斜增量(常用于贴体裤);

裤装后上裆运动松量⊗处理为裤装后上裆深增量(常用于宽松裤);

裤装后上裆运动松量⊗处理为裤装后上裆倾斜增量与裤装后上裆深增量(常用于较宽松、较贴体裤)。

另外,前上裆垂直倾斜角处理为前上裆腰围处撇去量约1 cm左右。在特殊的情况下(如当腰部不作省道、褶裥时),为解决前部腰臀差,撇去量≤2 cm。

三、裤装结构设计

裤装的整体结构设计按照裤装的宽松程度进行分析。

（一）裙裤结构设计

裙裤结构是裙装结构向裤装结构演变的过渡结构模式,即在裙装结构上增加上裆部的设计,脚口仍保持裙装的风格。

（1）规格设计

$$TL = \begin{cases} 0.4 h + a \\ 0.5 h + a \end{cases} \quad （a 为常量,视款式而定）$$

$W = W^* + 0 \sim 2 \text{ cm}$

$H = H^* + 6 \sim 12 \text{ cm}$

BR＝(0.25H＋4 cm)＋2～3 cm(由于裙裤后上裆倾斜角为0°,所以通过增加上裆深满足上裆运动量,2～3 cm是一般裤装结构上增加的上裆深增量)

SB＝0.3H＋b(b为常量,视款式而定)。

（2）结构制图　如图4－17所示。

① 按裤长TL、腰围W、臀围W、臀长作裙装原型结构,取前后臀围尺寸为H/4。

② 在裙装结构基础上增加上裆部结构,总裆宽为2.1H/10,前上裆宽为0.9H/10,后上裆宽为1.2H/10。

③ 脚口宽度在前后横裆的基础上再增加少量拉展量。

（二）宽松风格裤装

1. 宽脚裤

（1）规格设计

$TL = 0.6 h + 0 \sim 2 \text{ cm}$

图 4 - 17
裙裤结构制图

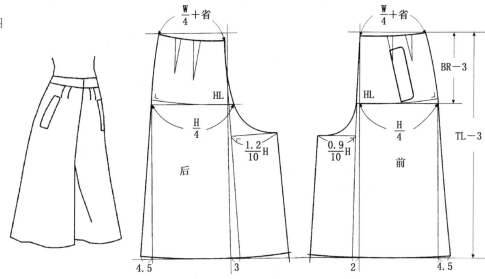

$W = W^* + 0 \sim 2\ cm$

$H = (H^* + 内裤厚度) + \geqslant 12\ cm$

$BR = 0.25H + 1 \sim 2\ cm$

$SB = 0.2H + a(a\ 为常量)$

(2) 结构制图 如图 4 - 18 所示。

图 4 - 18
宽松风格裤
装结构制图

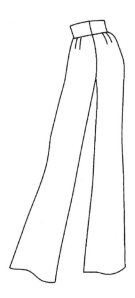

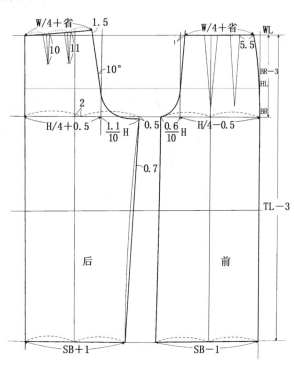

① 前后臀围尺寸分别为 H/4－0.5 cm、H/4＋0.5 cm;前后腰围尺寸分别为 W/4＋省、W/4＋省。

② 总上裆宽＝0.17H,前后上裆宽分别为 0.6 H/10、1.1H/10,后上裆倾斜角＝10°,后上裆倾斜增量＝1.5 cm。

③ 为增加后上裆运动量,后裤片烫迹线向外侧缝偏移 2 cm。

④ 前后裤脚口分别为 SB－1 cm、SB＋1 cm。

2. 褶裥中裤

(1) 规格设计

TL＝0.6 h－8 cm

W＝W* ＋3 cm

H＝(H* ＋内裤厚度)＋35 cm

BR＝0.22H＋2～3 cm

SB＝0.2H－2 cm

(2) 结构制图　如图 4－19 所示。

图 4－19
褶裥中裤
结构制图

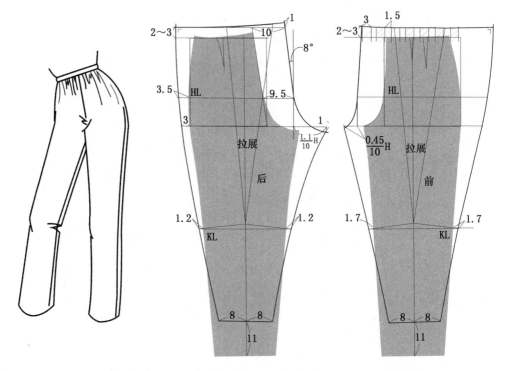

① 在 H＝H* ＋10 cm 的基本裤结构上,将其剪切、拉展,达到宽松裤臀围。

② 总上裆宽＝0.155H,前后上裆宽分别为 0.45H/10、1.1H/10,后上裆倾斜角＝8°。

③ 在基本裤结构上修正裤长和脚口大小。

（三）较宽松风格女西裤

（1）规格设计

TL＝0.6 h＋0～2 cm

W＝W*＋0～2 cm

H＝（H*＋内裤厚度）＋12～18 cm

BR＝0.25H＋3～5 cm(含 3 cm 裤腰宽)

SB＝0.2H±a(a 为常量)

（2）结构制图　如图 4 - 20 所示。

图 4 - 20
较宽松风格
女西裤结构制图

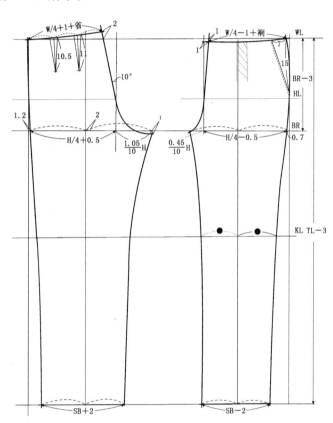

① 前后臀围尺寸为 H/4－0.5 cm、H/4＋0.5 cm,前后腰围尺寸 W/4－1 cm ＋裥、W/4＋1 cm＋省。

② 总上裆宽＝0.15H,前后上裆宽分别为 0.45H/10、1.05H/10,后上裆倾斜角＝10°,后上裆倾斜增量＝2 cm。

③ 为增加后上裆运动量,后裤片烫迹线向外侧缝偏移 2 cm。

④ 前后裤脚口分别为 SB－2 cm、SB＋2 cm。

（四）较合体风格裤装

1. 直筒裤

（1）规格设计

TL＝0.6h±a(a 为常量)

W＝W*＋2 cm

H＝(H*＋内裤厚度)＋10 cm

BR＝0.25H＋3～4 cm，也可用 BR＝TL/10＋H/10＋8～10 cm

SB＝0.2H±a(a 为常量)

（2）结构制图 如图 4－21 所示。

图 4－21
较合体风格
裤装结构制图

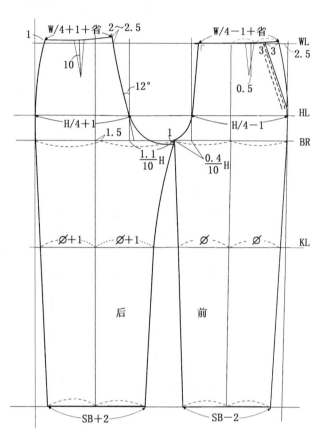

① 前后臀围尺寸分别为 H/4－1 cm，H/4＋1 cm，前后腰围尺寸 W/4－1＋省cm，W/4＋1＋省cm。

② 总上裆宽＝0.15H，前后上裆宽分别为 0.4H/10 和 1.1H/10，后上裆倾斜角＝12°，后上裆倾斜增量＝2～2.5 cm，后裤片烫迹线向外侧缝偏移 1.5 cm。

③ 前后裤脚口尺寸分别为 SB－2 cm，SB＋2 cm。

2．女西裤

（1）规格设计

TL＝0.6 h＋4 cm

W＝W*＋2 cm

H＝(H*＋内裤厚度)＋10 cm

BR＝0.25H＋3～4 cm,也可用 BR＝TL/10＋H/10＋8 cm

SB＝0.2H±a(a 为常量)

（2）结构制图 如图 4－22 所示。

① 前后臀围尺寸分别为 H/4－1 cm,H/4＋1 cm,前后腰围尺寸 W/4－1 cm ＋裥、W/4＋1 cm＋省。

② 总上裆宽＝0.155H,前后上裆宽分别为 0.4H/10 和 1.15H/10,后上裆倾斜角＝12°,后上裆倾斜增量＝2 cm。

③ 为增加后上裆运动量,后裤片烫迹线向外侧缝偏移 1.5 cm。

④ 前后裤脚口尺寸分别为 SB－2 cm,SB＋2 cm。

图 4－22
女西裤
结构制图

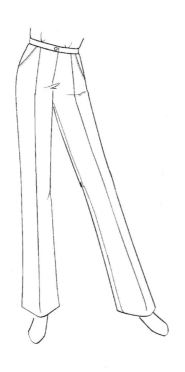

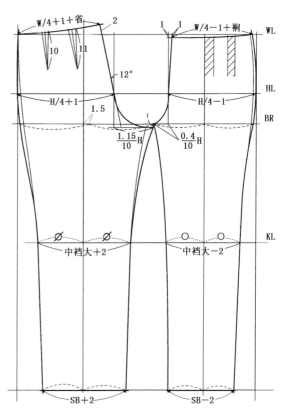

（五）合体风格裤装

1. 瘦脚裤

（1）规格设计

TL＝0.6 h－0～2 cm

W＝W*＋4 cm

H＝(H*＋内裤厚度)＋4～6 cm

BR＝TL/10＋H/10＋6～8 cm

SB＝0.2H±a(a 为常量)

（2）结构制图　如图 4 - 23 所示。

① 前后臀围尺寸分别为 H/4＋1 cm,H/4－1 cm,前后腰围尺寸分别为 W/4＋1＋省、W/4－1＋省。

② 总上裆宽为 0.15H,前后上裆宽分别为 0.4H/10、1.1H/10,后上裆倾斜角＝12°,后上裆倾斜增量＝2.5 cm。

③ 前后裤脚口分别为 SB－1 cm,SB＋1 cm。

图 4 - 23
合体风格
裤装(瘦脚裤)
结构制图

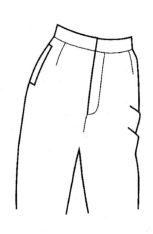

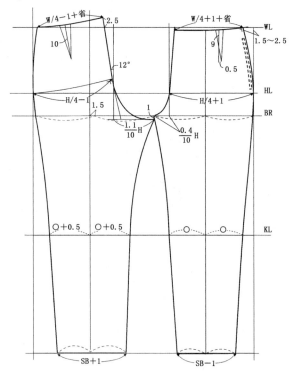

2. 喇叭裤

（1）规格设计

TL＝0.6 h＋0～2 cm

W＝W*＋0～2 cm

H＝（H*＋内裤厚度）＋2 cm

BR＝0.25H＋3 cm

SB＝0.2H＋4 cm

（2）结构制图　如图 4 - 24 所示。

① 前后臀围尺寸分别为 H/4＋1 cm、H/4－1 cm,前后腰围尺寸分别为 W/4＋1＋省、W/4－1＋省。

② 总上裆宽 0.15H,前后上裆宽分别为 0.4 H/10、1.1H/10,后上裆倾斜增量＝1.5 cm。

③ 前后裤脚口分别为 SB－1.5 cm、SB＋1.5 cm。

图 4 - 24
喇叭裤
结构制图

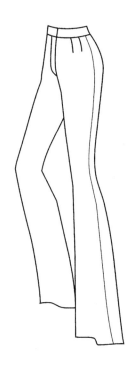

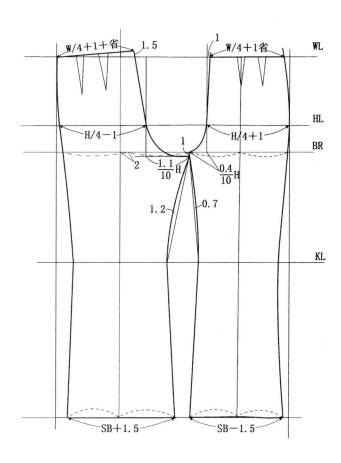

思 考 题

1. 裙装、裤装结构的分类方法分别有哪几种?
2. 裙装原型的省道位置、大小及分配如何确定?
3. 裤装上裆宽与人体腹臀宽的关系?
4. 裤装上裆部运动松量的设计原则是什么?
5. 直身裙、A 形裙、波浪裙在结构上的相互关系?
6. 较贴体风格女西裤结构制图。

模块三　上装部位与部件结构知识模块

内容综述：讨论上装衣身结构设计的主要构成要素（省道、折裥、抽褶、分割线）的结构特点和变化构成；讨论上装部件——衣领、衣袖的结构类型、构成原理、设计要素以及实例分析。

掌握：省道、折裥、抽褶、分割线的结构原理和变化应用；衣领的构成要素和基本领型结构；衣袖的构成要素和基本袖型结构。

熟悉：衣领、衣袖变化造型设计以及与衣身的配伍关系。

了解：衣领、衣袖结构设计与人体体型相关关系及主要参数。

第五章　衣身结构

本章要点

省道的种类、设计要素、结构构成原理和应用;折裥的种类、设计要素、结构构成原理和应用;抽褶的种类、设计要素、结构构成原理和应用;分割线的种类、设计要素、结构构成原理和应用。

衣身是覆盖于人体的躯干部位的服装部件,由于人体躯干部分起伏变化明显,呈复杂的不规则的立体形态,因此,要将平整的面料塑造成符合人体的服装,需要经过由二维到三维的转化过程。在结构设计中,通常采用收省、抽褶、折裥、分割等结构处理方法,消除布料覆合在人体曲面上所形成的各种皱褶、斜裂、重叠等现象,塑造出各种美观、贴体的造型,衣身结构是最重要的服装结构部分。

第一节　省道种类和变化

从几何角度来看,省道闭合后往往可以使平面的面料形成圆锥面或圆台面等立体状,如上装对准 BP 点的胸省和腰省所形成的曲面就是圆锥面;裤腰前后的省缝所形成的面就是圆台面,从而满足了胸部的隆起和腰臀围之差的关系。服装上很多部位结构都可以用省道的形式进行表现,其中应用最多、变化最丰富的是前衣身的省道,它是以人体 BP 点为中心,为满足人体胸部隆起、腰部纤细的体形需要而设置的,能够体现人体胸腰的曲线。

一、省道种类

1. 按省道的形态分类(图5-1)

图5-1
省道形态分类

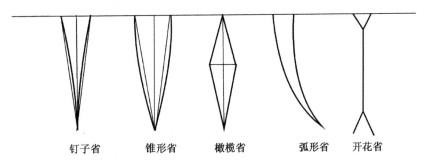

钉子省　锥形省　橄榄省　弧形省　开花省

(1) 钉子省：省形类似钉子形状的省道。常用于肩部和胸部,如肩省、领口省等。

(2) 锥形省：省形类似锥形形状的省道。常用于制作圆锥形曲面,如腰省、袖肘省等。

(3) 橄榄省：省的形状两端尖,中间宽,常用于上装的腰省。

(4) 弧形省：省形为弧形状的省道。有从上部至下部均匀变小或上部较平行、下部呈尖形等形态,是一种兼备装饰性与功能性的省道。

(5) 开花省：省道一端为尖形,另一端为非固定形或两端都是非固定的平头开花省。收省布料正面呈镂空状,是一种具有装饰性与功能性的省道。

2. 按省道所在服装部位分类(图5-2)

图5-2
省道部位分类

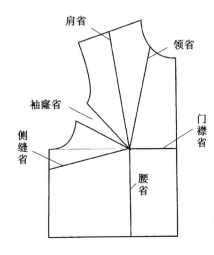

(1) 肩省：省底在肩缝部位的省道,常作成钉子省。前衣身的肩省是为作出胸部隆起形态,后衣身的肩省是为作出肩胛骨突起形态。

(2) 领省：省底在领口部位的省道,常作成锥形省。主要作用是作出胸部和背部的隆起形态以及作出符合颈部形态的衣领设计。领省常代替肩省,因为其具有隐蔽的优点。

(3) 袖窿省：省底在袖窿部位的省道,常作成锥形省。前衣身的袖窿省作出胸部形态,后衣身的袖窿省作出背部形态,常以连省成缝形式出现。

(4) 腰省：省底在腰节部位的省道,常作成锥形省。

(5) 侧缝省：省底在衣身侧缝线上,常用于作成胸部隆起的横胸省。

(6) 门襟省：省底在前中心线上,由于省道较短,常以抽褶形式取代。

二、省道设计

1. 省道个数、形态、部位的设计

由省道分类可知,省道可以根据人体曲面的需要围绕省尖点(BP 点)进行多方位设置。省道设计时,其形式可以是单个而集中的,也可以是多个而分散的;可以是直线形,也可以是曲线形、弧线形。

单个集中的省道由于省道缝去量大,往往形成尖点,外观造型美观性较差;多方位的省道由于各方位缝去量小,可使省尖处造型较为匀称而平缓,但在实际使用时,还需根据造型和面料特性而定。

省道形态的选择,主要视衣身与人体贴近程度的需要而定,不能将所有省道的两边都机械地缝成两道直线形缝迹,而必须根据人体的体形特征将其缝成略带弧形或有宽窄变化的省道。根据人体不同的曲面形态和不同的贴合程度可选择相应的省道形态。

从理论上讲,只要省角量相等,不同部位的省道能起到同样的合体效果,而实际上不同部位的省道却影响着服装外观造型形态,这取决于不同的体形和不同的服装面料。如肩省更适合用于胸围较大及肩宽较窄的体形,而胸省或胁下省则更适合于胸部较扁平的体型。从结构功能上讲,肩省兼有肩部造型和胸部造型两种功能,而胸省和胁下省只具有胸部造型的单一功能。

2. 省道量的设计

以人体各截面围度量的差数为依据,差数越大,人体曲面形成角度越大,面料覆盖于人体时产生的余褶就越多,即省道量越大,反之省道量越小。

3. 省端点的设计

一般省端点与人体隆起部位相吻合,但由于人体曲面变化是平缓的,而不是突变的,故实际缝制的省端点只能对准某一曲率变化最大的部位,而不能完全缝制于曲率变化最大点上。如前衣身的省道,尽管省端点都对准胸高点(BP 点),在省道转移时,也以胸高点为中心进行转移,而实际缝制省道时,省端点应距离胸高点一段距离。具体设计时,肩省距 BP 点约 3~5 cm,袖窿省距 BP 点约 3~4 cm,胁下省距 BP 点约 4~6 cm,腰省距 BP 点约 2~3 cm 等。

4. 胸省的设计风格

胸部是人体隆起程度较大的部位,其周围的曲率变化很大,若服装不能与人体曲面变化相一致,则此部位的服装形态就会不平服,产生许多褶皱。女装的风格在一定程度上是以乳房形态显示的程度和造型决定的,胸省的设计是决定整件服装造型的因素之一。

(1)高胸细腰造型:胸点位置偏低,省道量大,形状符合乳房形态的弧形,强调乳房体积,要进一步加强收腰的效果。

(2)少女型造型:胸点的间隔狭长,位置偏高,表现成长期的少女胸部造型,省尖位置偏高,省道量较小,形状呈锥形。

（3）优雅型造型：胸部较扁平而带稳重感，胸高位置是一个近似圆形的区域，不强调体现出腰部的凹进和臀部的隆起形态，省道量小且较分散。

（4）平面型造型：不表现出女性胸部隆起形态，腰部和臀部造型较平直，不收省或收不对准 BP 点的省。

5. 省道的形式

根据款式造型需要，前后衣身的省缝都可以有两种形式。

（1）前衣身省尖对准 BP 点，后衣身省尖对准肩胛骨中心。这种省道形式使前、后浮余量都可以全部或大部分转移到省道中，使衣身具有较强合体性，常用于贴体合身类服装。

（2）前衣身省尖不对准 BP 点，后衣身省尖不对准肩胛骨中心。这种省道形式由于省道与人体不相对合，故只能将少量前、后浮余量转移至省道中（一般前浮≤1.5 cm，后浮≤0.7 cm），否则会产生第二个中心点。

三、省道转移

1. 省道转移方法

省道转移就是将一个省道转移到同一衣片上的任何其他部位，而不影响服装的尺寸和适体性。尽管前衣身所有省道在缝制时很少缝至胸高点，但在省道转移时，则要求所有的省道线必须或尽可能到达 BP 点。省道的转移方法有三种，以女装的前衣身原型纸样为基础，介绍省道转移方法。

（1）量取法：将前后衣身侧缝线的差量即浮余量作为省量，用该量在腋下任意部位截取，省尖对准 BP 点，如图 5-3 所示。注意在作图时要使省道两边等长。

图 5-3
省道转移
的量取法

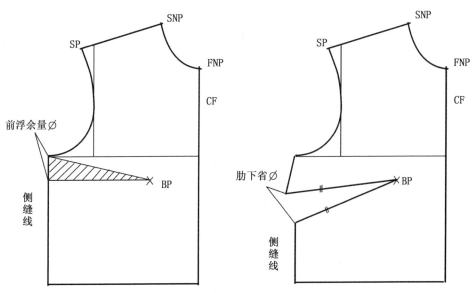

图 5 - 4
省道转移
的旋转法

（2）旋转法：以 BP 点为旋转中心，衣身旋转一个省角的量，将省道转移到其他部位。如图 5 - 4 所示，以 BP 点为旋转中心旋转复制原型纸样，使 A 点转到 A′点上，即转过一个省角 α，使 B 点转到 B′点。B 与 B′两点之间的差即为侧缝省量。

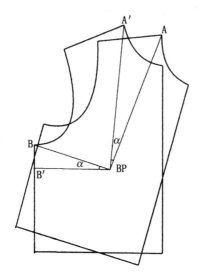

（3）剪开法：在复制的原型纸样上确定新的省道位置，然后在新的省位处剪开，将原省道折叠，使剪开的部位张开，张开量的大小即是新省道的量。如图 5 - 5 所示。新省道的剪开形式可以是直线形或曲线形；也可以是一次剪开或多次剪开。

2. 省道转移原则

根据款式造型需要，一个省道可以分散成若干小省道，也可将纵向省道转移为横向省道。因此，在应用原型纸样进行省道转移时要注意以下原则：

（1）在服装合体效果一定的前提下，由于服装纸样是不规则的几何图形，围绕省尖旋转的半径不同，省道经转移后，新省道的长度与原省道的长度也不同，但省道转移的角度不变，即每一方位的省角量 α 必须相等。但由于服装面料具有一定可塑性，因而实际收省角度比计算角度小，并且随着服装贴体程度不同，收省量也随着不同，但其收省角度不变。

图 5 - 5
省道转移
的剪开法

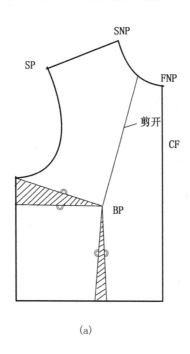

（a）

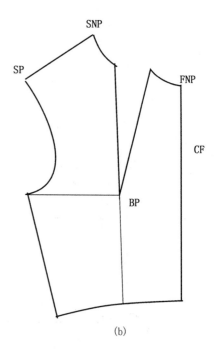

（b）

（2）当新省道不通过省尖端点时，如前衣身的 BP 点，应尽量作通过 BP 点的辅助线使两者相连，便于省道的转移。

（3）无论服装款式造型怎样复杂，省道的转移要保证衣身的整体平衡，一定要使前、后衣身的原型在腰节线处保持在同一水平线上，否则会影响制成样板的整体平衡和尺寸的准确性。

四、省道变化应用

1. 单个集中省道的转移

（1）肩省转移

图 5-6 效果图为单个集中肩省设计，运用省道转移方法，将原型的侧缝浮余省全部转移至肩省。

图 5-6
肩省转移

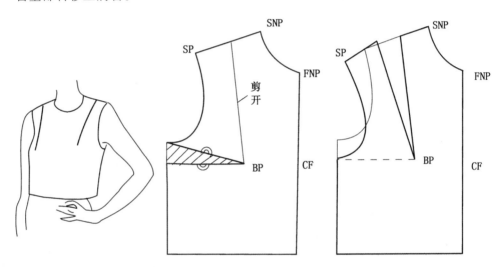

（2）侧缝省转移

图 5-7 效果图为腰部合体的单个集中侧缝省设计，在侧缝距腰节 6 cm 处设计新省位线，运用省道转移的方法，将原型侧缝浮余省和腰省全部转移至新省处。

（3）领口省转移

图 5-8 效果图为单个集中领口省设计，在领口合适位置设计新省位线，运用省道转移的方法，将原型侧缝浮余省转移至领口省。

2. 多个分散省道的转移

（1）前领中省与腰中省转移

按效果图分别在前领窝中点、腰中点作出新省位，运用省道转移方法，分别将侧缝浮余省转移至前领中省，将腰省转移至腰中省处，如图 5-9 所示。

（2）两个腰省转移

按效果图作出腰部两个不对准 BP 点的新腰省省位，运用省道转移方法，先将侧缝浮余省转移至腰省，再将腰省平均分配到两个新腰省中，如图 5-10 所示。

图 5 - 7
侧缝省转移

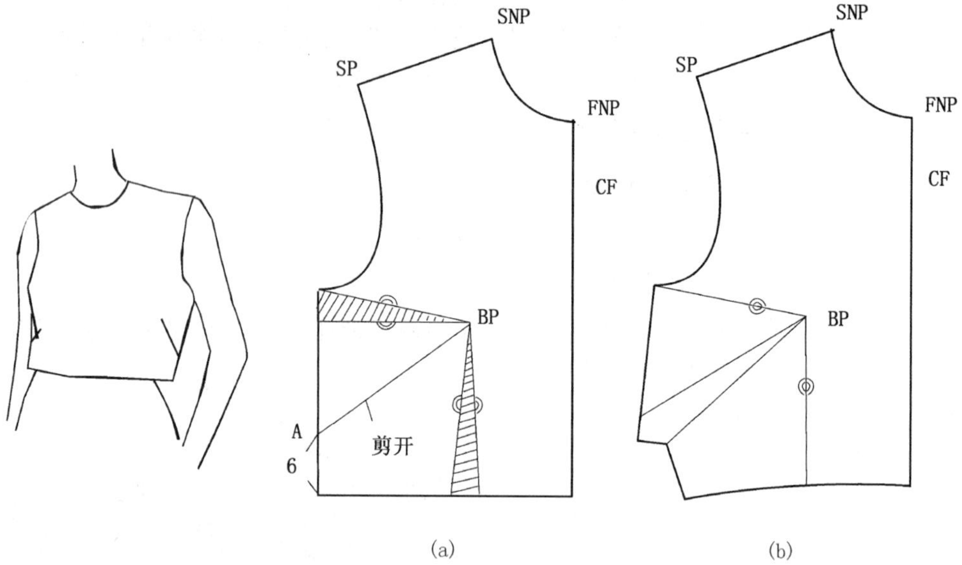

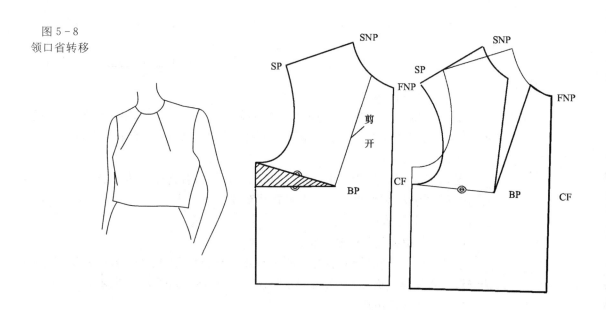

(a)

(b)

图 5 - 8
领口省转移

图 5 - 9
前领中省与
腰中省转移

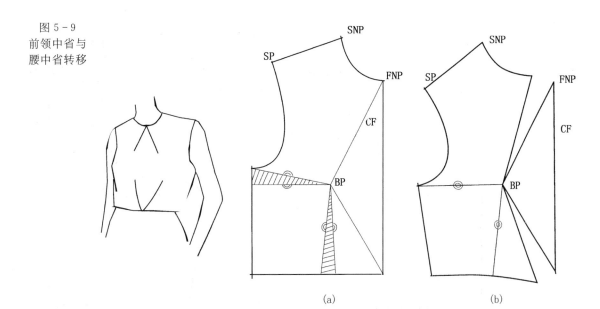

(a)   (b)

图 5 - 10
两个腰省转移

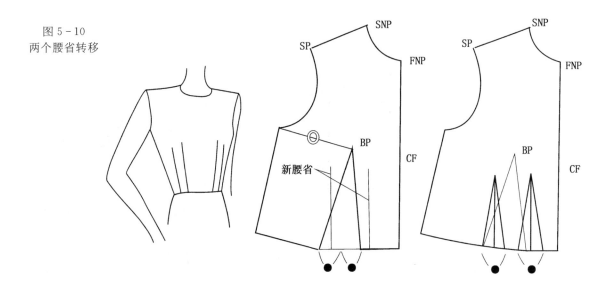

新腰省

（3）领口等量多省转移

图 5-11 效果图为腰部合体的领口处等量多省设计，按效果图作出领口新省位线，并作辅助线，将省端点与胸点 BP 连接，运用省道转移方法，将侧缝浮余省和腰省平分为 3 份，转移至 3 个新省位中，忽略不必要的省量。

图 5-11
领部等量
多省转移

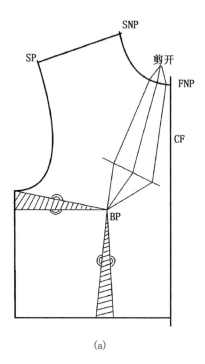

(a)

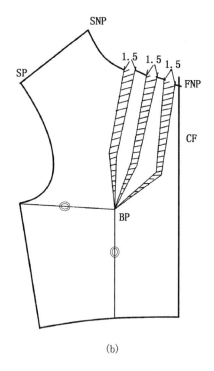

(b)

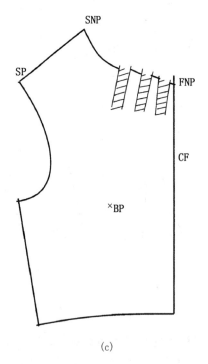

(c)

第二节 折裥结构及变化 ··························

为使服装款式造型富于变化,增添服装艺术情趣,折裥也是服装艺术造型中的主要手段,它能够增加外观的层次感和体积感,结合造型需要,使衣片适合于人体,并给人体以较大的宽松量,又能作更多附加的装饰性造型,增强服装的艺术效果。

一、折裥分类

折裥一般由三层面料组成——外层、中层和里层,外层是折裥在衣片上外露的部分。折裥的两条折边分别称为明折边和暗折边。一个折裥可以由三层同样大小的面料组成,也可以由外层与中层、里层不同量的面料组成,前者称为深折裥,后者称为浅折裥。折裥的表现形式比省道更轻松,能除去省道给人的刻板感觉,如图 5-12 所示。

图 5-12 折裥及其展开图

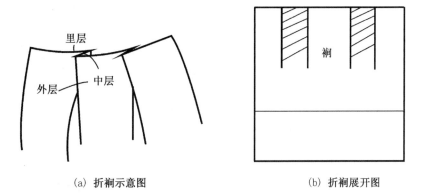

(a) 折裥示意图　　　　　　　　(b) 折裥展开图

1. 按形成折裥的线条类型分类

(1)直线裥:折裥两端折叠量相同,其外观形成一条条平行的直线。常用于衣身、裙片的设计。

(2)曲线裥:折裥的折叠量至上而下渐渐变化,在外观上形成一条条连续渐变的弧线,这种折裥具有良好的合体性。常用于衣身、裙片的设计,满足人体胸部与腰部、腰部与臀部之间变化的曲线,但缝制、熨烫工艺比较复杂。

(3)斜线裥:折裥两端折叠量不同,但变化均匀,外观形成一条条互不平行的直线。常用于裙片的设计。

2. 按形成折裥的外观形态分类(图 5-13)

(1)阴裥:是指同时相对朝内折叠、裥底在下的折裥。

(2)阳裥:也称为箱形裥,是指同时相对朝外折叠、裥底在上的折裥。

(3)顺裥:是指向同一方向打折的折裥,既可向左折倒,也可向右折倒。

(4)风琴裥:面料之间没有折叠,只是通过熨烫定型,形成了折裥效果。

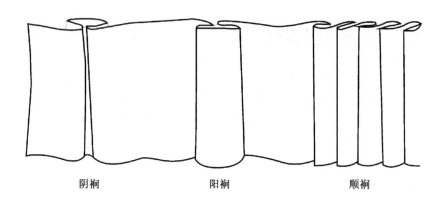

图 5-13
折裥按其形成
的外观形态分类

阴裥　　　　　　阳裥　　　　　　顺裥

二、折裥构成方法

服装结构中折裥的构成方法与省道转移方法类似。

（1）旋转法　确定打裥部位，以 BP 点为中心，旋转原型基样，BB′即为折裥量，如图5-14所示。此方法适用于折裥量为前浮余量的款式。

图 5-14
折裥构成的
旋转法

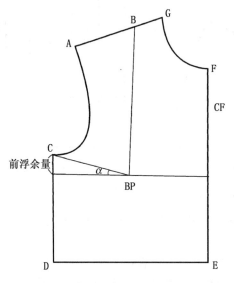

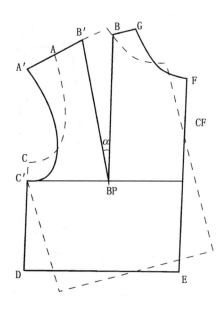

（2）剪开法　在折裥量为前浮余量的基样基础上，可按照折裥的方向将样板剪开，根据款式要求，拉展出一定的折裥量，如图5-15所示。这种方法使用范围广。

由于服装与人体之间空隙量较大，通过打裥这一结构处理方法，实质上是扩大服装衣片的面积，将人体不可展曲面近似作为可展曲面，这种结构形式的采用扩大了服装结构设计的可能性，并且造型丰富、美观，具有一定的装饰作用。

图 5 - 15
折裥构成
的剪开法

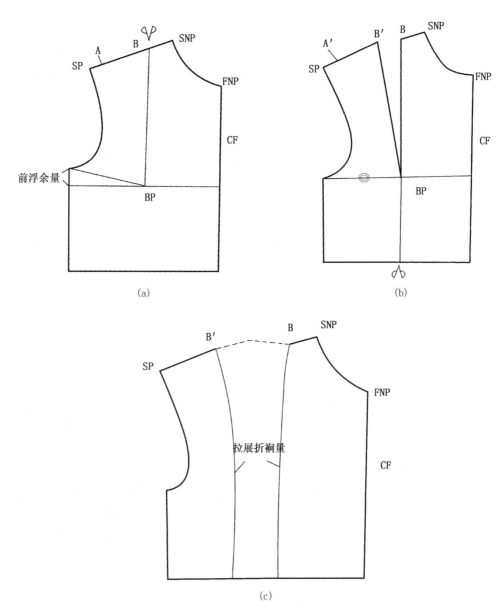

(a)

(b)

(c)

三、折裥的变化应用

（1）肩部折裥

图 5 - 16 效果图为肩部单个折裥的款式。运用旋转法将前浮余量转移为折裥量。肩部设计折裥增加了胸部的活动松量，具有适体美观的功能。

（2）后衣身折裥

图 5 - 17 效果图为后衣身上有折裥的款式。按效果图作出折裥位置，运用剪开法，拉出后衣身的折裥量。后浮余量转移至育克分割处进行消除。

图 5-16
肩部折裥

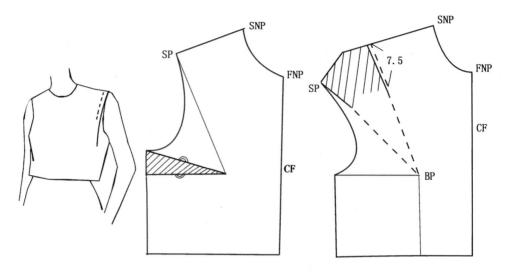

图 5-17
后衣身折裥

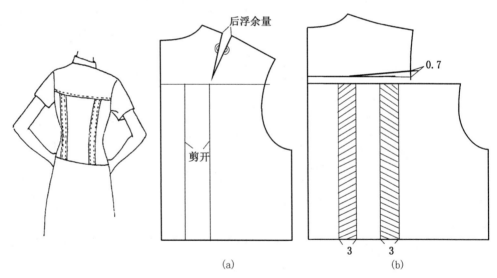

（a）　　　　　　（b）

（3）肩部多个折裥

图 5-18 效果图为前肩部多个折裥的款式。运用旋转法,将前浮余量转移至肩部并平均分配至三个折裥处。

（4）胸部多个折裥

图 5-19 效果图为前胸有多个折裥的款式。根据款式设计折裥的位置,转移前浮余量至折裥内,再运用剪开法拉展加入折裥量。

图 5-18
肩部多个折裥

图 5-19
胸部多个折裥

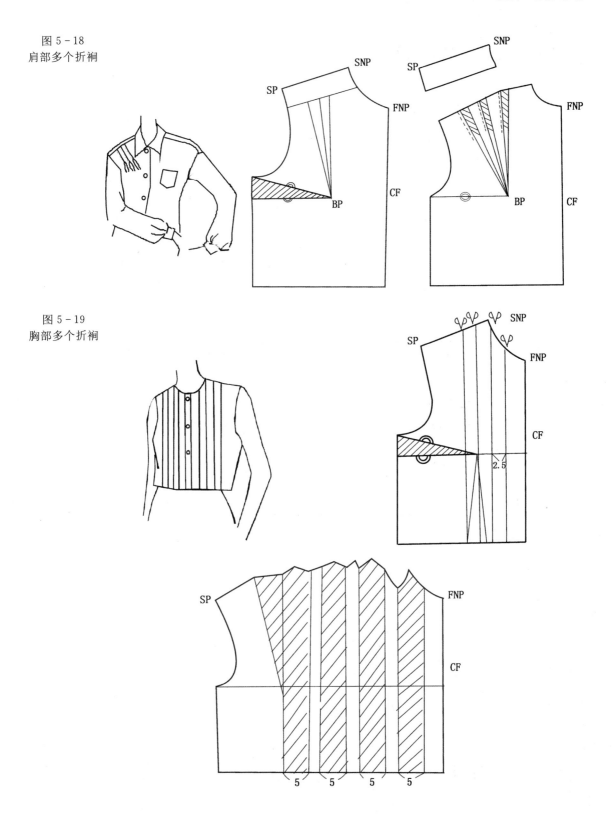

第三节　抽褶结构及变化 ·

一、抽褶种类

抽褶可以看作是由许多非常细小的折裥组合而成,究其根源是由省道转变而来的,但比省缝形式宽松、自如、活泼。

(1)按抽褶的方向可以分为水平褶和垂直褶。一般在指定的部位出现,如上衣下摆、领口等用垂直褶,衣身的垂直分割线处用水平褶。

(2)按抽褶的作用可以分为功能性抽褶和装饰性抽褶。当抽褶量替代省量时,为合体功能性抽褶,否则为装饰性抽褶。

(3)按抽褶的外观形态可以分为连续性褶和非连续性褶。将分割线贯穿衣身某部位时形成的抽褶为连续抽褶;将分割线在某部位突然中断而形成的抽褶为非连续抽褶。

此外抽褶还可按抽褶量的大小来进行分类。

服装抽褶量的大小、抽褶部位及抽褶后控制的尺寸量由服装款式造型和面料的特性决定。

二、抽褶的构成方法

抽褶的构成方法同折裥类似,也分为在旋转法和剪开法两种,本节不再赘述。

三、抽褶的变化应用

(1)前门襟抽褶

图5-20效果图为前门襟局部抽褶的款式。运用旋转法将前浮余量和腰省转移至前门襟处,形成抽褶量。

图5-20
前门襟抽褶

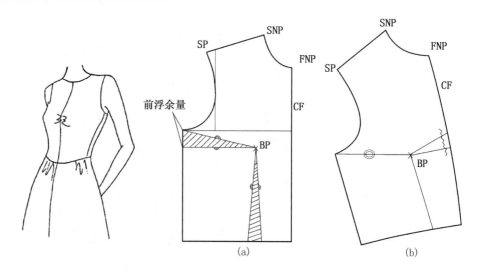

（2）腰部装饰抽褶

装饰抽褶是指抽褶量包括需要消除的省量以及加大的抽褶量，但可不代替省量，仅起装饰作用。一般通过添加一组平行的辅助线剪切完成。

图 5-21 效果图为腰部纵向分割缝内不连续抽褶的款式。运用旋转法，先将前浮余量转移到腰省，与腰省合并，再作一组平行等分线，运用剪开法，逐一展开抽褶量 3～4 cm。

图 5-21
腰部装饰抽褶

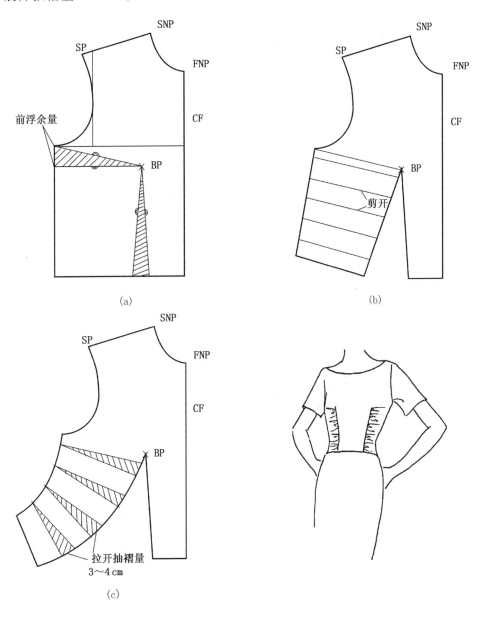

（3）连续抽褶

图 5-22 效果图为腰部贴体，衣身育克处连续抽褶的款式。分割育克，将前浮

余量和腰省转移至育克分割缝 A′B′ 处,均匀作多条放射状辅助线,拉展 A′B′ 线至所需抽褶量。

图 5-22
连续抽褶

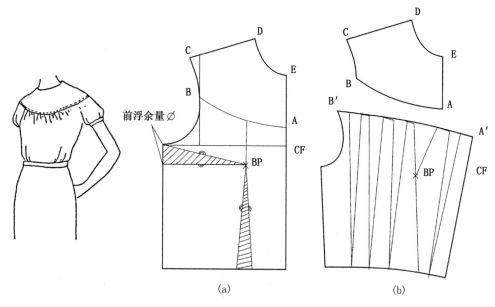

前浮余量 ∅

(a)　　　(b)

（4）不连续抽褶

图 5-23 效果图为后肩部不连续抽褶的款式。将后浮余省道与腰省相连,运用旋转法,转移腰省至后浮余省道,为增大抽褶量,拉开 AB 加入袖褶量。

图 5-23
不连续抽褶

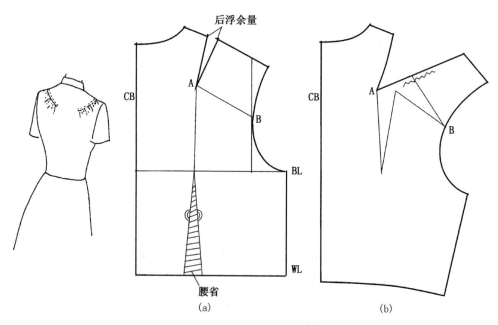

后浮余量

腰省

(a)　　　(b)

第四节 分割线结构及变化

一、分割线的分类

服装分割线形态有纵向分割线、横向分割线、斜向分割线、弧形分割线、自由分割线等,此外还常采用具有节奏旋律的线条,如螺旋线、放射线、辐射线等。分割线既能构成多种形态,又能起装饰和分割形态的功能,对服装造型与合体性起着主导作用。分割线可分为装饰性分割线和功能性分割线两类。

(一)装饰性分割线

装饰性分割线的功能是指为了造型的需要,附加在服装上起装饰作用的分割线,分割线所处部位、形态、数量的改变会引起服装造型艺术效果的改变,但不会引起服装整体结构的改变。

分割线数量的改变会因人们的视错效应而改变服装风格,如后衣身的纵向分割线,两条比一条更能体现服装的修长、贴体,但数量的增加必须保持分割线的整体平衡,特别对于水平分割线,应尽可能符合黄金分割比,使其具有节奏感和韵律感。

在不考虑其他造型因素的情况下,服装韵律的柔美是通过线条的横、弧、曲、斜与力度的起、伏、转、折及节奏的活、轻、巧、柔来表现的,女装大多采用曲线形的分割线,外形轮廓线以卡腰式为多,显示出活泼、秀丽、苗条的韵味。

(二)功能分割线

服装分割线的设计不仅要设计出款式新颖的服装造型,而且要具有多种实用的功能性。功能性分割线的功能是指分割线具有适合人体体型及加工方便的工艺特征,如突出胸部、收紧腰部、扩大臀部等,使服装显示出人体曲线之美,并且要求最大限度地减少成衣加工的复杂程度。

功能分割线的特征之一是为了适合人体体型,以简单的分割线形式,最大限度地显示出人体廓线的曲面形态。如为了显示人体的侧面体型,设立了背缝线和公主线;为了显示人体的正面体型,设立了肩缝线和侧缝线等。

功能分割线的特征之二是以简单的分割线形式,取代复杂的湿热塑性工艺,兼有或取代收省道的作用。如公主线的设置,其分割线位于胸部曲率变化最大的部位,上与肩省相连,下与腰省相连,通过简单的分割线就把人体复杂的胸、腰、臀部形态描绘出来。分割线不仅装饰美化了服装造型,而且代替了复杂的整烫工艺。这种分割线实际上起到了收省缝的作用,通常是由连省成缝而形成的。

二、分割线变化应用

(一)连省成缝

贴体服装要与人体曲面相吻合,往往需要在服装的纵向、横向或斜向作出各种形状的省道,但是在同一衣片上作过多的省会影响制品的外观、缝制效率和穿着牢度。在服装结构设计中,在不影响款式造型的基础上,常将相关联的省道用衣缝来代替称为连省成缝。连省成缝其形式主要有衣缝和分割线两种,尤其以分割线形式占多数。衣缝的形式主要有侧缝、背缝等;分割线形式主要有公主分割线、刀背分割线等。

连省成缝的基本原则:

① 省道在连接时,应尽量考虑连接线要通过或接近该部位曲率最大的结构点,以充分发挥省道的合体作用。

② 纵向和横向的省道连接时,从工艺角度考虑,应以最短路径连接,使其具有良好的可加工性、贴体功能性和美观的艺术造型;从艺术角度考虑造型时,省道相连的路径要服从于造型整体的协调和统一。

③ 如按原来方位进行连省成缝不理想时,应先对省道进行转移再连接,注意转移后的省道应指向原先的省尖点。

④ 连省成缝时,应对连接线进行细部修正,使分割线光滑美观,而不必拘泥于省道的原来形状。

⑤ 连省成缝宜使用于具有一定强度和厚度的面料,对过于细密柔软的面料容易产生缝皱现象。

1. 公主分割线

图 5-24 效果图为对准 BP 和背骨中心的省道加腰省连省成缝形成的公主分割线。

将前后浮余量分别转移至肩部,形成肩省;分别将前后肩省与腰省相连,在连省成缝时可不必拘泥原省位,以美观的造型连省,画顺公主分割线,要求前、后分割线在肩部相对,如图 5-24 (a)、(b)、(c)、(d)所示。

2. 刀背分割线

图 5-25 效果图为对准 BP 和不对准背骨中心的省道加腰省连省成缝形成的刀背分割线。

将前浮余量转移为对准 BP 点的袖窿省,将袖窿省与腰省连接形成前片刀背分割线。在后袖窿线上选取切点与腰省连接形成后片刀背分割线。连省成缝时不必拘泥原省位与省形,画顺前后刀背分割线。

3. 交错分割线

图 5-26 效果图为对准 BP 点的领省和侧缝分割线相连形成的分割线。

分别将肩省和腰省转移到对准 BP 点的前中心领省,连接领省和侧缝分割线,连省成缝。

(二) 不通过 BP 点的分割线

通过 BP 点的分割线,一般可通过连省成缝完成。在服装结构设计中,经常会碰到不通过 BP 点的分割线,图 5-27 效果图为不通过 BP 点的胸省与腰省相连形成的分割线。作不通过 BP 点的分割线,将前浮余量转移至分割线中,作辅助线使分割线与 BP 点相连,如图 5-27(a)所示。当分割线与 BP 点相距较远时,辅助线处的差量较大,需作省道消除该差量,如图 5 – 27(b)所示;当分割线与 BP 点相距较近时,辅助线处的省道量较小,可忽略不计,缝制时通过归烫工艺进行处理,如图5 – 27(c)所示。

图 5 – 24
公主分割线

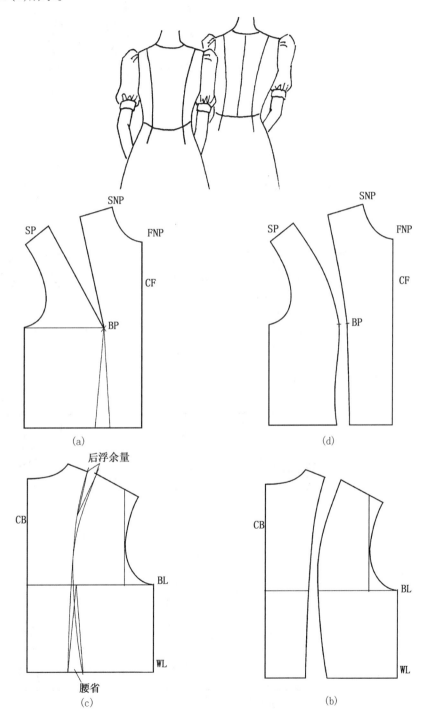

(a)

(d)

后浮余量

腰省
(c)

(b)

图 5 - 25
刀背分割线

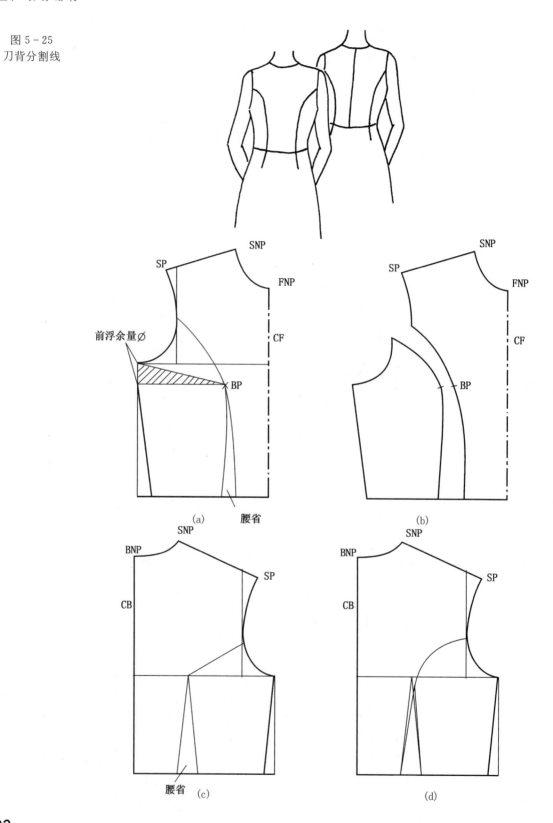

(a)   腰省

(b)

腰省 (c)

(d)

图 5 - 26
交错分割线

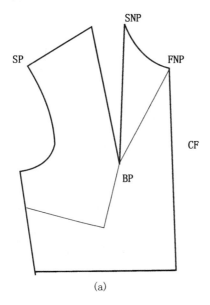

(a)

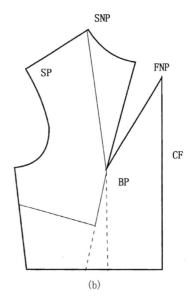

(b)

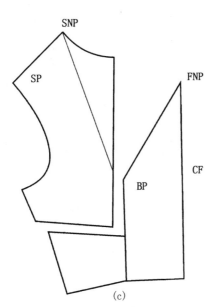

(c)

图 5－27
不通过 BP 点
的分割线

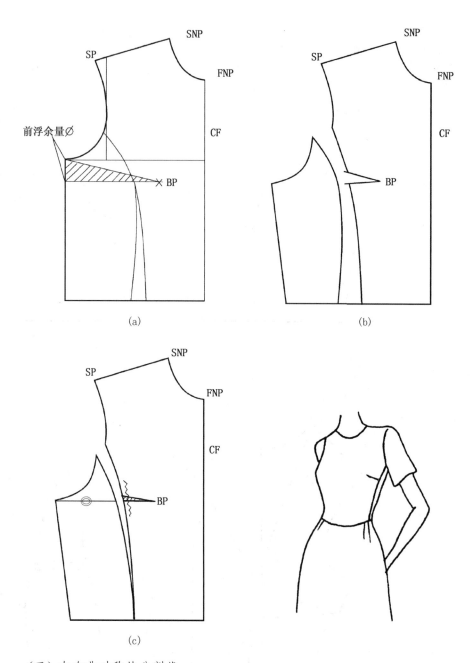

前浮余量∅

SNP

SP

FNP

CF

BP

(a)

SNP

SP

FNP

CF

BP

(b)

SNP

SP

FNP

CF

BP

(c)

（三）左右非对称的分割线

图 5－28 效果图为对准 BP 点的两个胸省组合形成的分割线。展开左右衣片，作对准 BP 点的分割线，将前浮余量和腰省分别转移至分割线处。

图 5－28
左右非对称
的分割线

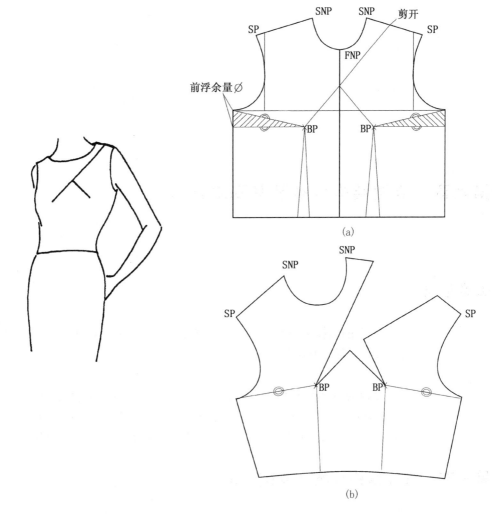

思 考 题

1. 省道的种类和设计原则是什么？
2. 前浮余量加腰省转移为多个分散省道结构。
3. 前浮余量加腰省转移为胸部多个折裥结构。
4. 前浮余量加腰省转移为腰部装饰性抽褶结构。
5. 连省成缝的基本原则？
6. 前浮余量加腰省转移为公主分割线结构。
7. 前浮余量加腰省转移为不通过 BP 点分割线结构。

第六章　衣领结构分类及其基本结构

• •

本章要点 •

　　领子的结构种类和基础领窝结构；无领基本型结构实例；立领、翻折领的设计要素、结构制图方法和实例分析。

　　衣领结构由领窝和领身两部分组成，其中大部分衣领的结构包括领窝、领身两部分，少数衣领只以领窝部分为全部结构。衣领的结构，不仅要考虑衣领与人体颈部形态及运动的关系，还要考虑设计所要表现出来的形式与服装的整体风格相统一。

第一节　衣领结构分类及基础领窝 •

一、衣领结构分类

（一）按衣领基本结构分类

　　1. 无领　也称为领口领，无领身部分，只由领窝部分构成，以领窝部位的形状为衣领造型。根据领口前中心线处构造可分为前开口型和前连口型即贯头型两种；根据领窝的形状可分为圆形领、方形领、V 形领、椭圆形领、鸡心形领等，如图 6-1(a)所示。

　　2. 立领　领身由领座和翻领两部分构成，且这两部分是分离的，依靠缝合相连的衣领。立领可分单立领和翻立领两种，其中单立领只有领座部分，翻立领包括领座和翻领两部分，如图 6-1(b)所示。

　　3. 翻折领　领身由领座和翻领两部分构成，这两部分相连成一体没有分缝。根据翻折线在前衣身的形状，翻折领可分为直线形、圆弧形、部分圆弧部分直线形等三种形式，如图 6-1(c)所示。当前领座高＝0 时，翻折领称驳折领（包括袒领）；

当前领座高$\neq 0$时,翻折领称连翻领。

图 6-1
衣领按其基
本结构分类

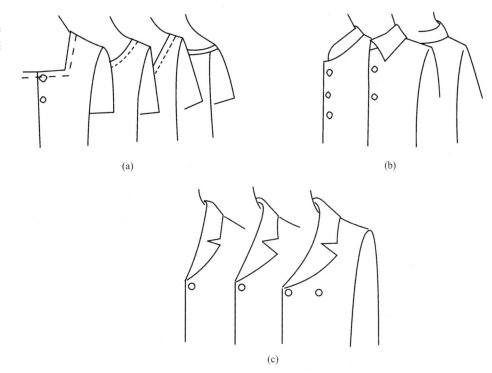

（二）按衣领领座侧部造型分类

领座侧部造型是指由领座侧部与水平线之间的倾斜角 α_b（简称领侧角）大小所形成的造型。每一种衣领(无领除外)都存在颈侧角 α_b 小于、等于或大于 90°的情况。当领侧角 $\alpha_b < 90°$时,衣领与人体颈部疏离,不贴近颈部;当领侧角 $\alpha_b = 90°$时,衣领与人体颈部较贴近;当领侧角 $\alpha_b > 90°$时,衣领与人体颈部贴近,如图 6-2 所示。

图 6-2
衣领按其
领座侧部
造型分类

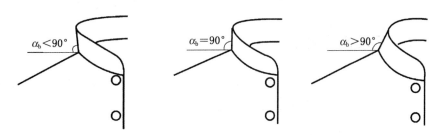

二、衣领构成部分和结构线

（一）衣领构成部分（图 6-3）

1. 领窝部分　衣身与衣领相连接的部位,也可独自担当衣领造型。

图6-3
衣领构成的
主要结构线

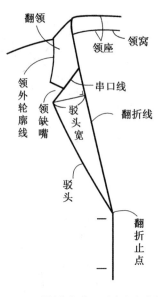

2. 领座部分　可单独构成领身部位或与翻领缝合、相连形成领身。

3. 翻领部分　与领座缝合或相连成一体的领身部分。

4. 驳头部分　领身与衣身相连,且向外翻折的部位。

（二）衣领构成的主要结构线（图6-3）

1. 装领线　也称领下口线,领身上与领窝缝合的部位。

2. 领上口线　领身最上口的部位。

3. 翻折线　将领座与翻领分开的折线。

4. 领外轮廓线　构成翻领外部轮廓的结构线。

5. 串口线　将领身与驳头部分的挂面缝合在一起的缝道。

6. 翻折止点　驳头翻折的最低位置。

三、基础领窝

基础领窝也称为原型领窝,是经过人体后颈椎点（BNP）～颈侧点（SNP）～前中心点（FNP）形成的弧形线迹,对应于人体的颈根围,是衣领结构设计的基础。

基础领窝结构模型需满足两个条件：

(1) 基础领窝线的总弧长等于预定的领围大 N;

(2) 基础领窝线的$\frac{领窝宽}{领窝深}=1.3\sim1.4$,即符合人体颈部的横径与纵径之比。

进行各类衣领结构设计时都必须先画出基础领窝,然后在此基础上进行结构变化。基础领窝线的重要结构特征为：当领窝宽、深分别增加 1 cm 时,领窝弧线增加 2.4 cm,即领窝开大、开深量为 a 时,领窝弧长增加量为 2.4a。

第二节　无领基本结构

无领结构是衣领中最简单的,造型变化只体现在领窝线的形状变化上,无领基本结构是指最基础领形的无领结构。

一、基本结构的分类

1. 按前中心线处衣身浮余量的消除方法分类

无领结构可分为前中心线开口型和前中心线连口型两大类。

(1) 前开口型无领结构　前开口型无领结构的一般形式是在前中心线处开口,当衣身前浮余量不能被其他形式充分消除时,便可通过撇胸这一不对准 BP 的省道进行消除,其结构设计方法如图6-4所示。

① 作 AA′＝人体固有撇胸量(女性标准体一般为1 cm)。

② 按基础领窝线方法制图,A′～SNP～B′为基础领窝线,前领窝宽＝后领窝宽＝N/5-0.7 cm。

③ 在衣身上按造型画出 ED、DC、CB′,则 E～D～C～B′图形为在基础领窝线上所要作的无领结构图。

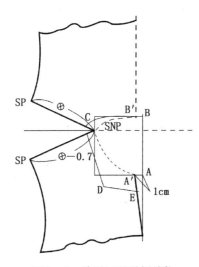 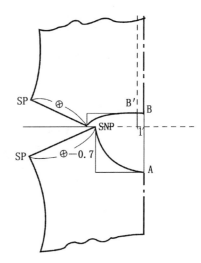

图6-4　前开口型无领结构　　　　图6-5　前连口型无领结构

(2) 前连口型无领结构　也称为贯头型无领结构,是指前中心线处于连折状态的无领结构,衣身前浮余量放在后领窝宽内进行消除,其结构设计方法如图6-5所示。

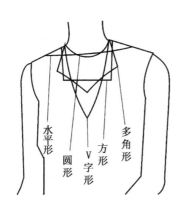

图6-6 无领按其领窝形状分类

水平形　圆形　V字形　方形　多角形

A～SNP 为基础领窝的前领窝部分,前领窝宽＝N/5-0.7 cm,后领窝宽＝前领窝宽＋人体固有撇胸量＝前领窝宽＋1 cm,后领窝深及前后肩差(单肩差量为0.7 cm左右,视材料特性而定)保持不变。

2. 按领窝的形状分类

根据领窝的不同形状,无领结构可分为水平形领、圆形领、V形领、方形领、多角形领等,如图6-6所示。

二、无领结构设计要素

无领结构的设计既受服装款式造型的制约,又要受到人体体形特征的影响。

1. 横开领设计原则

　　在基础领窝的基础上,直开领与人体颈部相吻合,对横开领作不同程度的增量处理,并通过对领窝线形状的改变产生不同的视觉效果。横开领的宽度一般为10～18 cm,距肩点3～5 cm以保证领口造型的稳定性,当横开领大于18 cm时考虑加吊带,如图6-7(a)所示。

　　2. 直开领设计原则

　　在基础领窝的基础上,横开领与人体颈部相吻合,直开领作不同程度的增量处理,但增大领口开度一般不能超过胸罩的上口线,一般为10～25 cm(具体可视款式造型而定),如图6-7(b)所示。后直开领也可以根据款式挖深,但增大范围不宜超过腰节线,领窝线可以画成直线形,也可以为弧线形。

图6-7
横开领与
直开领结构

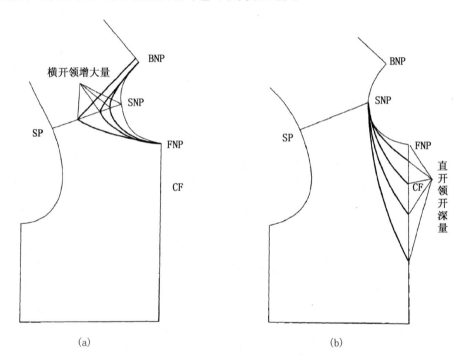

(a)　　　　　　　　　　　　　　(b)

三、无领结构实例

　　1. 水平形领　如图6-8所示,在基础领窝的基础上,将前直开领抬高1 cm,前横开领开大6 cm;将后领横开领开大6.5～7 cm,直开领开大3 cm,画顺前后领窝。

　　2. 圆形领　如图6-9所示,在基础领窝基础上,将前横开领开大4 cm,直开领开大6.5 cm;将后领横开领开大4.5 cm,直开领开大3 cm,画顺前后领窝。

　　3. 贯头V形领　如图6-10所示,在基础领窝基础上,前横开领不变化(或可开大较小的量,一般为0～1.5 cm),前直开领开大10 cm,后直开领、横开领在基础领窝上不作变化,画顺前后领窝,根据领型作出贴边。

　　4. 开襟V形领　如图6-11所示,将前横开领开大0.5 cm,直开领开大8 cm,

在前中心线处放出叠门量,将后横开领开大 0.5 cm,直开领不变,画顺前后领窝。

图 6－8
水平形领结构

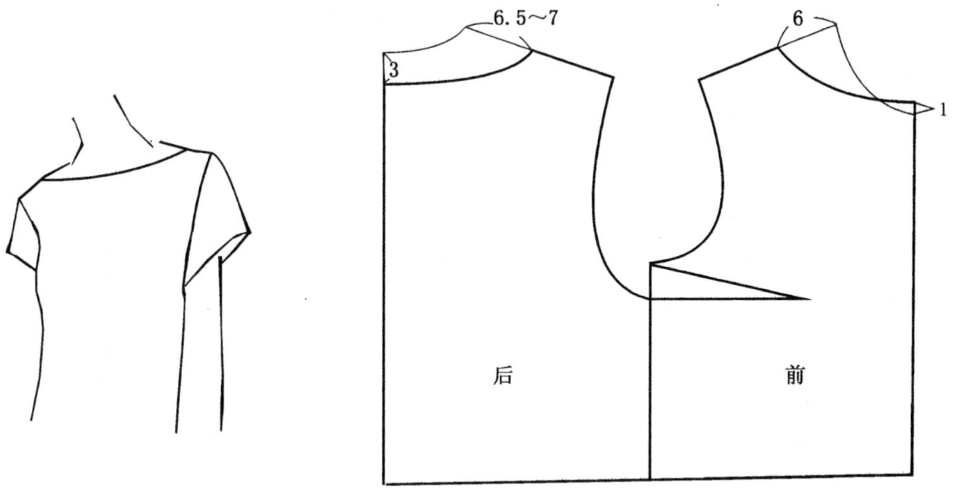

图 6－9
圆形领结构

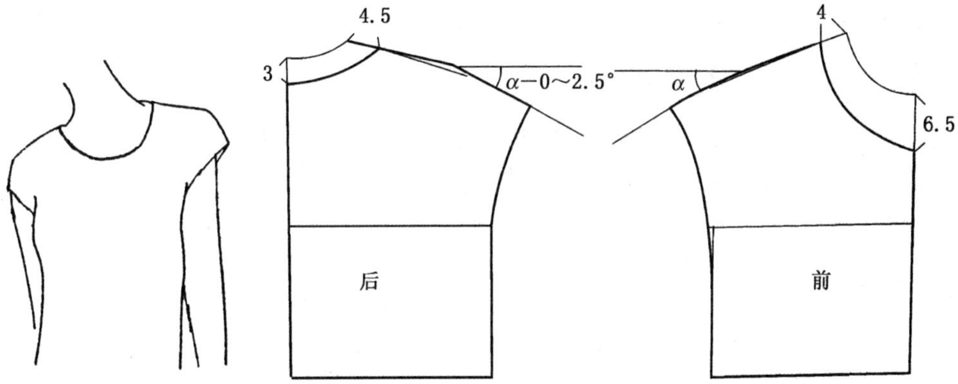

图 6－10
贯头 V 形
领结构

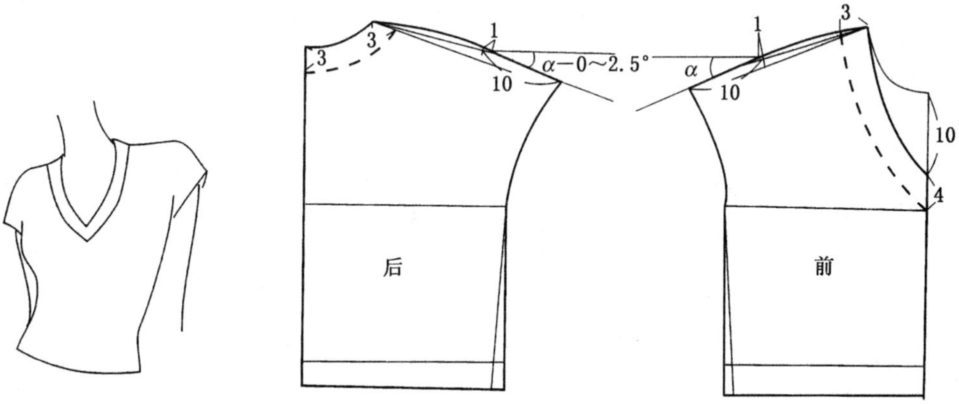

图 6 - 11
开襟 V 形
领结构

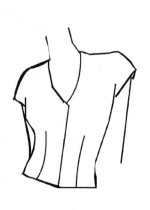

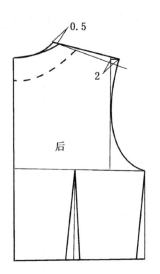

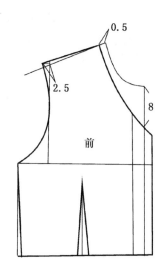

第三节　立领基本结构

一、立领分类

　　1. 单立领　只有领座部分,没有翻领部分的衣领结构。依据领座侧倾斜角(简称领侧角)α_b、领座前倾斜角(简称领前角)α_f 可分为:

　　外倾型单立领,α_b、$\alpha_f < 90°$,如图 6 - 12(a);

　　垂直型单立领,α_b、$\alpha_f = 90°$,如图 6 - 12(b);

　　内倾型单立领,α_b、$\alpha_f > 90°$,如图 6 - 12(c)。

图 6 - 12
单立领
结构分类

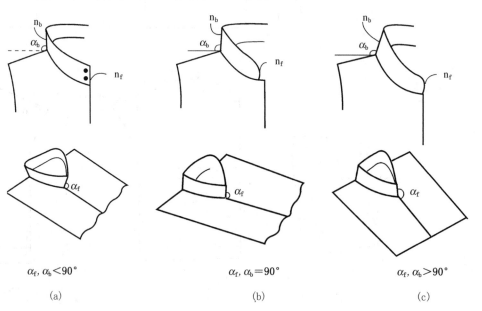

α_f, $\alpha_b < 90°$　　　　　α_f, $\alpha_b = 90°$　　　　　α_f, $\alpha_b > 90°$

(a)　　　　　　　　　　(b)　　　　　　　　　　(c)

2. 翻立领　领座部分和翻领部分通过缝制相连成一体的衣领结构。由于翻领部分掩盖领座部分,故其领座部分一般视作 $\alpha_b \geqslant 90°$ 形状,根据翻折线的形状可分为:翻折线为直线形的翻立领、翻折线为圆弧形的翻立领和翻折线为半圆弧半直线形的翻立领。

二、立领结构设计要素

1. 领座侧倾斜角　领座侧部倾斜角 α_b 决定立领轮廓造型和领座的侧后部立体形态。

当 $\alpha_b < 90°$ 时,领座侧后部向外倾斜,领身与人体颈部分离;

当 $\alpha_b = 90°$ 时,领座侧后部与水平线垂直,领身与人体颈部稍分离;

当 $\alpha_b > 90°$ 时,领座侧后部倾向人体颈部,领身与人体颈部贴近。

在立领三种形态中第二、第三种使用频率较多,冬季服装及正规类服装常采用第三种领侧角造型。第一类形态多用于夏季服装或非常规造型服装中。

2. 领座前部造型　领座的前部造型包括领座前部的轮廓线造型、领座前倾斜角和前领窝形状。

领座前部轮廓线造型可分三种形状:领上口线形状为圆弧形的立领,领上口线形状为直线形的立领以及领上口线形状为部分圆弧部分直线形的立领,如图 6 - 13 所示。

图 6 - 13
立领领座
前部造型

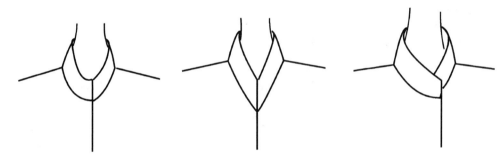

领座前倾斜角 α_f 与前领窝线的关系:

(1) 当 $\alpha_f > 90°$ 时,前领实际领窝线低于基础领窝线。

(2) 当 $\alpha_f \leqslant 90°$ 时,前领实际领窝线位于基础领窝线。

当立领高度不超过 4 cm 时,立领装在与人体颈根围相吻合的领窝线上,此时可将原型衣身上的基本领窝线作为立领的领窝线;当立领高大于 4 cm 时,需将基本领窝开深、开宽,作为立领的领窝线。

前领窝线形状与领座前部造型紧密相关,在设计立领结构时,必须认真观察前领窝形状,图 6 - 14 所示为部分前领窝线形状。

3. 翻领外轮廓松量　翻领外轮廓松量是指翻领外轮廓线在领座结构图上应展开的量。翻领和领座在立领结构模型中的关系如图 6 - 15 所示。DC＝n_b(领座后宽),DE＝m_b(翻领后宽),BA＝n_f(领座前宽),BF＝m_f(翻领前宽),BF′＝m_b。

图 6-14
立领前领
窝线形状

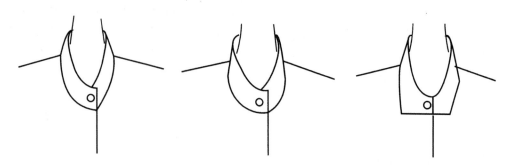

图 6-15(a)中可以看出,改变翻领前部造型即由 BF 到 BF′对侧后领部松量没有影响。

图 6-15(b)中 BNP′～E～F′的弧线是理想结构中翻领的外轮廓线在衣身上的轨迹,由于基础领窝的领窝宽(深)每增大 n,领窝弧线就增加 2.4n。所以翻领的外轮廓线弧长比领窝长 2.4△(△为图(a)中 E～SNP 的长度)。分配到整个轨迹中,由于翻领前部造型的变化对侧后领部松量没有影响,所以侧后部松量为 1.8△,经过近似处理为 $1.8(m_b-n_b)$,即翻领的外轮廓线松量只要考虑在整个翻领外轮廓线上增加 $1.8(m_b-n_b)$ 的松量,在翻领前部只要按造型画顺便可,如图 6-15(c)所示。

图 6-15
翻领和领座在
立领结构模
型中的关系

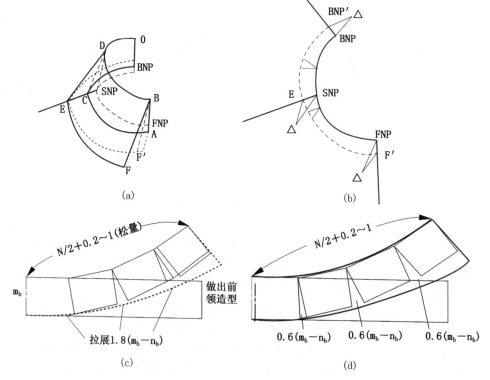

三、单立领结构设计

1. 直接作图法　其结构制图方法如图6-16所示。

图6-16
单立领结构
的直接作图法

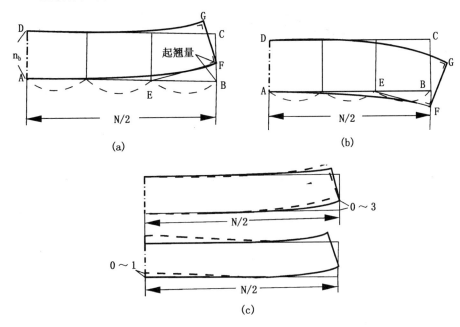

图6-16
单立领结构
的直接作图法

① 作矩形 ABCD,长＝N/2,宽＝领座宽 n_b(一般为2~5 cm);

② 将 AB 三等分,取 F 点,BF 为起翘量,连接 EF,过点 F 作 EF 的垂线,取 FG＝领座前宽 n_f,内倾型领如图(a)所示,外倾型领时如图(b)所示;

③ 画顺领外轮廓线。

起翘量根据领围和颈根围确定,起翘量＝$(N-N^*)/3$,一般为0~3 cm,多取1.5~2.5 cm。领后中心起翘量一般为0~1 cm,如图6-16(c)所示。对于内倾型领,起翘量越大,领身内倾程度越大。

2. 剪切拉展作图法　其结构制图方法如图6-17所示。

① 按领侧角 α_b,领前角 α_f,领座后宽 n_b,领座前宽 n_f,在实际领窝线 L_{1f} 和 L_{1b} 上作立领投影线 L_{2f} 和 L_{2b};

② 作矩形,长＝N/2,宽＝领座宽 n_b,将 HJ 三等分;

③ 剪切拉展,使 $KK'=L_{2b}-L_{1b}$。$MM'=1/2(L_{2f}-L_{1f})$,$II'=1/2(L_{2f}-L_{1f})$;

④ 画顺领外轮廓线。

对于外倾型单立领,应对上领口线进行剪切拉展。

3. 配伍作图法　其结构制图方法如图6-18所示。

① 修正基础领窝使后领窝宽＝N/5-0.4 cm,前领窝宽＝N/5-0.8 cm,后领窝深＝(N/5-0.4 cm)/3,前领窝深＝N/5+0.2 cm,作出实际领窝线;

② 作垂线 A 至 SNP,使 AB＝n_b,领侧角＝α_b;

图 6 - 17
单立领结构的
剪切拉展作图法

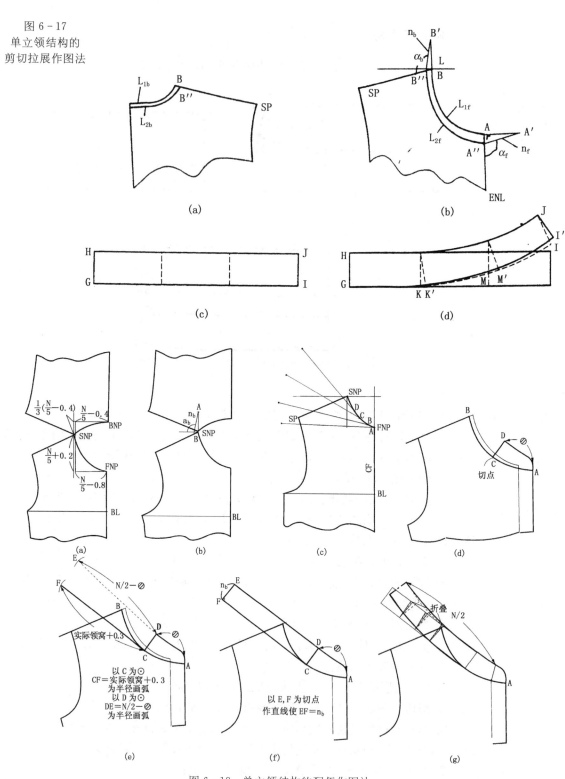

图 6 - 18　单立领结构的配伍作图法

③ 在实际领窝线上作切点,切点的位置与领前倾斜角 α_f 有关,若 α_f 趋向 90°,在效果图上表现为前领部与衣身不处于一个平面,此时切点趋向 FNP 的位置上;若 α_f 趋向 180°,在效果图上表现为前领部与衣身处于一个平面,切点在前领窝长的 2/3 部位上,即前领部平贴的程度越大,与前衣身处于一个平面的部位越多,则切点位置越趋向前领窝长 2/3 部位上,反之则越趋向 FNP 位置,如图 6 - 18(c)所示;

④ 作出领前部造型如图 6 - 18(d)所示,注意领上口线的形状(直线形或弧线形);

⑤ 以切点 C 为圆心,以实际领窝+0.3 cm(装领松量)为半径画弧;以领上口线 D 点为圆心,以 N/2 -∅ 为半径画弧,如图 6 - 18(e)所示;

⑥ 在两弧线上分别以 F、E 为切点,作直线使 EF=n_b,如图 6 - 18(f)所示;

⑦ 将领上口线折叠或拉展,使其长度=N/2,但不论折叠还是拉展,领前部造型不能改变。

四、翻立领结构设计

对于翻立领来讲就是在单立领(领座)的基础上再配上翻领部分,其结构制图也可分为直接作图法和剪切拉展作图法两种。

1. 直接作图法 其结构制图方法如图 6 - 19 所示

图 6 - 19
翻立领结构的
直接作图法

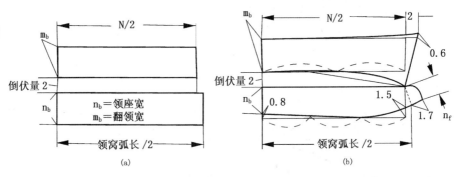

(a)　　　　　　　　　　　　(b)

① 在领座后中向上量取一定的翻领倒伏量(大小视领座前部上口造型而定,领上口线形状为圆弧形时,倒伏量大;领上口线形状为直线形时,倒伏量小),作矩形,长=N/2,宽=翻领宽 m_b,如图 6 - 19(a)所示;

② 作翻领前部造型,如图 6 - 19(b)所示;

③ 检验领座上口线与翻领下口线长度,画顺翻领外轮廓线。

一般来讲翻领宽应该大于领座宽,翻领宽 m_b 一般为 3.7~4.5 cm,领座宽 n_b 一般为 3~3.5 cm,且两者的差异不宜过大,一般为 0.7~1 cm;对于领座而言(单立领同样适用),一般领座后宽 n_b 大于领座前宽 n_f,差值一般为 0.5~1 cm。

2. 剪切拉展作图法 其结构制图方法如图 6 - 20 所示。

① 按照配伍作图方法作翻立领领座,如图 6 - 20(a)、(b)所示;

② 作矩形,长＝N/2＋0.2～1 cm(翻领上口松量),宽＝m_b,将其四等分,剪切拉展在等分中分别加上 $0.6(m_b - n_b)$、$0.6(m_b － n_b)$、$0.6(m_b － n_b)$的加放量,其中 $0.6(m_b － n_b)$是最大加放量;

③ 作出翻领前部造型,使翻领前宽＝m_f,如图 6－20(c)所示;

在加入加放量时,应根据领座前部造型上口形状分别加入不同的量:

(1) 领座前部造型上口线为圆弧形时,翻领的下口前端应放 $0.6(m_b － n_b)$的松量,如图 6－21 所示。

(2) 领前部造型上口线为部分直线、部分圆弧形时,翻领的下口前端应放小于 $0.6(m_b － n_b)$大小的松量,数量应视图上口前端的直线与圆弧长的比例而定：若比例约为 1：2,则取 $0.3(m_b － n_b)$的量;若比例小于 1：2,则取大于 $0.3(m_b － n_b)$的量;若比例大于 1：2,则取小于 $0.3(m_b － n_b)$的量,如图 6－22 所示。

(3) 领前部造型上口线为直线形时,翻领的下口前端应放的松量为 0,即基本不放松量,如图 6－23 所示。

图 6－20
翻立领结构的
剪切拉展作图法

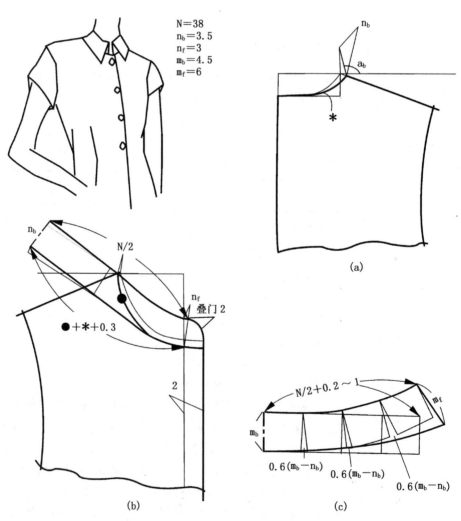

N＝38
n_b＝3.5
n_f＝3
m_b＝4.5
m_f＝6

(a)

(b)

(c)

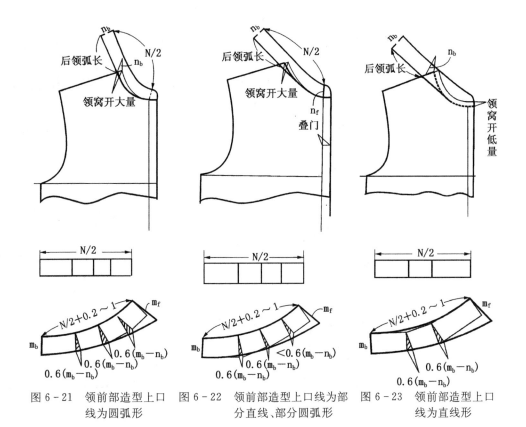

图6-21　领前部造型上口
线为圆弧形

图6-22　领前部造型上口
线为部分直线、部分圆弧形

图6-23　领前部造型上口
线为直线形

五、单立领结构设计实例

1. 领前部造型为直线形的单立领

(1) 规格设计：N(领围)＝37 cm，n_b＝3.5 cm，α_b＝95°，n_f＝3.5 cm，如图6-24 所示。

(2) 结构制图：

① 用配伍作图法制图，按 α_b＝95°、n_b＝3.5 cm，在基础领窝上作实际领窝线的后、侧部，如图6-24(a)所示。

② 根据效果图作出实际领窝的前部位置及领前部造型，如图6-24(b)所示。

③ 在前领窝处作切线，切线长＝前领窝长＋后领窝长＋0.3 cm，作垂线 n_b＝3.5 cm，如图6-24(b)所示。

④ 拉展领上口线使之等于 N/2＝37/2＝18.5 cm，注意前部造型不能变动，如图6-24(c)所示。

2. 领前部造型为圆弧形的单立领

(1) 规格设计：N＝40 cm，n_b＝4 cm，α_b＝100°，n_f＝3.5 cm，如图6-25 所示。

(2) 结构制图：

① 用配伍作图法制图，按 α_b＝100°、n_b＝4 cm，在基础领窝上作出实际领窝线

119

的后、侧部,如图 6-25(a)所示。

　　② 根据效果图作出实际领窝的前部位置及领前部造型,如图 6-25(b)所示。

　　③ 在前领窝处作切线,使切线长＝实际领窝长＋0.3 cm,作垂线 n_b＝4 cm,如图 6-25(b)所示。

　　④ 折叠领上口线使之等于 N/2 ＝ 40/2 ＝ 20 cm,注意领前部造型不能变动,如图 6-25(c)所示。

图 6-24
领前部造型为
直线形的单立
领结构设计

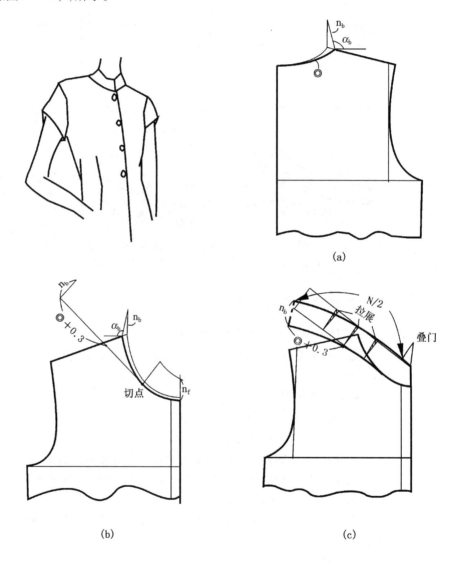

(a)

(b)　　　　　　　　　　(c)

图 6-25
领前部造型为
圆弧形的单立领
结构设计

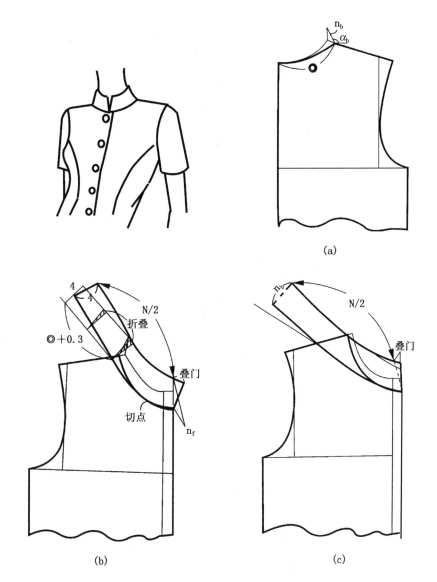

3. 直立型立领

(1) 规格设计：N=42 cm，n_b=6.5 cm，如图 6-26 所示。

(2) 结构制图：

① 用直接作图法制图，作矩形，长=前后实际领窝长+叠门量，宽=n_b+倒伏量=6.5+2.5=9 cm；

② 作出领下口线和领前部造型；

③ 画顺领外轮廓线。

图 6 - 26
直立型立领
结构设计

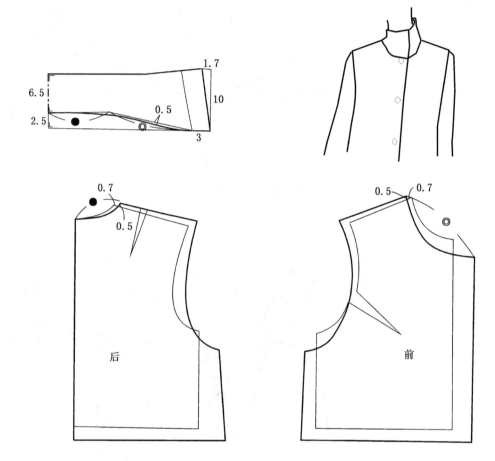

六、翻立领结构设计实例

1. 拿破仑领

（1）规格设计：N＝ 40 cm,α_b＝100°,n_b＝3.5 cm,n_f＝3 cm,m_b＝6 cm, m_f＝8.5 cm,如图 6 - 27 所示。

（2）结构制图：

① 用配伍作图法作领座结构,按 α_b＝100°、n_b＝3.5 cm,在基础领窝上作实际领窝线的后、侧部,如图 6 - 27(a)所示;

② 根据效果图作出实际领窝线及领前部造型,领前部造型上口线为圆弧形,在实际领窝线上作切线,长度＝实际领窝线长＋0.3 cm,修正领座上口线,使之等于 N/2＝40/2＝20 cm,如图 6 - 27(b)所示;

③ 用剪切拉展作图法作翻领结构,作长＝N/2＋0.8＝40/2＋0.8＝20.8 cm,宽＝m_b＝6 cm 的矩形,将矩形四等分,剪切拉展在等分中分别加放 0.6(6－3.5)＝1.5 cm 的加放量,按效果图造型作出翻领前部造型 m_f＝8.5 cm,如图 6 - 27(c)所示。

图 6-27
拿破仑领
结构设计

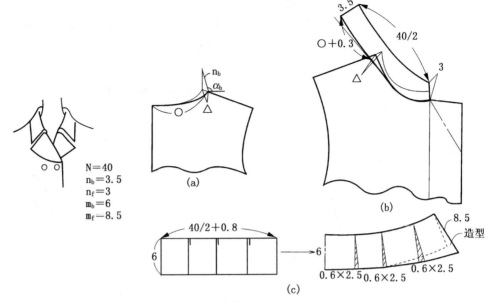

N=40
n_b=3.5
n_f=3
m_b=6
m_f=8.5

2. 衬衫式翻立领

（1）规格设计：N= 39 cm，α_b=98°，n_b=3 cm，n_f=2 cm，m_b=4.5 cm，m_f= 8 cm，如图 6-28 所示。

图 6-28
衬衫式翻立
领结构设计

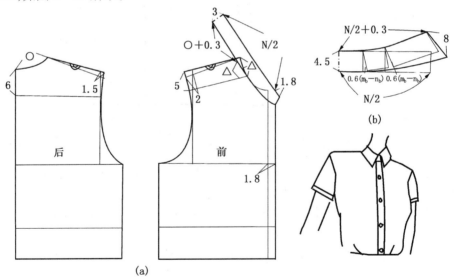

（2）结构制图：

① 用配伍作图法作领座结构，根据效果图作出实际领窝线及领前部造型，领前部造型上口线为直线形，在实际领窝线上作切线，长度=实际领窝线长+0.3 cm，修正领座上口线，使之等于 N/2+1.8=39/2+1.8=21.3 cm，如图 6-28(a)所示；

② 用剪切拉展作图法作翻领结构，作长 N/2=39/2=19.5 cm、宽=m_b=

4.5 cm 的矩形,将矩形四等分,剪切拉展在领后侧部分别加放 0.6(4.5−3) = 0.9 cm 的加放量,前领部加放量为 0,按效果图造型作出翻领前部造型 $m_f = 8$ cm,领上口线＝实际领窝＋0.3 cm,画顺领外轮廓线,如图 6-28(b)所示。

3. 大衣领

(1)规格设计:N＝42 cm,n_b＝4.5 cm,n_f＝3 cm,m_b＝6.5 cm,m_f＝8 cm,如图 6-29 所示。

图 6-29
大衣领
结构设计

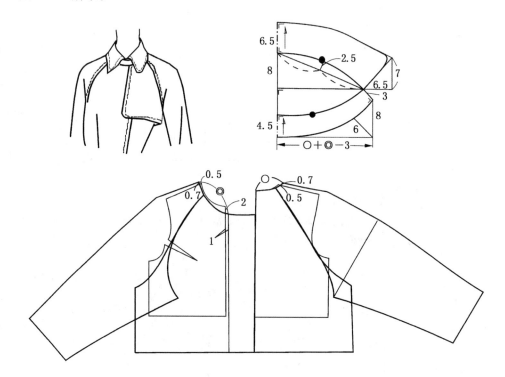

(2)结构制图:

① 用直接作图法作翻领结构,作领座矩形,长＝前后领窝长减去 3 cm,宽＝领座宽 n_b,起翘量为 8 cm,领座前宽 n_f＝3 cm,作出领座结构;

② 在领座后中向上量取翻领倒伏量＝8 cm,作翻领高 m_b＝6.5 cm;

③ 作翻领前部造型;

④ 检验领座上口线与翻领下口线长度,画顺领外轮廓线。

第四节　翻折领结构

一、翻折领分类

翻折领是领座与翻领相连成一体的衣领。基本结构按其翻折线的形状可分为:翻折线前端为直线形;翻折线前端为圆弧形;翻折线前端为部分圆弧、部分直线形三种类型,分别如图 6-30(a)、(b)、(c)所示。

图 6-30
翻折领的分类

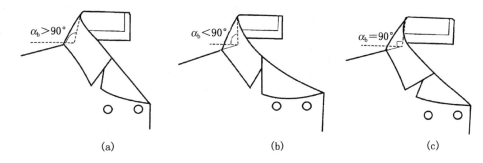

图 6-30
翻折领的分类

(a)　　　　　　　　　　(b)　　　　　　　　　　(c)

二、翻折领结构设计要素

图 6-31 是各种类型翻折领展平后的结构图,图(a)是翻折线前端为圆弧形的展平结构图;图(b)是翻折线前端为直线形的展平结构图;图(c)是翻折线前端部分圆弧、部分直线形的展平结构图。图中 L_1 为实际领窝线,L_2 为翻领外轮廓线,n_b 为领座后宽,n_f 为领座前宽(n_f 可为 0),m_b 为翻领后宽,m_f 为翻领前宽。

图 6-31
各种翻折
领展平后
的结构图

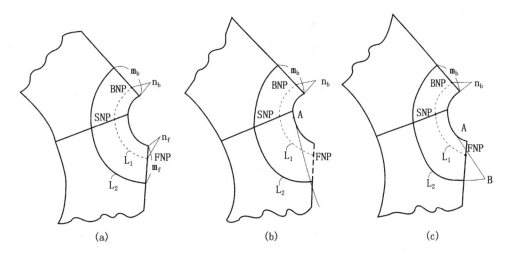

(a)　　　　　　　　　　(b)　　　　　　　　　　(c)

（一）翻折基点的确定

翻折基点是翻折领重要的设计要素之一,图 6-32 为三种情况下基准点的确定,其中 $A\sim SNP=n_b$,$AB=m_b$。图(a)是翻折领的领座与水平线成<90°状,翻折领呈不贴合颈部的形态;图(b)是翻折领的领座与水平线成 90°,翻折领呈较贴合颈部的形态;图(c)是翻折领领座与水平线成>90°,翻折领呈很贴合颈部形态。无论哪种形态,在平面图上都可通过 SNP 作 $A\sim SNP$ 线,使其与水平线夹角为 α_b,使 $A\sim SNP=n_b$,作 $AB=m_b$,AB 在肩线的延长线上的投影为 $A'B$,A' 为翻折基点。从中可以看出:

（1）翻折基点可视为翻领的立体形状在肩线延长线上的投影;

（2）通过计算可得：当 $\alpha_b<90°$ 时，翻折基点 A′的位置位于 SNP 点外 $<0.7n_b$；当 $\alpha_b=90°$ 时，位于 SNP 点外 $0.7n_b$；当 $\alpha_b>90°$ 时，位于 SNP 点外 $>0.7n_b$。

图 6 - 32
翻折基准点
的确定

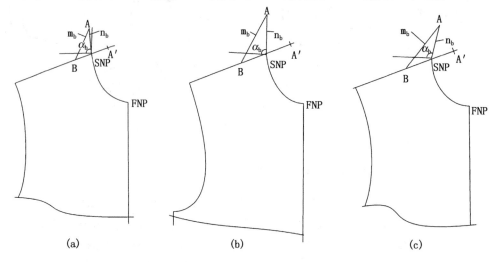

(a)　　　　　　　　　(b)　　　　　　　　　(c)

（二）翻领松量

翻领松量是翻折领外轮廓线为满足实际长度而增加的量，当使用角度时称为翻领松度。翻领松量是平面绘制翻折领结构图最重要的参数之一，亦是翻折领结构设计要素之一。

1. 翻领松量与材料厚度的关系　材料厚度对翻领外轮廓线的长度具有影响，经实验得到材料厚度与翻领松量呈以下关系：

受材质影响的翻领松量＝a×（m_b－n_b）

$$\text{其中 a 取}\begin{cases}0 & \text{材料很薄}\\0.1 & \text{材料较薄}\\0.2 & \text{材料较厚}\\0.3 & \text{材料很厚}\end{cases}$$

故对于不同厚度的材料，翻领松量须加上 $0\sim0.3(m_b-n_b)$ 的材料厚度影响值。

2. 翻领松量的精确求法　从图 6 - 33 中可看出，后领部安装在衣身上后，形成图中翻领立体形态外轮廓线长"＊"与领座下口线（即领窝线）长"◉"之间有差值，这个差值即称为翻领松量。在绘制前领身结构图时，将前领身按翻折线对称翻折，由于 FB′为领外轮廓线长，FE＝GC 为领座下口线长，故 E～B′为 ＊－◉ 的差值，即翻领松量。在实际制图时只需测得 ＊－◉ 的大小，再加上材料厚度影响值到领外轮廓线中便可。

图 6－33
翻领松量
的精确求法

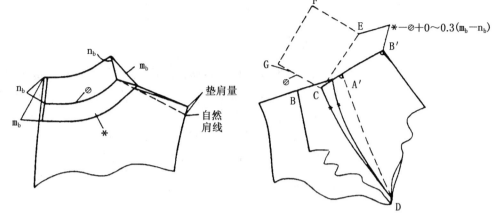

3. 翻领松量的近似求法　在实际制图中为提高效率,往往采用操作性良好且不大影响精度的近似方法,这类方法很多,本文介绍其中一种,如图 6－34 所示。

图 6－34
翻领松量
的近似求法

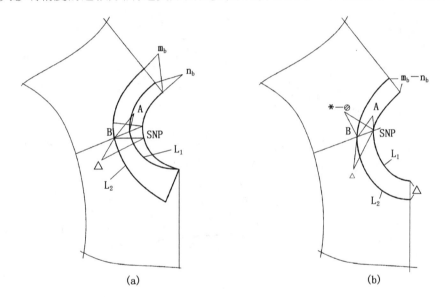

(a)　　　　　　　　　　　　(b)

(1) 当翻折领的翻折线为圆弧形时,其翻领松量为 $L_2 - L_1 = L_2 - N/2$,当领窝形状为基本领窝时,总翻领松量为 $2.4\triangle$($\triangle$ 为 SNP 至翻领宽在肩线投影所在位置的距离),颈侧点的翻领松量 $= 1.4(m_b - n_b) + 0 \sim 0.3(m_b - n_b)$,如图 6－34(a)所示。

(2) 当翻折领的前部翻折线为直线形时,其翻领松量约为 $(L_2 - L_1)/2 = (L_2 - N/2)/2 = 1/2 \times 2.4\triangle = 1.2\triangle$。若翻折线由圆弧形变为直线形的转折点位于基本领窝线的 1/2 处时,该点附近的翻领松量应为整个翻领松量的 1/2 左右,以 $1.2(m_b - n_b) + 0 \sim 0.3(m_b - n_b)$ 为翻折领松量作翻折领结构时,可以不必讨论前领窝形状是否为基本领窝。

(3) 当翻折领前部翻折线为部分圆弧、部分直线形时,翻折松量为翻折线为直线形与翻折线为圆弧形的翻领松量的中间值,取 $1.3(m_b-n_b)+0\sim0.3(m_b-n_b)$ 作为近似值。

三、翻折领结构设计方法

翻折领结构设计方法有剪切拉展作图法、反射作图法和直接作图法三种,其中剪切拉展作图法是通过在衣身上量出翻折领外轮廓线与领座下口线长度差,通过剪切拉展满足翻领外轮廓线长度构成翻折领的制图方法;反射作图法是在衣身领窝上作出前领轮廓造型后,反射至另侧的作图方法;直接作图法是通过确定翻领倒伏量而构成翻折领的制图方法。在后文中将以实例对上述制图方法进行说明。

四、翻折领结构设计实例

1. 衬衫式翻折领

其结构制图方法采用剪切拉展法,如图 6-35 所示。

图 6-35
衬衫式翻折
领结构设计

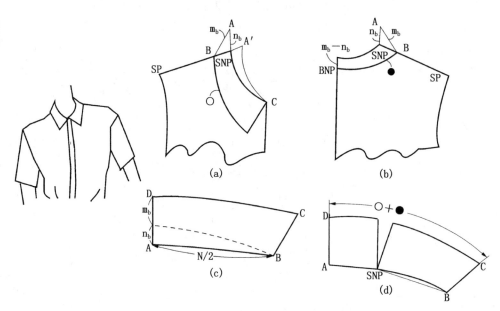

① 在前衣身 SNP 处作铅垂线 A～SNP,使 A～SNP＝n_b,AB＝m_b,在肩线延长线上作 A′,使 A′B＝m_b,A′ 点为翻折基点,连接 A′ 与翻折止点 C,画出翻折线和前领外轮廓线,作出前领外轮廓线长,如图 6-35(a)所示;

② 在后衣身的 SNP 处作铅垂线 A～SNP,使 A～SNP＝n_b,AB＝m_b,在 BNP 处作垂线＝m_b-n_b,用光滑的曲线连接得到后领外轮廓线长●,如图 6-35(b)所示;

③ 如图 6-35(c)、(d)所示,作基础领 AB＝N/2,AD＝m_b+n_b,BC＝前领翻领宽, DC 为基础领外轮廓线长。比较 DC 与实际翻折领外轮廓线长○＋●,剪切拉展,将其差值在基础领靠近 SNP 处放出,画顺翻折领结构。也可根据造型需要,对领前部的翻折线和领下口线进行修正。对于翻折线为直线形的翻折领,需将前领

下口线修正成与前衣身领口线相一致的造型。

　　2. 翻折线为直线形的翻折领

　　其结构制图方法采用反射作图法,如图 6-36 所示。

图 6-36
直线形的翻
折领结构设计

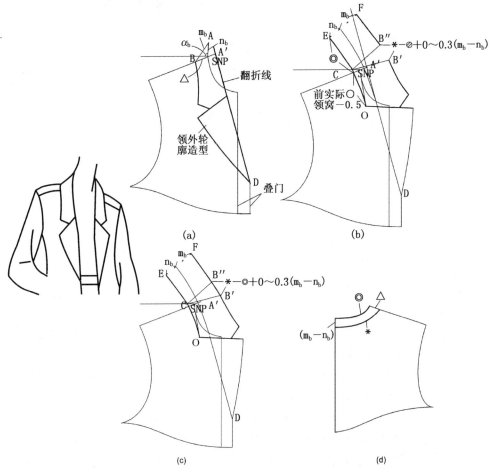

①　在领围为 N 的基础领窝 SNP 点处作 α_b、n_b、m_b,并在肩缝延长线上取 $A'B = AB = m_b$,得到翻折基点 A';

②　根据效果图确定翻折止点 D,连接翻折基点 A' 和止点 D,作直线形翻折线及前领的外轮廓造型,如图 6-36(a)所示;

③　在基础领窝上作出后领外轮廓线长 * ,如图 6-36(d)所示;

④　将前领外轮廓造型以翻折线为基准线反射至另一侧,延长串口线,与经 SNP 作翻折线的平行线(亦可不平行)相交于 O 点,形成实际领窝线;

⑤　连接 $A'B'$ 并延长 n_b 至 C,连接 CO,修正 C 点,使 CO = 前实际领窝 − 0.5 cm;

⑥　作 $B''C = B'C = m_b + n_b$,$B'B'' =$ 后领外轮廓线长 * − 后领窝弧长 ◎ + 0~0.3($m_b - n_b$)(或取近似值 1.2△,△见图(a)中 SNP~B 的距离),作 CE = ◎,EF⊥

$CE,EF=m_b+n_b$,如图 6 – 36(c)所示;

⑦ 画顺领下口线、翻折线及领外轮廓线如图 6 – 36(c)所示。

3. 翻折线为圆弧形的翻折领

其结构设计方法采用反射作图方法,如图 6 – 37 所示。

图 6 – 37
圆弧形的翻
折领结构设计

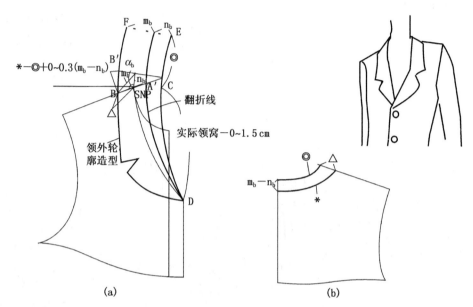

(a) (b)

① 在领围为 N 的基础领窝 SNP 点处作 n_b、m_b 和 α_b,并在肩线延长线上确定翻折基点 A';

② 过翻折基点 A' 点和翻折止点 D 作圆弧形翻折线,画出前领外轮廓造型,且不需复描至另一侧;

③ 连接 BA' 并延长 n_b 至 C,以相似于翻折线的圆弧形曲线连接 C 点与翻折止点 D,检查前领下口线长度(当 $\alpha_b<90°$ 时,$\overset{\frown}{CD}$ 应等于 $SNP\sim D$;当 $\alpha_b=90°$ 时,$\overset{\frown}{CD}$ 应等于 $SNP\sim D-1$ cm;当 $\alpha_b>90°$ 时,$\overset{\frown}{CD}$ 应等于 $SNP\sim D-1.5$ cm)。如若不符合条件,则应修正 C 点,使之符合上述条件,如图 6 – 37(a)所示;

④ 在基础领窝上作出后领外轮廓线长 *,如图 6 – 37(b)所示;

⑤ 作 $B'C=BC=n_b+m_b$,$BB'=$后领外轮廓线长 * 一后领窝弧长 ◎+0~0.3(m_b-n_b),取近似值时用 $1.2\triangle$ 作为翻领松量,并作 $CE=◎,EF\perp CE,EF=n_b+m_b$;

⑤ 画顺领下口线、翻折线和领外轮廓线,如图 6 – 37(a)所示。

4. 翻折线为部分圆弧、部分直线形的翻折领

翻折线为部分圆弧、部分直线形的翻折领是结构较复杂的翻折领,在结构设计时一定要注意与圆弧形、直线形翻折领的区分,找准基准线形状由圆弧向直线转折的转折点。其结构设计方法采用反射作图法,如图 6 – 38 所示。

① 在领围为 N 的基础领窝上,按 n_b、m_b、α_b 作出翻折基点位置 A' 点。按效果

图造型画出部分圆弧、部分直线形的翻折线,如图 6-38(a)所示;

② 作翻折领外轮廓线造型,将翻折线中直线部分延长作为反射基准线,将翻折领外轮廓线造型反射至另一侧,A'' 点为翻折基点 A' 的反射点;

③ 连接 $B'A''$ 并延长至 C,使 $A''C=n_b$,将 C 点与翻折止点 D 相连,检查 $\overset{\frown}{CD}$ 长(在 $\alpha_b<90°$ 时,$\overset{\frown}{CD}=SNP\overset{\frown}{\sim}D$;当 $\alpha_b=90°$ 时,$\overset{\frown}{CD}=SNP\overset{\frown}{\sim}D-1\ cm$;当 $\alpha_b>90°$ 时,$\overset{\frown}{CD}=SNP\overset{\frown}{\sim}D-1\sim2\ cm$),若不符合条件,则修正 C 点,使之符合上述条件;

④ 在基础领窝上作出后领外轮廓线长 ∗,如图 6-38(d)所示;

⑤ 作 $B''C=B'C=n_b+m_b$,$B'B''=$ 后领外轮廓线长 ∗ − 后领窝弧长 ◎ $+0\sim0.3(m_b-n_b)$,作 $EC=◎$,$EF\perp EC$,$EF=n_b+m_b$,如图 6-38(b)所示;

⑤ 画顺领下口线、翻折线及领外轮廓线,如图 6-38(c)所示。翻折线为直线的部分所对应的领下口线应与领窝线相一致。

图 6-38
部分圆弧形、部分直线形的翻折领结构设计

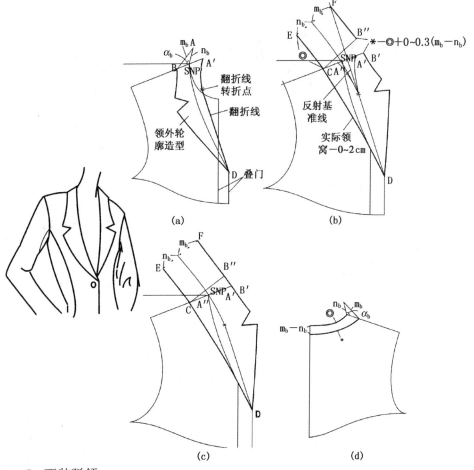

(a)　　(b)　　(c)　　(d)

5. 西装驳领

其结构制图方法采用直接作图法,如图 6-39 所示。

① 取点 C 作为翻折基点,$OC=2\ cm$(一般为领座高的 2/3),根据款式定出翻

131

折止点 A,则 AC 为翻折线;

② 过 O 作翻折线 AC 的平行线与串口线的延长线交于 B 点,形成实际领窝线;

③ 在 OB 延长线上向上量取 OD=后领窝长,以 O 为圆心,OD 为半径画弧,作 OD′=OD,OD′为倒伏量(一般为 2.5 cm);

④ 作 D′F⊥OD′,D′F=n_b+m_b;

⑤ 作翻折领前部造型;

⑥ 画顺领下口线、翻折线及领外轮廓线。

图 6-39
西装驳领
结构设计

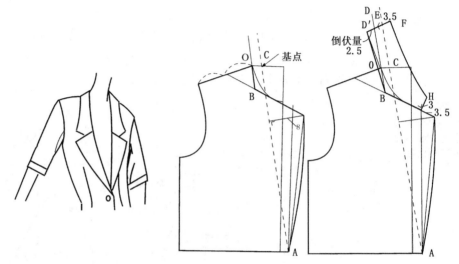

6. 大衣领

其结构制图方法采用直接作图法,如图 6-40 所示。

图 6-40
大衣领
结构设计

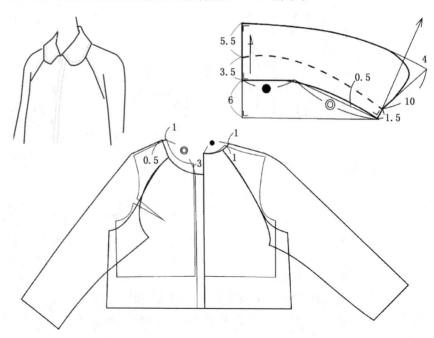

① 作领下口线＝实际前领窝长◎＋实际后领窝长●，倒伏量＝6 cm；

② 取 n_b＝3.5 cm，m_b＝5.5 cm，n_f＝1.5 cm，m_f＝10 cm，作翻折领结构；

③ 画顺领下口线、翻折线及领外轮廓线。

思　考　题

1. 衣领的结构分类和设计要素？

2. 翻折领的翻折基点如何确定？翻领松量如何计算？

3. 用配伍法作立领，其中：N＝40 cm，n_b＝4 cm，α_b＝95°，n_f＝3.5 cm。

4. 用反射作图法作翻折领，其中：N＝41 cm，n_b＝2.5 cm，α_b＝100°，m_b＝3.5 cm。

5. 用直接作图法作拿破仑领，其中：N＝42 cm，n_b＝3 cm，n_f＝2.5 cm，m_b＝6.5 cm，m_f＝8.5 cm。

第七章　衣袖结构分类及其基本结构

本章要点

衣袖结构设计要素;袖山、袖窿部位结构设计与配伍关系(风格的配伍、缝缩量的计算、对位记号的确定);袖身结构设计原理;圆袖结构设计方法和实例分析;连袖、分割袖的结构设计方法和实例分析。

第一节　衣袖结构种类和设计要素

衣袖是包覆人体肩部和手臂的服装部件,由于手臂是人体中运动幅度最大、变化范围最广的部位,所以衣袖结构的设计要根据人体肩、臂的自然形态和运动状况而定。衣袖包括袖窿和袖身两部分,两者组合构成或单独以袖窿为单位构成衣袖结构,袖山的结构、袖身的形状以及袖山与袖窿的配伍关系,构成衣袖的各种变化造型。

一、衣袖结构种类

按照衣袖袖山与衣身的相互关系,衣袖可以分为以下若干基本结构:

(1)圆袖:袖山形状为圆弧形,与袖窿缝合组装衣袖,如图7-1(a)所示。根据袖山的结构风格可分为宽松、较宽松、较贴体、贴体的袖山,根据袖身的结构风格可分为直身袖、较弯身袖和弯身袖。

(2)连袖:将袖山与衣身组合连成一体形成的衣袖结构,如图7-1(b)所示。按袖中线的水平倾斜角可分为宽松、较宽松、较贴体三种结构风格。

(3)分割袖:在连袖的结构基础上,按造型将衣身和衣袖重新分割、组合形成新的衣袖结构,如图7-1(c)所示。按造型线分类,可分为插肩袖、半插肩袖、落肩袖及覆肩袖等。

图 7 - 1
衣袖结构种类

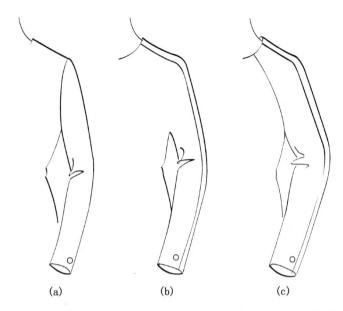

(a)　　　　　　　(b)　　　　　　　(c)

　　另外,按照衣袖的长度可以分为无袖、盖袖、五分袖、七分袖等;按照衣袖外观可以分为花瓣袖、蝙蝠袖、喇叭袖等。在基本结构上加以抽褶、垂褶、波浪等造型手法,衣袖还可以形成多种变化结构。

二、衣袖结构设计要素

　　衣袖结构设计主要包括袖山结构设计和袖身结构设计。在进行衣袖结构设计时,必须考虑人体静、动态需求及造型风格的要求。

　　1. 衣袖与静态人体的关系

　　衣袖涉及到的人体部位包括肩端点 SP、前腋点、后腋点及周边部位的相关诸点和上肢的整个部位。基本袖是袖山底部以人体腋窝深线为界的结构最简单的衣袖结构,如图 7 - 2 所示为基本袖结构与人体尺寸的关系,其袖山部位取 SP 以下部位作为覆合人体的部位,袖肥部位在包覆人体上臂的同时应具有一定的松量,以保证适当的舒适性。

　　作为有实用价值的服装衣袖,其袖山高应该设计在腋窝线以下,比基本袖袖山高长。原型袖的袖山高就设计在腋窝线以下 2 cm 处,作为袖底与人体腋窝之间的空隙量,空隙量的大小要根据衣袖造型风格而定。

　　2. 装袖角度与袖山高和缝缩量的关系

　　装袖角度指袖底缝与铅垂线之间的夹角。实验证明装袖角度越小,袖山高越高;装袖角度越大,袖山高越小。图 7 - 3 所示是将上肢自然下垂时装袖角度的袖山和装袖角为 20°的原型袖的袖山(文化式原型袖)进行对比,图中显示上肢自然下垂时的袖山高比装袖角为 20°的原型袖袖山高大 1.4 cm 左右。

图 7 - 2
基本袖结构与
人体尺寸的关系

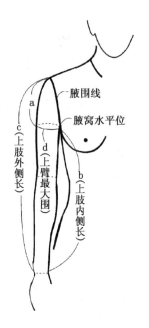

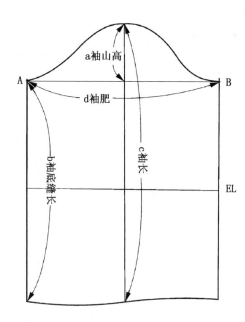

图 7 - 3
装袖角度与
袖山高的关系

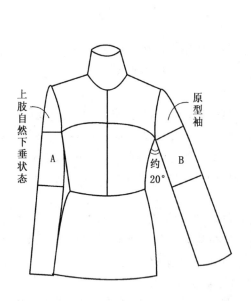

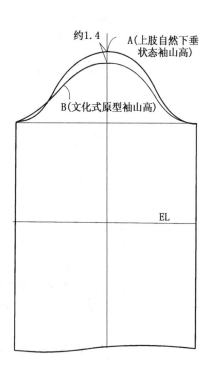

　　装袖角度的变化会影响袖山缝缩量的大小,如图 7 - 4(a)所示,当装袖角度 α 最小时,其袖山缝缩量达到最大量;图 7 - 4(b)所示,当装袖角度 α 变大时,袖山缝缩量随之减少;图 7 - 4(c)所示,当装袖角度 α 最大时,缝缩量趋向于零。其规律为装袖角度与袖山缝缩量成反比。

图 7 - 4
装袖角度
与袖山缝
缩量的关系

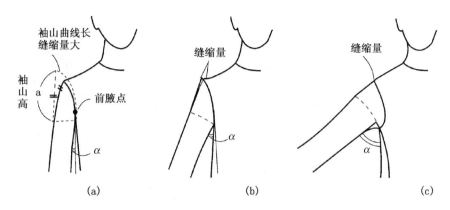

(a)　　　　　　　　　(b)　　　　　　　　(c)

3. 袖窿与人体的关系

袖窿的形状决定于人体腋窝的截面形状,呈蛋圆形。袖窿的面积是由袖窿深和袖窿宽决定。袖窿宽由人体侧面的厚度及手臂上端的围度决定,其在结构设计中的作用主要是解决服装与人体侧面的吻合关系和服装成型后的厚度。影响袖窿宽的主要的三个因素是:前胸宽、后背宽和胸围,袖窿的最宽处为(胸围/2－前胸宽－后背宽)。袖窿深随款式的变化而变化,服装的宽松度越大,袖窿深也越大。

袖窿的形状主要受袖窿深度和外观造型的影响:如图 7 - 5 所示,袖窿深度越大,由 $B_1 \rightarrow B_3$,袖窿弧线的弯曲程度就越小,由 $C_1 \rightarrow C_3$,反之,袖窿深度越小,袖窿弧线的弯曲程度就越大;外观造型对袖窿的影响则主要体现在宽松服装上,这类服装经常将袖窿的形状处理成方形、圆形或直线与曲线所构成的多种造型。

图 7 - 5
袖窿与人
体的关系

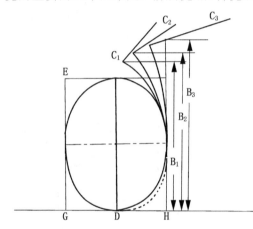

4. 袖身的结构与人体上肢形态的关系

人体上肢的形态是向前微倾的,如图 7 - 6 所示为女体上肢的立体形态。自肩端点 SP 向下作垂线可得到人体上肢三个重要数据:手臂垂线与手腕中点之间的水平间距离为 4.99 cm,手臂垂线与手腕中线的夹角为 6.18°,手臂肘部铅垂线与手腕中线的夹角为 12.14°,因此作为覆合人体上肢形态的袖身,必须前倾,这样展开的袖身结构为前袖缝呈凹形,后袖缝呈凸形,且要收省或进行工艺处理。

在原型袖身结构设计中,在袖肘线 EL 线与袖中线的交点处向袖口作一前偏量,称为袖口前偏量,如图 7 - 7 所示。其中,直身袖袖口前偏量为 0～1 cm;较直身袖袖口前偏量为 1～2 cm;女装弯身袖袖口前偏量为 2～3 cm;男装弯身袖袖口前偏量为 3～4 cm。

图 7 - 6
女体上肢
的立体形态

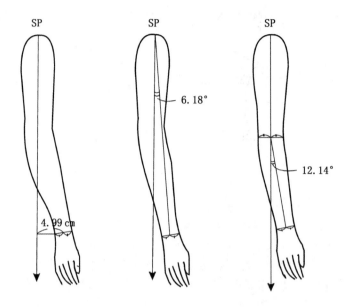

图 7 - 7
袖口前偏量

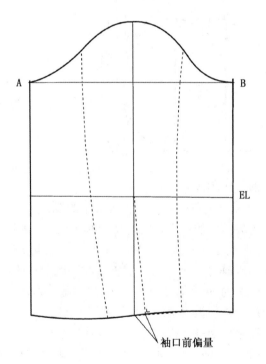

袖口前偏量

第二节　袖山结构设计 ·

袖山是衣袖造型的主要部位,结构种类按宽松程度分为宽松型、较宽松型、较贴体型、贴体型四种。袖山结构设计包括袖窿部位结构和袖山部位结构的设计,因其两者是相配伍的,所以风格必须一致。

一、袖窿部位结构

袖窿部位是衣身上为装配袖山而设计的部位,风格不同,结构也不同。一般人体腋围＝0.41B*,为了穿着舒适和人体运动的需要,袖窿周长 $AH＝0.5B±a$（a 为常量,随风格不同而变化）

1. 宽松风格结构　袖窿深应取 2/3 前腰节长,约为 0.2B＋3＋4 cm 以上。前后肩的冲肩量取 1～1.5 cm,前后袖窿底部凹量取 3.8～4 cm。袖窿整体呈尖圆弧形,如图 7-8(a)所示。

2. 较宽松风格结构　袖窿深应取 3/5 前腰节长～2/3 前腰节长,约为 0.2B＋3＋3～4 cm。前肩冲肩量取 2.0 cm,后肩冲肩量约取 1.5～1.8 cm,前后袖窿底部凹量分别取 3.4～3.6 cm、3.8 cm。袖窿整体呈椭圆形,如图 7-8(b)所示。

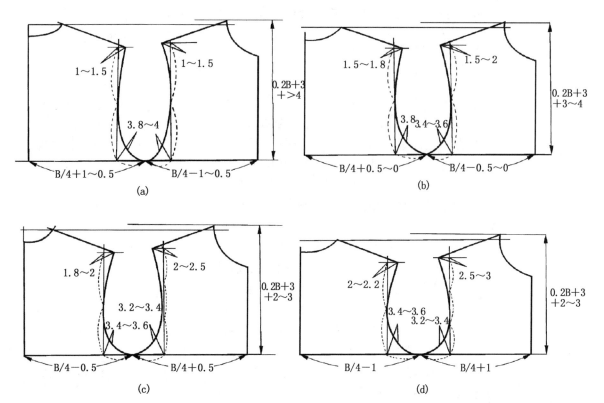

图 7-8　袖窿部位结构

3. 较合体风格结构　袖窿深应取 3/5 前腰节长,约为 0.2B+3+2～3 cm。前肩冲肩量取 2～2.5 cm,后肩冲肩量约取 1.8～2 cm,前后袖窿底部凹量分别取3.2～3.4 cm、3.4～3.6 cm。袖窿整体呈稍倾斜的椭圆形,如图 7-8(c)所示。

4. 合体风格结构　袖窿深应取≤3/5 前腰节长,约为 0.2B+3+2～3 cm。前肩冲肩量取 2.5～3 cm,后肩冲肩量约取 2～2.2 cm,前后袖窿底部凹量分别取3.2～3.4 cm、3.4～3.6 cm。袖窿整体呈倾斜的椭圆形,如图 7-8(d)所示。

二、袖山部位结构

袖山是指袖身上与袖窿缝合部位的弧线部位。袖山的结构主要包括袖山的大小和形状。袖山的大小取决于袖窿,同时受到袖山高和袖肥的制约。袖山的形状则要和袖窿的形状相对应。

1. 袖山高的确定

在袖山结构设计中,袖山高、袖山斜线长和袖肥三个因素是相互制约的,应综合考虑,其中袖山高是第一要素。袖山高的确定有两种方法。

图 7-9
袖山高的
确定方法一

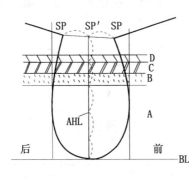

方法一:如图 7-9 所示,连接前后肩点 SP,取其中点为 SP′,过 SP′作袖窿深线的垂线 AHL并将其五等分。对于成型的袖窿,袖山高的确定:

A 层范围:宽松袖山高<0.6AHL;

B 层范围:较宽松袖山高(0.6～0.7)AHL;

C 层范围:较合体袖山高(0.7～0.8)AHL;

D 层范围:合体袖山高(0.8～0.85)AHL。其中贴体型女装袖山高(0.8～0.85)AHL,贴体型男装袖山高(0.85～0.87)AHL。

方法二:

造型不同的袖山高同时制约袖肥的大小。图 7-10 是袖山高和袖肥的三角函数关系。

设 α=袖山斜线与上水平线的夹角,则袖山高=袖山斜线 AB×sin α,袖肥=袖山斜线 AB × cos α。即袖山高与袖肥之间成反比。

袖山高和袖肥的大小可分四种风格讨论:

(1) 宽松风格:α=0°～20°,袖山高= AH/2·sin α±asin α,设 AH/2=胸围 B/4(一般 AH 为胸围 B/2 左右),且 a→0,则袖山高=B/4·sin α,即袖山高=0～B/4·sin20°,袖肥=B/4·cos20°～AH/2。

(2) 较宽松风格:α=21°～30°,袖山高=B/4·sin21°～B/4·sin30°,袖肥=B/4·cos30°～B/4·cos21°。

(3) 较合体风格:α=31°～45°,袖山高=B/4·sin31°～B/4·sin45°,袖肥=

$B/4 \cdot \cos 45° \sim B/4 \cdot \cos 31°$。

（4）合体风格：$\alpha = 45° \sim 60°$，袖山高＝$B/4 \cdot \sin 45° \sim B/4 \cdot \sin 60°$，袖肥＝$B/4 \cdot \cos 60° \sim B/4 \cdot \cos 45°$。

一般服装胸围在 $90 \sim 110$ cm 范围内，可得到袖山高和袖肥的近似公式：

宽松风格：袖山高＝$0 \sim 9$ cm，袖肥＝$0.2B+3$ cm$\sim$AH/2；

较宽松风格：袖山高＝$9 \sim 13$ cm，袖肥＝$0.2B+1$ cm$\sim 0.2B+3$ cm；

较合体风格：袖山高＝$13 \sim 17$ cm，袖肥＝$0.2B-1$ cm$\sim 0.2B+1$ cm；

合体风格：袖山高＝17 cm 以上，袖肥＝$0.2B-3$ cm$\sim 0.2B-1$ cm。

图 7－10
袖山高的
确定方法二

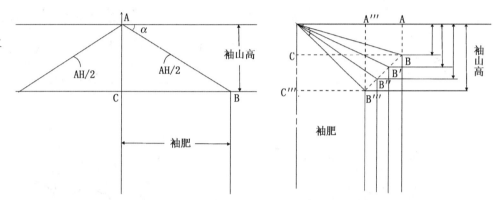

2. 袖山风格设计

袖山部位结构要与袖窿部位结构相配伍，将袖山折叠后，上下袖山之间形成的图形，由于与眼睛造型相似，故称为袖眼，其结构风格有四种，如图 7－11 所示。

（1）宽松型袖眼：按照方法一在 A 层范围内取袖山高，前袖山斜线＝前 AH＋缝缩量－1.1 cm，后袖山斜线＝后 AH＋缝缩量－0.8 cm，确定袖肥。前后袖山点分别位于 1/2 袖山高的位置。袖眼底部与袖窿底部只在一点上相吻合。袖肥与袖窿宽之差前后分配比为 1∶1，袖眼整体呈扁平状，如图 7－11(a)所示。

（2）较宽松型袖眼：按照方法一在 B 层范围内取袖山高，前袖山斜线＝前 AH＋缝缩量－1.3 cm，后袖山斜线＝后 AH＋缝缩量－1 cm，确定袖肥。前袖山点在 1/2 袖山高向下 0.2 cm 处，后袖山点在 1/2 袖山高向上 0.4 cm 处。袖肥与袖窿宽之差前后分配比为 1∶2，袖眼整体呈扁圆状，其与袖窿底部有较小的吻合部位，如图 7－11(b)所示。

（3）较合体型袖眼：按照方法一在 C 层范围内取袖山高，前袖山斜线＝前 AH＋缝缩量－1.5 cm，后袖山斜线＝后 AH＋缝缩量－1.2 cm，确定袖肥。前袖山点在 1/2 袖山高向下$\leqslant 1$ cm 处，后袖山点在 1/2 袖山高向上$\leqslant 0.8$ cm处，袖肥与袖窿宽之差前后分配比为1∶3，袖眼整体呈杏圆状，其与袖窿底部有较多的吻合部位，如图 7－11(c)所示。

（4）合体型袖眼：按照方法一在 D 层范围内取袖山高，前袖山斜线＝前 AH＋

141

缝缩量－1.17 cm,后袖山斜线＝后 AH＋缝缩量－1.4 cm,确定袖肥。前袖山点在1/2袖山高向下≤1.5 cm 处,后袖山点在 1/2 袖山高向上≤1 cm 处,袖肥与袖窿宽之差前后分配比为 1∶4,袖眼整体呈圆状,其与袖窿底部有更多的吻合部位,如图 7‑11(d)所示。

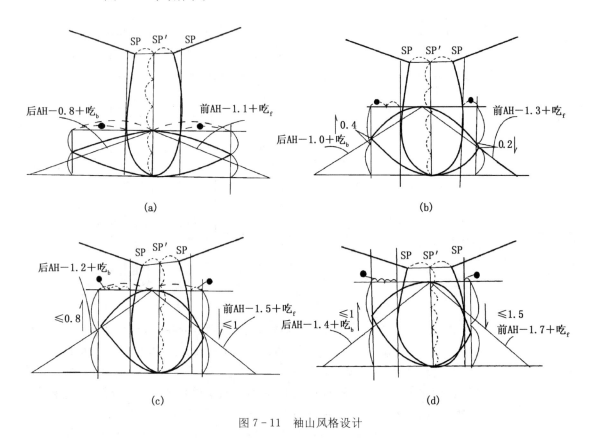

图 7‑11 袖山风格设计

第三节 袖身结构设计

从整体来说,袖身可以分为基础袖身和变化袖身两大类,基础袖身就是最基本的袖身结构,变化袖身就是在基础袖身结构上运用抽褶、折裥、垂褶、省道、波浪、分割等形式,形成多种变化造型的袖身结构。袖身结构按外形风格分类,可分为直身袖、较弯身袖、弯身袖三类;按袖片数量分类,可分为一片袖、两片袖和多片袖。

一、基础袖身立体形态及展开图

1. 直身袖的立体形态及展开图

直身袖袖身的立体形态可看作单个圆台体,按圆台体的平面展开法展开袖身,形成图 7‑12 中虚线所示的扇形。在前后袖口处去除◎大小的量,修正袖口成直线;在袖山处前后袖缝补上◎大小的量,将原来的扇形结构图修正成上下平行的倒梯形。则直身袖的结构图可理解为沿袖中缝 ABC 分别水平展开到 A′B′C′、A″B″C″所形成的平面结构图。

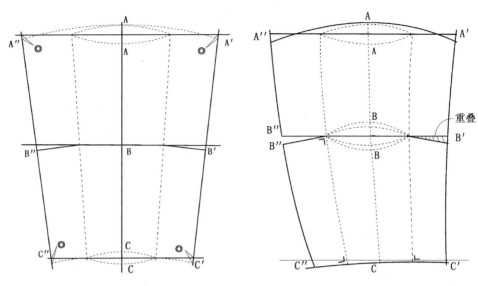

图 7-12　直身袖的立体形态及展开图　　　图 7-13　弯身袖的立体形态及展开图

2. 弯身袖立体形态及展开图

弯身袖袖身的立体形态可看作两个圆台倾斜组合的立体,分别按照圆台体的平面展开法将两个圆台展开形成两个扇形,如图 7-13 所示。两扇形平面图会在前袖缝处形成重叠,在后袖缝处产生空缺。则弯身袖的结构图,可以理解为袖中缝 ABC 分别向前后袖身轮廓线作垂线展开到 A′B′C′、A″B″C″所形成的平面结构图,这种展开法称为袖身轮廓线垂直展开法。

二、基础袖身结构制图

1. 直身形一片袖结构

袖身为直线形,结构制图如图 7-14 所示。

① 根据袖窿风格确定袖山高,按前后袖山斜线长确定袖肥,按袖长 SL,袖口 CW,作袖身外轮廓图。

② 将袖中缝 ABC 向袖身前后轮廓线作水平展开到 A′B′C′和 A″B″C″。

③ 画顺袖山弧线,袖身外轮廓线,将袖口线画成略前高后低的倾斜形。

2. 弯身形一片袖结构

袖身为弯身形,袖口前偏量≤3 cm,结构制图如图 7-15 所示。

① 根据袖窿风格确定袖山高,按前后袖山斜线长确定袖肥,按袖长 SL、袖口 CW,作袖身外轮廓图。增加袖肘线 EL,其长度＝0.15 h＋9 cm＋垫肩厚,袖口底边线与袖口前偏线垂直。

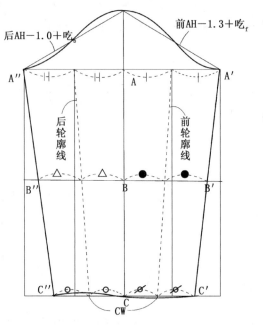

图 7 - 14　直身形一片袖结构

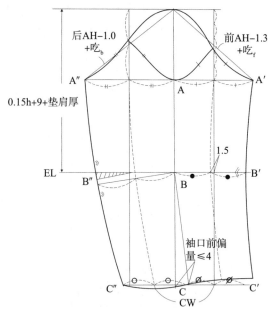

图 7 - 15　弯身形一片袖结构

② 将袖中线 ABC 分别向袖前轮廓线和后轮廓线作垂直展开到 A′B′C′ 和 A″B″C″。

③ 画顺前后袖山弧线、袖身外轮廓线和袖口线。

在弯身形一片袖结构图中，可以看到当后袖缝向袖中缝折叠时，在袖肘线 EL 处要折叠省道，在 EL 周围要归拢；当前袖缝在向袖中缝折叠时，在袖肘线 EL 处要拉展，拉展量＝袖中线长－前袖缝长，但当前袖缝拉展量大于材料最大伸展率即材料允许的最大伸展量时，该类袖结构不能通过拉伸工艺达到造型的要求。

3. 弯身形 1.5 片袖结构

为使弯身形袖身通过简单的拉伸工艺就能达到造型效果，可将袖中缝向前袖轮廓线移动，使前偏袖量控制在 2.5～4 cm 之间，在后袖轮廓线处收省。这样形成的前袖缝拉伸量明显减少，一般在 0.3～1 cm 之间，大大降低制作工艺的难度。结构制图如图 7 - 16 所示。

① 根据袖窿风格确定袖山高，按前后袖山斜线长确定袖肥，按袖长 SL、袖口 CW、袖口前偏 2.5～4 cm、袖肘线 EL 作袖身外轮廓图。

② 距前袖轮廓线 2.5～4 cm 处作前袖偏量 A′B′C′，并向前袖轮廓线作垂直展开到 A″B″C″，向后袖缝基础线作水平展开到 A‴B‴C‴，在后袖缝处形成长省结构。

③ 画顺袖山弧线、袖身外轮廓线和袖口线。

图 7 - 16
弯身形 1.5
片袖结构

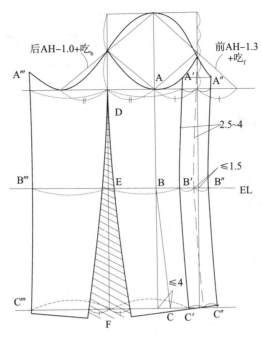

4. 弯身形两片袖结构

该袖身结构是在弯身形一片袖的结构基础上,将袖缝作成两条,其中前偏袖量控制在 2.5~4 cm,后偏袖量控制在 0~4 cm 之间,上下偏袖量可相等也可不等。结构制图如图 7 - 17 所示。

图 7 - 17
弯身形两
片袖结构

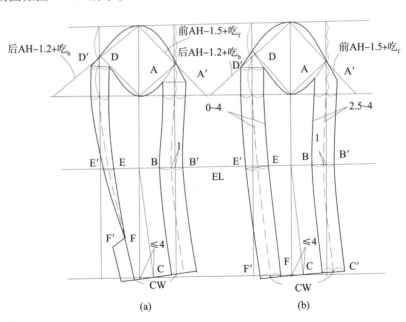

(a)　　　　　　(b)

① 根据袖窿风格确定袖山高,按前后袖山斜线长确定袖肥,按袖长 SL、袖口 CW、袖口前偏量 b、袖肘线 EL 作袖身外轮廓图。

② 距前袖轮廓线 2.5～4 cm 处作前袖偏量 ABC,并向前袖轮廓线作垂直展开到 A′B′C′,距后袖轮廓线 0～4 cm 处作后袖偏量 DEF,并向后袖轮廓线作垂直展开到 D′E′F′。由于后偏袖量上下可不同,故可形成图 7-17 中(a)、(b)两种不同袖身造型。

③ 画顺袖山弧线、袖身外轮廓线和袖口线。

第四节 袖山与袖窿的配伍关系 ‥‥‥‥‥‥‥‥‥‥‥‥‥‥‥‥‥‥

袖山与袖窿的配伍包括形状的配伍和数量的配伍。形状的配伍是指袖眼与袖窿造型风格的一致性,即宽松型袖眼与宽松风格袖窿相配伍,贴体型袖眼与贴体风格袖窿相配伍等。在本章第二节袖山结构设计中已详细说明,这里不再赘述。数量的配伍是指缝缩量的计算和分配以及袖山和袖窿上相应对位点的设置。

一、缝缩量的计算

缝缩量的计算可按两种方法进行近似计算。方法一:如图 7-18 所示,袖山缝

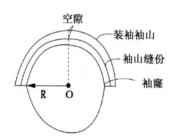

图 7-18 缝缩量的计算方法一

合后袖窿外轮廓线距离 O 点的长度是 R+袖山缝合后距缝份的空隙+3 个缝料的厚度,其中袖山缝合后距缝份的空隙是指缝缩袖山后,袖山耸起的饱满度,与袖山的风格有关,由于袖山底部的缝缩量小,其量等于袖山上部缝缩量的 1/2。设袖山缝缩量为 x,材料厚度为 a,空隙量为 b,则:

$$x=3/2\pi(R+3a+b)-3\pi R/2=3/2\pi(3a+b)\approx4.6(3a+b)$$

薄型材料、宽松风格的袖山,3a+b 为 0～0.3,故缝缩量 x=0～1.4 cm。

较厚材料、较宽松风格的袖山,3a+b 为 0.3～0.6,故缝缩量 x=1.4～2.8 cm。

较厚材料、较贴体风格的袖山,3a+b 为 0.6～0.9,故缝缩量 x=2.8～4.2 cm。

厚材料、贴体风格的袖山,3a+b 为 0.9,故缝缩量 x=4.2 cm 以上。

方法二:

$$x=(材料厚度系数+袖山风格系数)\times AH\%$$

根据表 7-1 中材料厚度与袖山风格的相关系数,可求得缝缩量的近似值:

表 7-1 材料厚度与袖山风格系数表

材　　料	材料厚度系数	袖山风格系数	AH%
薄型材料(丝绸类)	0～1	宽松风格　　1	
较薄型材料(薄型毛料、化纤类)	1.1～2	较宽松风格　2	
较厚型材料(全毛精纺毛料类)	2.1～3	较贴体风格　3	AH%
厚型材料 (法兰绒类)	3.1～4	贴体风格　　4	
特厚材料 (大衣呢类)	4.1～5		

例1：丝绸衬衫,宽松风格袖缝缩量＝(1＋1)AH％＝2％AH

　　若 AH＝55 cm,则缝缩量＝1.1 cm。

例2：较厚型材料,贴体风格袖缝缩量＝(3＋4)AH％＝7％AH

　　若 AH＝50 cm,则缝缩量＝3.5 cm。

二、缝缩量的分配

缝缩量的分配需要与衣袖的风格相对应,不同风格的衣袖,其缝缩量的分配规律是不同的,而且缝缩量的大小、部位是不相同的。

(1) 宽松衣袖：袖山缝缩量 0～1 cm,前后袖山的分配为：前袖山 50％,后袖山 50％,如图 7-19(a)所示。

(2) 较宽松衣袖：袖山缝缩量 1～2 cm,前后袖山的分配为：前袖山 49％,后袖山 51％(包括后衣袖底部),如图 7-19(b)所示。

(3) 较合体衣袖：袖山缝缩量 2～3 cm,前后袖山的分配为：前袖山 48％,后袖山 52％(包括后衣袖底部),如图 7-19(c)所示。

(4) 合体衣袖：袖山缝缩量 3～3.5 cm,前后袖山的分配为：前袖山 47％,后袖山 53％(包括后衣袖底部),如图 7-19(d)所示。

(5) 极合体衣袖：袖山缝缩量 3.5～4 cm,前后袖山的分配为：前袖山 46％～45％,后袖山 54％～55％(包括后衣袖底部),如图 7-19(e)所示。

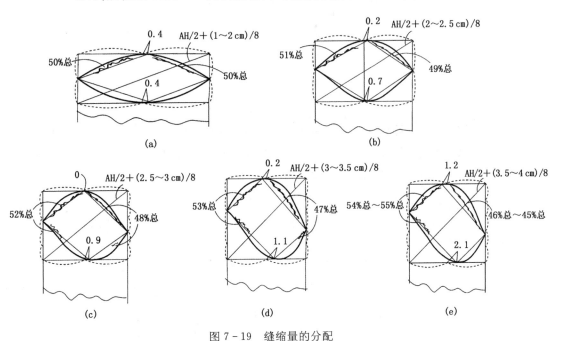

图 7-19　缝缩量的分配

三、袖山与袖窿对位点的设置

为保证袖山在缝缩一定量后能和袖窿达到形状的吻合,需要在袖山与袖窿对应的重要部位上设置对位点,对位点总数一般为 4～5 对左右,其位置为袖山前袖缝——袖窿对位点,袖山前袖标点——袖窿前弧点,袖山对肩点——袖窿肩缝,袖山后袖缝——袖窿后弧点,袖山最低点——袖窿最低点等。对位点的设置具有技术性,设置不当会使部分袖山的形状变形,使左右整个袖身呈前后不对称状态。

较合体型女装袖山与袖窿的对位点设置如图 7 - 20 所示,方法如下:

图 7 - 20
合体型女装
袖山与袖窿的
对位点设置

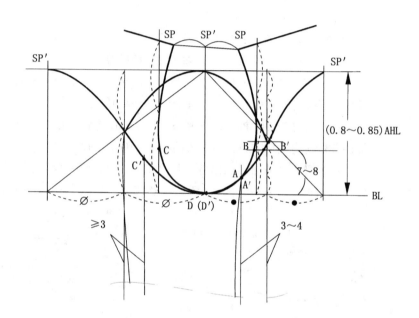

袖山高为 0.8～0.85AHL,前袖山斜线长＝前 AH－1.7 cm＋吃$_f$,后袖山斜线长＝后 AH－1.4＋吃$_b$,设定袖山 A′——袖窿 A 为第一对对位点,A′为前袖缝点;

设 B 的位置距 BL 为 7～8 cm 左右,A′B′－AB≤0.5 cm(约前袖山缝缩量的 1/3),袖山 B′——袖窿 B 为第二对对位点;

设 B′～SP′－B～SP＝前袖山缝缩量－A′B′缝缩量,则袖山 SP′——袖窿 SP 为第三对对位点;

设 SP′～C′－SP～C＝2/3 后袖山缝缩量左右(具体视后袖缝点 C′的位置),则袖山 C′——袖窿 C 为第四对对位点;

设袖山最低 D′——袖窿最低点 D 为第五对对位点。

四、袖山与袖窿对位点的修正

由于袖山在安装到袖窿上时牵涉到袖身的具体偏斜位置,故袖山与袖窿的对位点需作适当的修正。

1. 女装圆袖袖山与袖窿对位点修正

女装圆袖在安装时袖身前外轮廓线应在袋口中点部位前偏 1 cm,盖住袋口1/2处的位置,因此袖山应向左偏移,如图 7-21 所示。

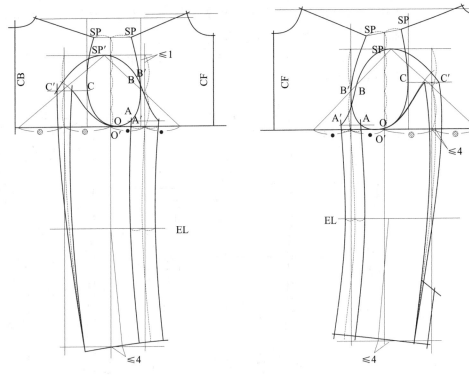

图 7-21 女装圆袖袖山与袖窿对位点修正 　图 7-22 男装圆袖袖山与袖窿对位点修正

2. 男装圆袖袖山与袖窿对位点修正

男装圆袖在安装时袖身前外轮廓线应在袋口中点部位前偏 2.5 cm,盖住袋口1/2 处的位置,因此袖山偏移的量应大于女装袖,如图 7-22 所示。

第五节　圆袖结构 ·············

一、圆袖结构制图方法

1. 原型法

其结构制图方法如图 7-23 所示。

① 在袖原型的基础上按照衣袖款式造型调整袖山高,对于贴体和较贴体袖需增大袖山高;对于较宽松袖和宽松袖需减小袖山高。

② 按照款式规格修改袖口大,修正袖缝线和袖口线。对于弯身形衣袖,还应

有一定的袖口前偏量。

2. 比例分配法

其结构制图方法如图 7-24 所示。

① 根据公式(一般是 10 分比例)计算出袖山高 AT,由 AT、前 AH、后 AH 作出袖山三角形,在前后 AH 上应加入一定的量(一般为 0.5～2.6 cm,缝缩量越大,加入的量越大),画顺袖山弧线。

② 作袖长、袖肘线和袖口线,对于弯身形衣袖,则应有一定的袖口前偏量,画顺袖缝线和袖口线。

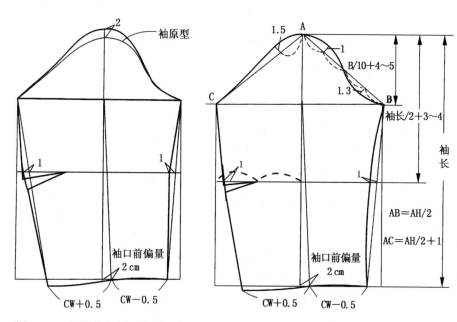

图 7-23 圆袖结构原型法制图法　　　　图 7-24 圆袖结构比例分配法制图法

3. 展开法

其结构制图方法如图 7-25 所示。

① 按袖长 SL,袖山高 AT(或袖肥),袖山斜线长 AH/2±a,袖口大 CW 作袖身外轮廓图。对于弯身形衣袖,还应有一定的袖口前偏量;

② 将袖中缝向袖身前后轮廓线水平展开;

③ 画顺袖山弧线、袖身外轮廓线和袖口线。

4. 配伍法

其结构制图方法如图 7-26 所示。

① 根据袖窿风格确定袖山高,按前后袖山斜线长确定袖肥,按袖长 SL,袖口大 CW 作袖身外轮廓图;对于弯身形衣袖,还应有一定的袖口前偏量;

② 根据袖眼与衣身袖窿的配伍关系,作出袖眼,并向外对称画出;

③ 画顺袖身外轮廓线和袖口线。

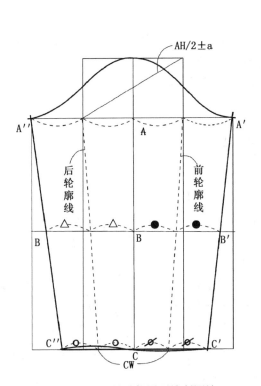

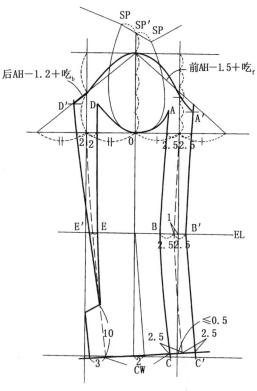

图 7 - 25　圆袖结构展开法制图法　　　　　图 7 - 26　圆袖结构配伍法制图法

二、圆袖结构实例

1. 较宽松型直身一片衬衫袖

用比例分配法制图,如图 7 - 27 所示。

① 由比例分配法计算出袖山高为 10 cm,前袖山斜线为前 $AH-1.1+吃_f$,后袖山斜线为后 $AH-0.8+吃_b$,画顺前、后袖山弧线;

② 取袖长 SL＝52.5 cm,袖口大 CW＝11 cm,加入折裥量,作直身一片袖结构,画顺袖外轮廓线,修正袖口线;

③ 作袖克夫,宽 5.5 cm。

2. 较合体型弯身两片衬衫袖

用展开法制图,如图 7 - 28 所示。

① 袖山高 16.5 cm,袖山斜线长为 $AH/2+0.2$ cm,确定袖肥。

② 后袖山点约在 1/2 袖山高处,前袖山点在 2/5 袖山高处。

③ 以 1/2 袖肥向右偏 0.3 cm 处为袖山最高点,画顺袖山弧线,并根据袖窿造型进行修正。

④ 袖口大 13 cm,袖口前偏量 1 cm,前偏袖量 3 cm,画顺袖外轮廓线。

⑤ 运用对称展开方法展开并拼合形成小袖片。

3. 较合体型直身一片袖

用配伍法制图,如图 7－29 所示。

① 根据袖窿风格确定袖山高为 0.8AHL,前袖山斜线为前 AH－1.5＋吃$_f$,后袖山斜线为后 AH－1.2＋吃$_b$,确定袖肥,画顺袖山弧线;

② 袖口大 CW,作直身袖外轮廓线并对称展开;

③ 画顺袖缝线和袖口线。

图 7－27
较宽松型
直身一片衬衫
袖结构制图

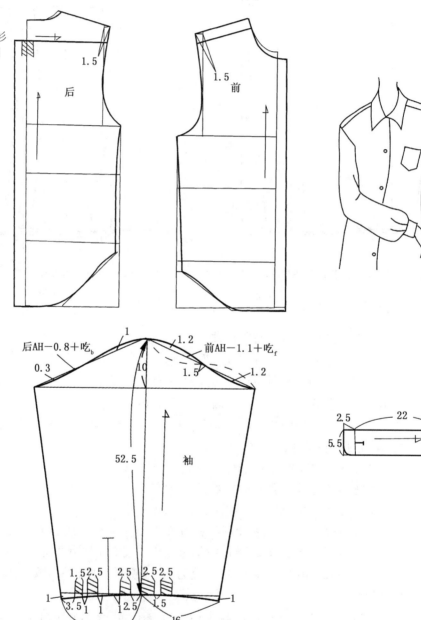

152

图 7 - 28
合体型弯身
两片衬衫袖
结构制图

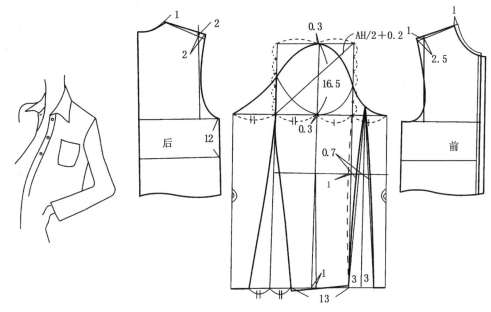

图 7 - 29
较合体型
直身一片袖
结构制图

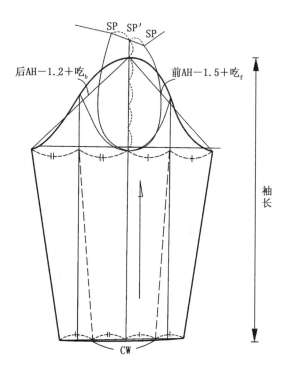

4. 较合体型弯身 1.5 片袖

用展开法制图,如图 7 - 30 所示。

① 袖山高 16 cm,袖山斜线长为 AH/2+0.5 cm,确定袖肥。

153

② 后袖山点在 1/2 袖山高向上 1 cm,前袖山点在 2/5 袖山高向上 1 cm,袖山最高点在 1/2 袖肥处,袖山最低点在 1/2 袖肥左偏 1.5 cm 处,画顺袖山弧线;

③ 袖口大 16 cm,袖口前偏量 2 cm,画顺袖外轮廓线。作前袖偏量 3 cm 并向前后袖外轮廓线作水平展开,在后袖缝处形成袖口省。

图 7-30
较合体型
弯身 1.5 片袖
结构制图

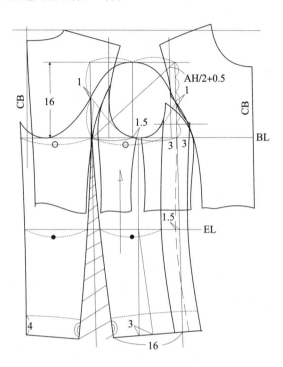

5. 合体型弯身两片袖

用展开法制图,如图 7-31 所示。

① 袖山高 17 cm,袖山斜线长 AH/2+0.7 cm,确定袖肥。

② 后袖山点在 1/2 袖山高向上 1 cm 处,前袖山点在 2/5 袖山高向上 1 cm 处,以 1/2 袖肥右偏 0.3 cm 处为袖山最高点,袖山最低点在 1/2 前袖肥处,画顺袖山弧线。

③ 袖口大 13 cm,袖口前偏量 1.5 cm,画顺袖身外轮廓线。作前袖偏量 3 cm 并向前袖外轮廓线作水平展开,画顺大小袖外轮廓线和袖口线。

6. 合体型弯身两片西装袖

用配伍法制图,如图 7-32 所示。

① 根据袖窿风格确定袖山高 0.82AHL,前袖山斜线为前 AH-1.7+吃$_f$,后袖山斜线为后 AH-1.4+吃$_b$,确定袖肥,画顺袖山弧线;

② 袖口大 14.5 cm,袖口前偏量 2 cm,作袖身外轮廓线;

③ 作前偏袖量 2.5 cm 并向前袖外轮廓线作水平展开,作后偏袖量 1.5 cm 并作水平展开且为上下不等形式,画顺大小袖外轮廓线和袖口线。

图 7 - 31
合体型弯身
两片袖结构
制图

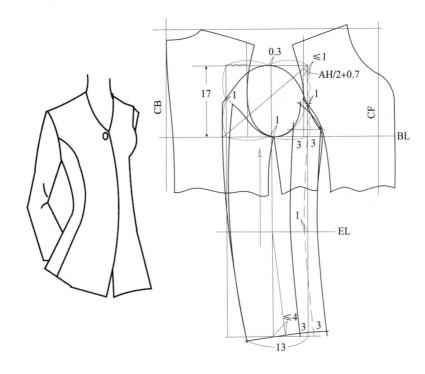

图 7 - 32
合体型弯身
两片西装袖
结构制图

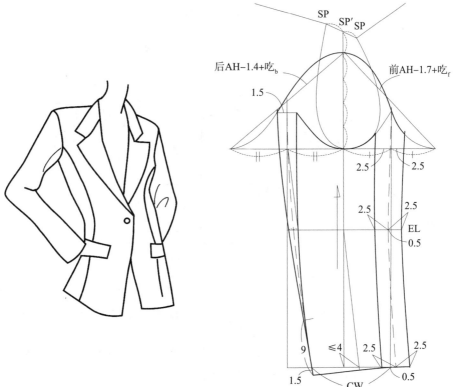

第六节　连袖、分割袖结构 ·······································

　　连袖是圆袖与衣身组合而成的袖型;分割袖是在连袖的基础上,将袖身重新分割后形成的袖型,都是服装常用的衣袖种类。

一、连袖结构

(一)连袖结构种类

　　连袖结构种类如图7-33(a)所示,按照前袖中线与水平成倾斜角 α(简称为前袖山角 α)的大小分类,可分为以下三种。

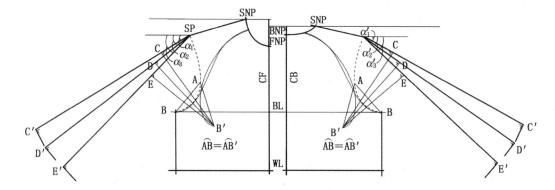

图7-33(a)　连袖结构种类

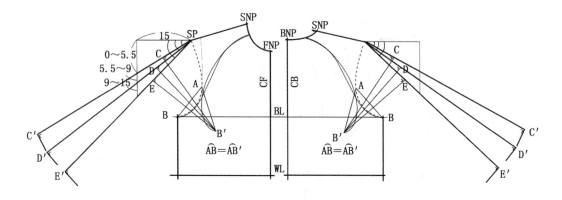

图7-33(b)　连袖袖山角比例表示法

　　1. 宽松型连袖　前袖山角 $\alpha_1=0\sim20°$,后袖山角为 $\alpha_1'=\alpha_1$,此类袖下垂后袖身有大量褶皱,形态呈宽松风格。

　　2. 较宽松连袖　前袖山角 $\alpha_2=21°\sim30°$,后袖山角为 $\alpha_2'=\alpha_2$,此类袖下垂后袖身有较多褶皱,形态呈较宽松风格。

　　3. 较贴体连袖　前袖山角 $\alpha_3=31°\sim45°$,后袖山角为 $\alpha_3'=\alpha_3-0\sim2.5°$,此类

袖下垂后袖身有少量褶皱,形态呈较贴体风格。

在没有量角尺的情况下,以上角度也可以用比例的形式表示,最常用的是 15 分比例:α=0~20°时用比例表示为 15:0~5.5;α=21°~30°时是 15:5.5~15:9;α=31~45°时是 15:9~15:15,如图 7-33(b)所示。

(二)连袖结构设计原理

连袖是将圆袖前后袖身分别与衣身合并而组合成新的衣身结构,其结构设计原理如图 7-34 所示,在前衣身上,将圆袖的前袖山大部分袖山缝缩量去除后,将袖山与衣身合并,此时前袖山角 α 与连袖袖山高具有一定对应关系:

α=0~20°,袖山高 AT 为 0~10 cm;

α=21°~30°,袖山高 AT 为 10~14 cm;

α=31°~45°,(一般情况下取 31~40°)袖山高 AT 为 14~17 cm。

将前袖中线和袖底缝线根据造型画顺。

在后衣身上,将袖山与衣身合并,后袖山角 α′可取 α-0~2.5°,画顺后袖中线和袖底缝线,注意后衣袖与衣身的交点长度与前衣袖与衣身的交点长度相同,且前后袖底缝等长。

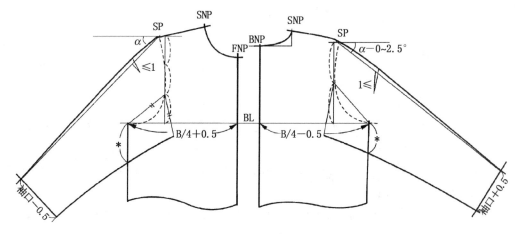

图 7-34 连袖结构设计原理

(三)连袖结构制图方法

其结构制图方法如图 7-35 所示。

① 延长肩斜线,肩端点 SP 点外移 1 cm,根据款式风格作前袖山角 α,作袖长、前袖口大;

② 确定袖山高,在衣身前胸宽线上确定 O 点,使 $\overset{\frown}{OA}=\overset{\frown}{OB}$,确定袖肥,作袖肘线 EL =0.15+9 cm,连接袖口与 B 点,得到前衣袖与衣身交点长度 △;

③ 画顺前袖底缝和袖中缝;

④ 作后袖山角 α-0~2.5°,作袖长、后袖口大,根据前衣身 △ 量画顺后袖底缝和袖中缝;

157

⑤ 检验前后袖底缝和袖中缝长度,使其对应相等。

肩端点 SP 点的外移量视服装款式和材料的厚薄而定,一般薄面料为 1 cm,西装为 2~3 cm,大衣为 4~5 cm。对于合体的连袖可在腋下加插角,以增大袖底缝和侧缝线的长度,便于手臂的运动。

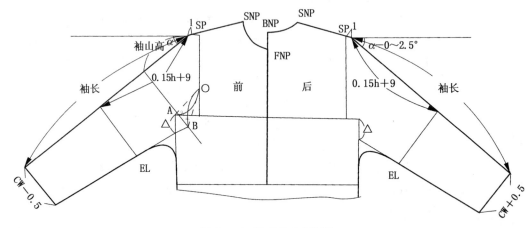

图 7-35　连袖结构制图法

二、分割袖结构

（一）分割袖结构种类

1. 按袖身宽松程度分类

（1）宽松型：前袖山角 $\alpha=0\sim20°$,后袖山角 $\alpha'=\alpha$,袖山高 AT 为 0~10 cm;

（2）较宽松型：前袖山角 $\alpha=21°\sim30°$,后袖山角 $\alpha'=\alpha$,袖山高 AT 为 10~14 cm;

（3）较合体型：前袖山角 $\alpha=31°\sim45°$,后袖山角 $\alpha'=\alpha-0\sim2.5°$,袖山高 AT 为 14~18 cm;

（4）合体型：前袖山角 $\alpha=45°\sim65°$,后袖山角 $\alpha'=\alpha-(\alpha-40°)/2$,袖山高 AT 大于 18 cm。

2. 按分割线形式分类(图 7-36)

（1）插肩袖：分割线将衣身的肩、胸部分割,与袖山合并,如图 7-36(a)所示;

（2）半插肩袖：分割线将衣身部分的肩、胸部分割,与袖山合并,如图 7-36(b)所示;

（3）落肩袖：分割线将袖山的一部分分割,与衣身合并,如图 7-36(c)所示;

（4）覆肩袖：分割线将衣身的胸部分割,与袖山合并,如图 7-36(d)所示。

3. 按袖身造型分类

（1）直身袖：袖中线形状为直线形,前、后袖可合并成一片袖或在袖山上作省的一片袖结构。

（2）弯身袖：前后袖中线都为弧线形,前袖中线一般前偏量≤3 cm,后袖中线偏量＝前偏量－1 cm。

图 7 - 36
分割袖按分割
线形式分类

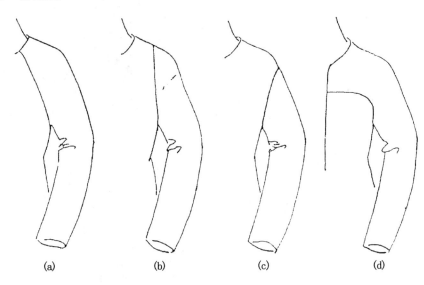

(a)　　　　　(b)　　　　　(c)　　　　　(d)

（二）分割袖结构制图法

1. 分开作图法

其结构制图方法如图 7 - 37 所示。

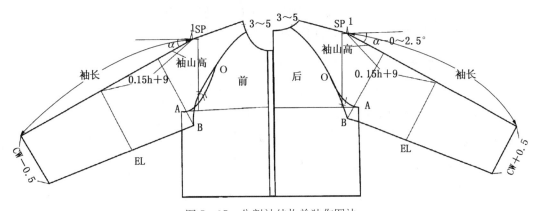

图 7 - 37　分割袖结构单独作图法

　① 延长肩斜线，肩端点外移，根据款式风格作前、后袖山角 α 和 α′，作袖长、袖口大；

　② 确定袖山高；

　③ 根据效果图在前后衣身上作插肩袖分割线，确定 O 点，使 $\overarc{OA}=\overarc{OB}$，确定袖肥，画顺袖底缝；

　④ 检验前后袖底缝和袖中缝，使其对应相等。

若袖身是弯身袖，则要作出袖偏量或者增加省道，以达到弯身效果。

2. 合并作图法

其结构制图方法如图 7 - 38 所示。

图 7 - 38
分割袖结构
合并作图法

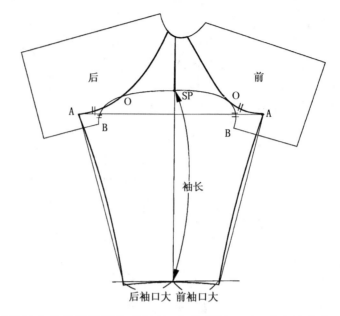

① 重叠前后衣身肩线并延长至袖长,作前后袖口大,确定袖山高;

② 根据效果图在前后衣身上作插肩袖分割线,确定 O 点,使 $\overset{\frown}{OA}=\overset{\frown}{OB}$,确定袖肥,画顺袖底缝。

此制图方法适用于宽松型分割袖,特别是袖山角为 0°的分割袖,对于没有接缝的直身形一片分割袖和落肩直身形分割袖同样适用。

三、连袖、分割袖实例

1. 较宽松型连袖

其结构制图方法如图 7 - 39 所示。

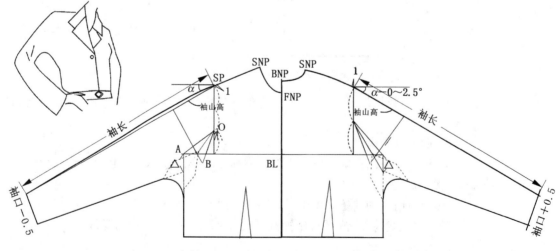

图 7 - 39　较宽松型连袖结构制图

① 延长肩斜线,肩端点 SP 点外移 1 cm,作前袖山角 α＝21°～30°,后袖山角 α′ ＝α－0～2.5°;

② 作袖长及袖口大,前袖口大＝CW－0.5 cm,后袖口大＝CW＋0.5 cm,袖山 高为 10～14 cm;

③ 在前胸宽上确定 O 点,使 OA＝OB,确定袖肥,连接袖口与 B 点,得到前衣 袖与衣身高点长度△,画顺前袖底缝和袖中线;

④ 根据前衣身△量画顺后袖底缝和袖中缝;

⑤ 检验前后袖底缝和袖中线长度,使其相等。

2. 较合体型袖底插角连袖

其结构制图方法如图 7－40 所示。

① 按照连袖的作图方法作出袖身;

② 根据款式造型,分别在前后袖腋下部位确定插角位置,注意插角部位两边 等长;

③ 作菱形插角片,长度分别与前后袖插角边等长。

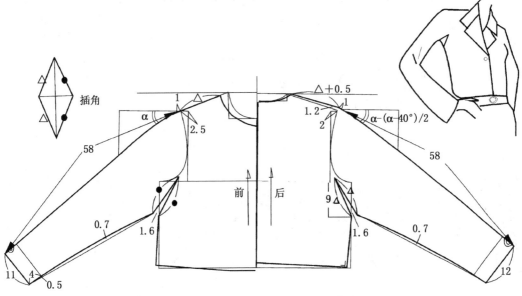

图 7－40　较贴体型袖底插角连袖结构制图

3. 较合体型直身插肩分割袖

其结构制图方法如图 7－41 所示。

① 延长肩斜线,肩端点抬高 1 cm,外移 2 cm,分别作前袖山角 α＝31°～45°,后 袖山角 α′＝α－0～2.5°;

② 作袖长和袖口大,袖口线与袖中线垂直,前袖口大＝CW－0.5 cm,后袖口 大＝CW＋0.5 cm,袖山高＝15 cm;

③ 根据效果图在前后衣身上作插肩袖分割线,确定 O 点,使 $\overset{\frown}{OA}＝\overset{\frown}{OB}$,确定袖

肥,连接袖口与 B 点;

④ 检验并画顺袖底缝和袖中缝。

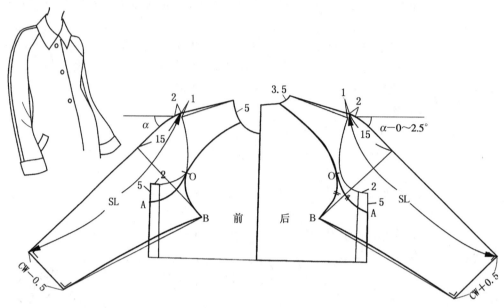

图 7-41 较合体型直身插肩分割袖结构制图

4. 合体型弯身插肩分割袖

其结构制图方法如图 7-42 所示。

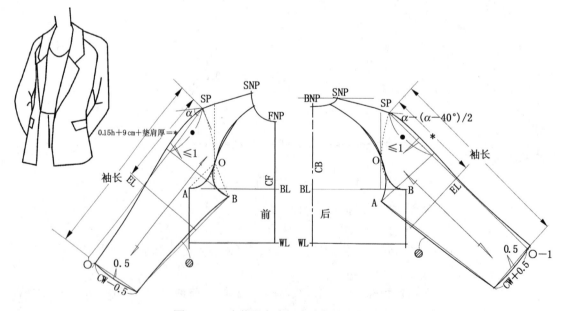

图 7-42 合体型弯身插肩分割袖结构制图

① 在肩端点 SP 处分别作前袖山角 α＝45°～65°,后袖山角 α′＝α－(α－40°)／2;

② 作袖长,袖肘线＊＝0.15 h＋9 cm＋垫肩厚,前袖口偏量○＝2～3 cm,后袖口偏量＝○－1 cm,前袖口大＝CW－0.5 cm,后袖口大＝CW＋0.5 cm,袖山高＝20 cm;

③ 根据效果图在前后衣身上作插肩袖分割线,确定 O 点,使 $\overparen{OA}＝\overparen{OB}$,确定袖肥,画顺袖底缝和袖口线;

④ 检验并画顺前后袖底缝和袖中逢。

5. 较合体型半插肩分割袖

其结构制图方法如图 7－43 所示。

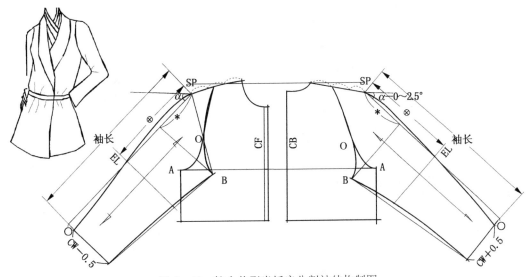

图 7－43　较合体型半插肩分割袖结构制图

① 在肩端点 SP 处作前袖山角 α＝31°～45°,后袖山角 α′＝α－0～2.5°;

② 作袖长,袖肘线⊗＝0.15 h＋9＋垫肩厚,前后袖口偏量为○,前袖口大＝CW－0.5 cm,后袖口大＝CW＋0.5 cm,袖山高＊＝14～18 cm;

③ 根据效果图在距肩端点 SP 点约 1/3 处作半插肩袖分割线,确定 O 点,使 $\overparen{OA}＝\overparen{OB}$,确定袖肥,画顺袖底缝和袖口线;

④ 检验并画顺前后袖底缝和袖中缝。

6. 较合体型弯身落肩分割袖

其结构制图方法如图 7－44 所示。

① 延长肩斜线,肩端点 SP 外移 φ 至 SP′点,作前袖山角 α＝31°～45°,后袖山角 α′＝α－0～2.5°;

② 作袖长,袖肘线⊗＝0.15 h＋9＋垫肩厚,前后袖口偏移量为○,前袖口大＝CW－0.6 cm,后袖口大＝CW＋0.6 cm ,袖山高＝14～18 cm;

③ 根据效果图在前后衣身上作落肩袖分割线,确定 O 点,使 $\overparen{OA}＝\overparen{OB}$,确定袖

肥,画顺袖底缝和袖口线;

④ 检验并画顺前后袖底缝和袖中缝。

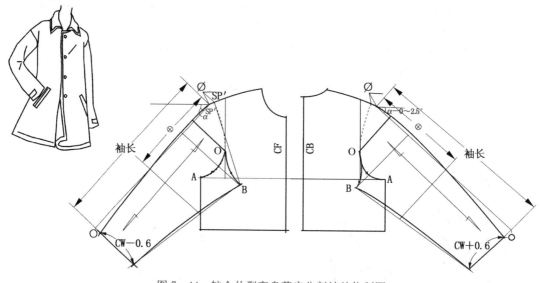

图 7-44 较合体型弯身落肩分割袖结构制图

7. 较宽松型直身一片落肩分割袖

其结构制图方法如图 7-45 所示。

图 7-45
较宽松型直身
一片落肩分割
袖结构制图

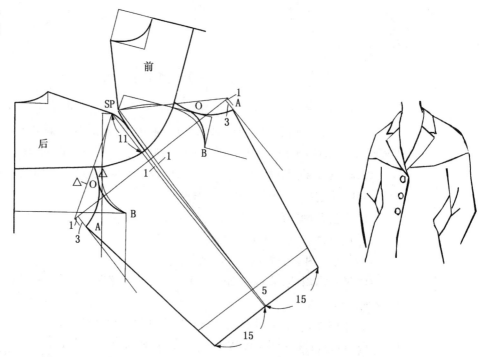

① 在肩端点 SP 处作前后袖山角 α,作袖长,重叠袖中线,根据效果图,过袖中线距 SP 点 11 cm 处,在前后衣身上作落肩育克分割线;

② 作袖山高,袖口大＝15 cm,作 O 点,使$\overset{\frown}{OA}=\overset{\frown}{OB}$,确定袖肥,画顺袖底缝。

③ 分割衣身与落肩分割袖。

8. 较合体型弯身两片覆肩分割袖

其结构制图方法如图 7－46 所示。

① 延长肩斜线,肩端点 SP 向外移 1 cm,作前袖山角 α＝31°～45°,后袖山角 α′＝α－0～2.5°;

② 作袖长＝57 cm,袖山高＝15 cm,根据效果图在前后衣身上作覆肩分割袖分割线,确定 O 点,使$\overset{\frown}{OA}=\overset{\frown}{OB}$,得到袖肥;

③ 分割袖身,前袖口上部为 8 cm,下部为 4 cm,后袖口上部为 8 cm,下部为 5 cm,画顺袖底缝和袖口线,拼合小袖。

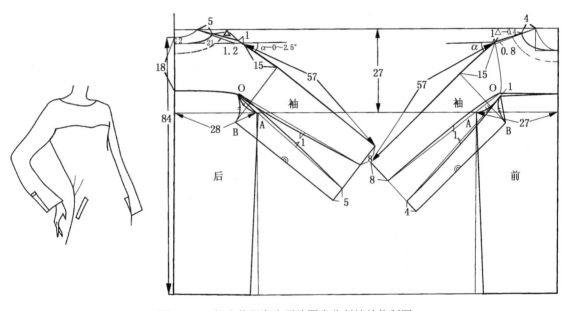

图 7－46　较合体型弯身两片覆肩分割袖结构制图

思　考　题

1. 衣袖结构种类和设计要素。
2. 袖山高的确定以及袖山风格设计。

3. 缝缩量的计算方法以及分配原理。

4. 袖山与袖窿的对位点的设置原理。

5. 较合体型弯身 1.5 片袖结构制图

6. 合体型弯身两片袖结构制图。

7. 连身袖和分割袖结构设计原理。

8. 较合体型袖底插角连袖结构制图。

9. 较合体型插肩分割袖结构制图。

模块四 女装整体结构知识模块

内容综述：介绍服装款式效果图审视与分解方法及与结构图的关系，介绍衣身廓型的分类；介绍衣身及部位、部件结构制图方法。分析女装衣身结构平衡和影响要素以及前后浮余量的消除方法，举例分析女装整体规格设计和结构制图。

掌握：女装衣身结构平衡，浮余量的消除方法；女装整体结构设计。

熟悉：服装效果图的审视与分解以及与结构图的关系。

了解：衣身廓型的分类及应用。

第八章　女装整体基本结构

本章要点

服装效果图、造型图与结构制图的对应关系,衣身廓体与衣身结构的比例,掌握衣身结构平衡、衣身结构制图的方法及女装整体结构设计。

第一节　服装效果图、造型图与结构制图的对应关系

一、服装效果图、造型图和结构制图的概念

1. 服装效果图　也称时装画,是设计者为表达服装的设计构思以及体现最终穿着效果的一种绘图形式。一般要着重体现款式的色彩、线条以及造型风格,主要作为设计思想的艺术表现和展示宣传用,如图 8 - 1(a)。

2. 服装造型图　设计部门为表达款式造型及各部位加工要求而绘制的一种图形,一般是不涂颜色的单线墨稿画。绘图要求各部位成比例、造型表达准确,特征具体,如图 8 - 1(b)。

3. 服装结构图　也称"纸样"。是对服装结构通过分析计算在纸张上绘制出服装结构线,表现服装造型结构组成的数量、形态吻合关系,并将整体结构分解成基本部件的设计图样。

二、服装效果图的审视

服装效果图是设计者对所设计服装款式具体形象的表达,是款式设计部门与纸样设计部门之间传递设计意图的技术文件,包括对款式的线条造型、材料色彩、材料质地、饰品、加工工艺等外观形态的描写和艺术风格的表达。认真审视效果图,对于准确分析造型外观特征和结构之间的关系,深刻理解造型所寓于的艺术

图 8 – 1
服装效果图
与造型图

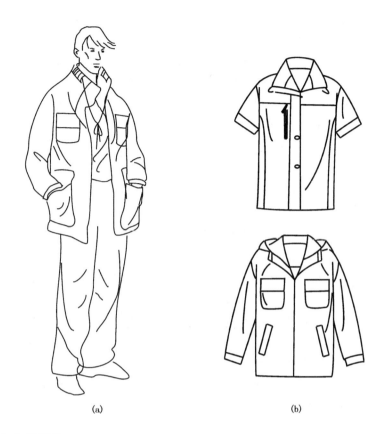

(a)　　　　　　　　(b)

风格是十分重要的。

效果图的审视包括效果图的类别、款式的功能属性、平视与透视结构、结构的可分解性、材料性质与组成和工艺处理形式等内容。

效果图的类别有写实类、夸张类和艺术类等形式。写实类效果图的人体头身比例、服装穿着效果较符合客观实际,其各部位的数量关系处理较好,但某些在平视图上难以表达的结构则需依靠经验加以分析。夸张类效果图的人体头身比例为 1∶9～11,甚至更多,从图上难以直观地理解各部位的数量关系,需先从艺术的角度揣摩其夸张的部分所表达的造型含义,再根据经验去估计各部位的量。艺术类效果图为表现画面的艺术效果,在服装造型上作渲染或虚笔,需要读者分析图面上哪些是与结构无关的虚构之笔,哪些是与结构有关的功用之处。

款式的功能属性是指所设计的服装属何种类型及其主要功能和日常属性。判断款式功能属性的内容包括判断所设计的服装是表演类、特殊功能类还是使用类,是外衣还是内衣,是多层的还是单层的,是上下装分离的还是上下装相连的;某些部位是附加的还是不可分的等。在大多数场合这些功能是显而易见的,但在夸张类和艺术类这两种效果图中如果没有说明时是需要认真分析的。

款式的平视结构是指从效果图上可直接观察到的款式结构。效果图所显示的款式结构必须包括各部件的外部造型、部件之间的相连形式、穿脱形式的结构、各部位的舒适量等内容。

款式的透视结构是指从效果图中难以观察到的款式结构,包括款式表面被其他部位掩盖的部件结构、款式里布的部件结构、款式里布与面布之间的组合结构等。这些内容往往需要通过立体透视的想象,结合平面结构的认知,分析出透视结构的几种可能,最后结合款式的功能、材料等因素从中筛选出最合适的结构形式。由于这种结构形式是审视者主观决定的,因此必须与款式整体造型相统一。

并非所有设计的款式造型都是可分解的,也不是所有的造型设计所决定的结构都是合理的,这涉及到设计者的技术素质,因此,分辨设计图中的结构不可分解部分以及不尽合理部分是审视工作的重要内容,以便能在不影响整体造型的基础上进行合理的修正。

材料的形式与组成是指组成服装各部件所需面、里、辅料的种类、纹样、色彩、毛向、布纹以及关系制品质量的配伍性、可烫性、可缝性和剪切特性等。在效果图未具体注明材料时,必须认真分析上述内容,分析时要根据服装整体与部件的外轮廓线所表达的质感,材料的褶皱、浪势、飘逸感,对照织物的风格选择最接近款式造型需要的理想材料。

工艺处理形式一般属于工艺设计的范畴,但在对效果图进行审视时也要加以考虑,因为不同的处理形式其结构往往有所不同,如表面缉装饰线的与不缉线的缝道所放缝份,连腰的裤(裙)与不连腰的裤(裙)长都会有差异,这就要求审视者对缝道的处理形式、开口的处理形式、部件的连接形式、各层材料之间的组合形式加以分解,以便解决制品工艺处理过程中出现的问题。

三、服装造型图的结构分解

(一)服装造型图的结构分解原则

服装造型图所显示的服装能够通过立体构成或平面构成的方式,图解成基本衣片的特性称结构的可分解性。设计合理的服装都具有良好的可分解性,如果服装的某部位不能图解成衣片,则称该部位结构不可分解。分析服装结构的可分解性可从下列几个方面进行。

1. 分析服装的穿脱方便性。服装结构必须适应人体自由穿脱的需要,不能阻碍人体穿脱动作和损害衣服外观。需注意的部位有领口、下摆、袖口、腰围等部位,要分析其大小能否允许衣服顺利通过人体头部、肩部、臀部等,如不能则需观察该部位附近是否有开口、褶裥、装橡筋等工艺形式,这些工艺形式所提供的宽松量加上原部位的大小能否使穿脱方便。

2. 分析服装造型图分解成平面结构图后,相关的部件结构图之间是否存在着重叠部分,如若存在则需检查一下是否存在着能使两者分离的结构形式(如省道、分割线),使两者在重叠部分消失的同时仍能保持衣片形状的完整性,若是则说明该部位结构是可以分解的,反之则说明结构设计不合理。

3.分析款式造型在外形上相互重合的部位,其间是否有充分重合的部分,这个重合部分必须保证当上、下层部位分别缝制后,上层部位仍能充分覆盖下层部位,如果有而且能达到要求,则说明款式结构是可以分解的,反之则是不可分解的。

(二)服装造型图的结构分解程序

款式造型的结构分解是将立体的款式造型图分解成平面衣片的过程,包括主要控制部位的规格确定,细部结构的计算比例,特殊部位的结构分析,内外层结构的吻合关系等步骤。

1.控制部位的规格确定　可根据确定服装宽松量的一般规律,将服装的主要控制部位的规格划分为若干等级,然后根据造型图与人体的相互关系而决定其服装各控制部位的等级。以女春秋上装的胸围为例,可根据效果图上的服装贴身程度划分为三种类型:一般款式,胸围可按 B* 加 10～15 cm 的宽松量计;较宽松款式,宽松量应在 15 cm 以上;贴体款式,宽松量应在 10 cm 以下。又如男春秋上装的肩宽,若以一般款式的肩宽定为 0.3B＋13 cm 计,则宽肩与窄肩的款式应按大于和小于 0.3B＋13 cm 计,至于宽窄达到何种程度还要根据款式的风格进行综合考虑。

2.细部结构的计算比例　应根据服装所隶属的品种和款式常用的细部规格计算规律,再结合款式某部位的特殊性进行综合考虑。

3.特殊部位的结构分析　对于服装某些特殊部件的结构一时难以分解的,可按先作结构正视图,后作背视图、侧视图,最后作剖视图的程序进行。作正视图与背视图的结构时,应将正面观察款式造型图得到的结构线(省、褶、裥、浪、分割线等)在基础纸样上标出。作侧视图时,如果设计图中没标明特殊处,应根据正(背)视图结构线的变化趋势把两者的结构线在侧面连接起来,连接起来形成的结构线便是侧视图上的结构线,如有特殊结构应在侧视图中标出。作剖视图时,应对特殊的结构部位,结合正、侧、背面的结构线特征,通过立体的想象作出透视结构。如款式造型较简单,能根据经验推断出整体结构者就不需要作剖视图。

4.内外层结构的吻合关系　使内外层结构吻合的总的原则是内层(衬、里布、填充料)结构必须服从于外层(面布)结构,内层材料不能牵制外层材料的动态变形,影响服装的静态外观。因此当外层结构决定后,内层材料要达到与之吻合一致的目的,大多数情况下应与外层材料的结构形式完全相同,或者结构形式虽不完全相同但各部件的尺寸基本相同(当外层材料分割缝较多时,内层材料为求加工方便则采用这种形式)。

四、典范实例分析

图8-2是典型的女装款式效果图,作为艺术类效果图,其图形是很夸张的。从图中可体现出该款式六个部位的特征:

图8-2
典型的女装
款式效果图

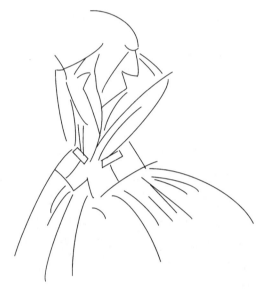

(1)肩部夸张、肩型为T型肩,肩宽量大。

(2)领座低(<3.5 cm),翻折领的翻折线为直线形。

(3)袖型为缝缩量小的分烫开缝式袖山弯身两片袖。

(4)衣长不超过臀围线,属短上衣类。

(5)强调腰部收缩,臀部夸张,体现女性曲线美。

(6)裙身很蓬松。

根据上述六条特征,可以用具实类效果图或造型图来代替夸张类效果图。

图8-3是头身比为1:7.3的具实类效果图,由于头身比与实际人体很接近,故图中表达的重要部位尺寸都比较符合成品规格,若去除人体的图形,便可成为服装造型图。根据人体的头身比大致可以得到重要部位的尺寸:

衣长 $L=2.5$ 头高 $=2.5\times22=55$ cm

袖长 $SL=0.25h+16\sim17+1.3$(垫肩厚)$=0.25\times160+16.7+1.3=58$ cm

胸围 $B=(B^*+2)+10\sim15=86+14=100$ cm

H型肩宽 $S=0.25B+16\sim17=0.25\times100+16.5=41.5$ cm(作图时先按H型肩作肩部,然后按T型肩尺寸加放)

裙长 $L=3.5$ 头高 $=3.5\times22=77$ cm

$B-W=20$ cm

臀围 $H=B+3=103$ cm

根据上述规格设计可以绘制服装结构图,如图8-4所示,该结构图充分体现了款式特征,并且在具体的量值中反映出来。

图 8-3
头身比为
1：7.3 的
具实类效果图

袖长58　衣长55

图 8-4
按已知规格
设计绘制的
服装结构图

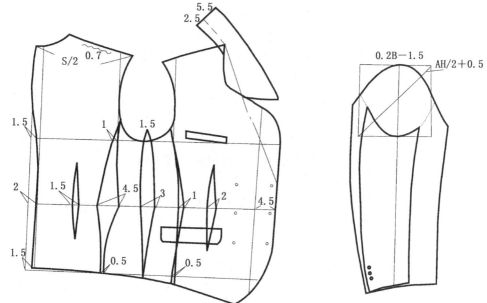

S/2　0.7
5.5
2.5
0.2B－1.5　AH/2＋0.5
1.5　1　1.5
2　1.5　4.5　3　1　2　4.5
1.5　0.5　0.5
160
138.1
116.2
94.3
72.4
52.5
30.6
8.7
7.3
头高

第二节　衣身廓体与衣身结构比例

　　衣身廓体是衣身经各种结构处理后形成的主体外部形态。衣身结构比例指前后衣身的胸围分配量分别占衣服胸围总量的比例数,是衣身结构设计中的重要指标。

一、衣身廓形的分类

优美的服装廓形不但造就服装的风格和品味,显露着装者个性,还能展示人体美、弥补人体缺陷和不足,增加着装者的自信心。廓形的特点和变化还起着传递信息、指导潮流方向的作用。

1. 按照衣身整体造型分类

从整体外观造型分,衣身廓型可分为五种基本类型:

① H 型:指宽腰式服装造型,弱化了肩、腰、臀之间的宽度差异,或偏于修长、纤细,或倾于宽大、舒展。外轮廓类似矩形,不突显腰线位置,使整体造型类似字母 H,具有线条流畅、简洁、安详、端庄等特点。

② A 型:指上窄下宽、上贴下松的服装造型,如字母 A。其肩至胸部为贴身线条,自腰部向下散开,廓体活泼、潇洒,充满青春活力。

③ T 型:指上宽下窄服装造型,夸张肩宽,然后经腰线、臀线渐渐收拢,上身呈宽松型,下身为贴身线条。为了强调肩宽,一般装有垫肩,颇有男性化特征,洒脱、大方,多了一份坚定感和自信心。

④ X 型:指宽肩、细腰、大臀围和宽下摆的服装造型,接近于人体体形的自然线条,具有窈窕、优美、生动的情调。

⑤ O 型:又称气球型。下摆收拢,中间膨胀,一般在肩、腰、下摆等处无明显分界和大幅度的变化。丰满、圆润、休闲,给人以亲切柔和的自然感觉,多用于居家或休闲装。

2. 按照衣身宽松程度分类

按照从宽松趋于合体衣身廓型可以分为:宽松型、较宽松型、较合体型、合体型、极贴体型,其立体几何形态如图 8-5 所示。该图中将衣身廓体抽象概括为若干个几何体,主要由胸围、腰围、臀围三个围度所构成,即衣身除袖窿外被抽象为五种立体形态,其形态的界定是由胸腰差、臀胸差的大小及结构所决定。

① 胸腰差、臀胸差的数值

衣身廓形的分类主要依据胸腰差的数值处理,其中宽身型为 $B-W=0\sim6\ cm$,较宽身型为 $B-W=6\sim12\ cm$,较卡腰型为 $B-W=12\sim18\ cm$,卡腰型为 $B-W=18\sim24\ cm$,极卡腰型为 $B-W>24\ cm$。

臀胸差的数值根据造型常分为合体型、小波浪型、波浪型,其中合体型的臀胸差 $H-B=-3\sim0\ cm$,小波浪型的臀胸差 $H-B=0\sim4\ cm$,波浪型的臀胸差 $H-B\geqslant4\ cm$。

② 胸腰差、臀胸差的结构处理

衣身的胸腰差、臀胸差的结构形式可以用省道和分割线两种形式进行处理,用省道的形式只能单独解决胸腰差(或腰臀差),而用分割线的方法可同时解决胸腰差及臀胸差,故合体卡腰型的服装一般多用分割线的结构形式。如图 8-5 所示,在图(a)中,胸腰差、臀胸差的处理用侧缝(本质是分割线)的形式解决;在图(b)中两差处理用前后省道(分割线)的形式解决;在图(c)中两差处理用侧缝+前后省道的形式解决；在图(d)中两差处理用侧缝＋腋下省(分割线)＋背缝的形式解决；在图(e)中两差处理用侧缝＋前后各两条分割线的形式解决。

图 8 - 5
衣身廓形
按衣身宽
松程度分类

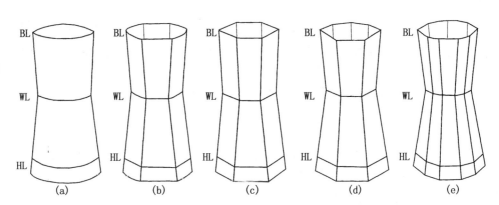

二、衣身比例

按上述五种立体形态展平的纸样，其衣身结构比例即前后衣身胸围分配量可分为四分比例、三分比例和多分比例。

1. 四分比例

四分比例又称四开身，即以人体前后中心线为基准，将人体围度基本均分为四分，左右两边出现侧缝，前后衣身的胸围分配基本上以 B/4 的形式出现。其展开图如图 8 - 6(a)所示。

2. 三分比例

三分比例又称三开身，以人体前后中心线为基准，前后衣身的胸围分配以 B/3 或 B/6 的形式出现，即由四分比例的左右两边侧缝位移至后衣片的背宽线附近。其展开图如图 8 - 6(b)所示。

3. 多分比例

衣身为多片形式，即衣身胸围可以任意分割形成任意比例的形式。

图 8 - 6
胸腰差、
臀胸差的
结构处理

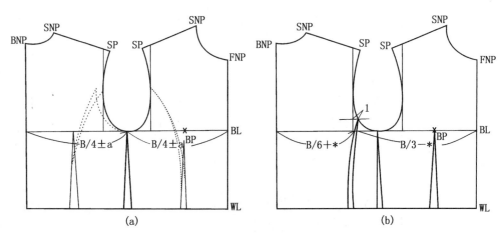

第三节　衣身结构平衡

服装结构的平衡是指服装覆合于人体时外观形态应处于平衡稳定的状态,包括构成服装几何形态的各类部件和部位的外观形态平衡、服装材料的缝制形态平衡。结构的平衡决定了服装的形态与人体准确吻合的程度以及它在人们视觉中的美感,因而是评价服装质量的重要依据。

一、衣身结构平衡种类

衣身结构平衡是指衣服在穿着状态中前后衣身在腰围线(WL)以上部位能保持平衡稳定的状态,表面无造型所产生的皱褶。根据前浮余量的消除方法不同,主要有以下三种形式:

1. 梯形平衡　将前衣身浮余量以下放的形式消除。此类平衡适用于宽腰服装,尤其是下摆量较大的风衣、大衣类服装。

2. 箱形平衡　将前衣身浮余量用省量(对准 BP 或不对准 BP)或工艺归拢的方法消除。此类平衡适用于卡腰服装,尤其是贴体风格服装。

3. 梯形-箱形平衡　将梯形平衡和箱形平衡相结合,即一部分前浮余量用下放形式处理,一部分前浮余量用收省(对准 BP 或不对准 BP)的形式处理。此类平衡适用于卡腰的较贴体或较宽松风格的服装。

二、前后浮余量的消除方法

1. 前浮余量消除方法

(1) 前浮余量→下放　如图 8-7(a)所示,将前衣身原型下放,使前衣身原型腰节线低于后衣身原型腰节线,两者差◉为前浮余下放量,一般下放量≤2 cm。

(2) 前浮余量→收省　如图 8-7(b)所示,将前后衣身腰节线放置在同一水平线,在袖窿处放置前浮余量◉,以省道形式消除。

(3)　前浮余量$\Big\{\begin{matrix}部分下放\\部分收省\end{matrix}$　如图 8-7(c)所示,将前衣身原型少量下放,余下前浮余量在袖窿处以省道形式消除。

(4) 前浮余量→浮于袖窿　如图 8-7(d)所示,当用上述浮余量的消除方法仍不能充分消除前浮余量时,可将前浮余量浮于袖窿,然后将前后袖窿画齐。这种浮于袖窿的前浮余量亦可用工艺方式通过缝缩处理进行消除。

2. 后浮余量消除方法

(1) 后浮余量→收省　如图 8-8(a)所示,将后浮余量用收肩省(对准背骨中心的任一方向的省)的方法消除。

(2) 后浮余量→肩缝缝缩　如图 8-8(b)所示,将后浮余量用肩部缝缩的形式(分散的肩省)的方法来消除。

图 8 - 7
前浮余量
消除方法

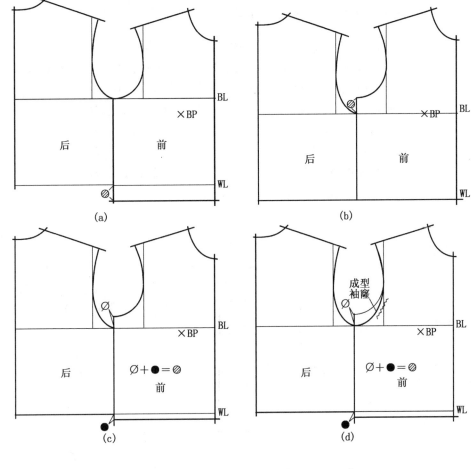

图 8 - 8
后浮余量
消除方法

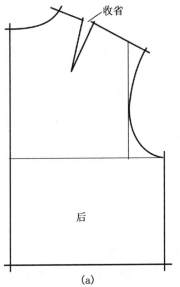

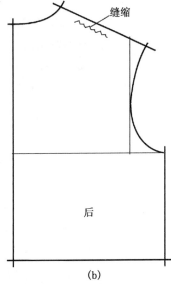

177

三、衣身结构平衡影响要素

1. 影响浮余量大小的因素

决定衣身前后浮余量大小的因素有三点：人体净胸围、垫肩量、胸围宽松量。

(1) 人体净胸围：前浮余量的基本公式＝$B^*/40+2$ cm，后浮余量的基本公式＝$B^*/40-0.6$ cm，这表明胸围越大，前后浮余量越大，反之越小。

(2) 垫肩量：加垫肩后可使 BL 以上部位逐渐趋于平坦，经实验证明，垫肩对前浮余量的影响为"1 个垫肩量"，对后浮余量的影响为"$0.7\times$垫肩量"。故对于前衣身来讲，肩部垫肩量每增大 1 cm，可消除 1 cm 前浮余量，对于后衣身来讲，可消除 0.7 cm 后浮余量，如图 8－9 所示。

图 8－9
垫肩量对前浮
余量的影响

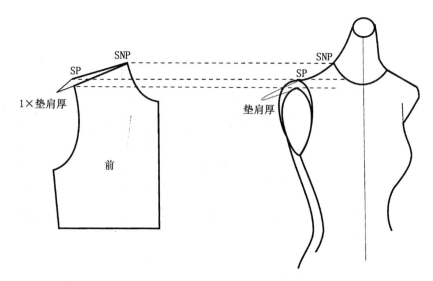

(3) 胸围宽松量：衣身胸围越大则衣身与人体的贴合程度越小，经过实验可知，胸围宽松量对衣身浮余量大小的影响为：前浮余量减少量为 $0.05\times(B-B^*-12$ cm)，后浮余量减少量为 $0.02\times(B-B^*-12$ cm)，但当 $B-B^*-12>20$ cm 时，衣身胸围宽松量对前后浮余量的影响值便不再减少。

即：前浮余量＝前浮余量理论值－垫肩量－宽松量的影响值

$$＝(B^*/40+2\text{ cm})-\text{垫肩厚}-0.05(B-B^*-12\text{ cm})$$

后浮余量＝后浮余量理论值－0.7 垫肩厚－宽松量的影响值

$$＝(B^*/40-0.6\text{ cm})-0.7\times\text{垫肩厚}-0.02(B-B^*-12\text{ cm})$$

2. 内衣的影响值

由于人体穿着各种层次、厚度的内衣，在纵向厚度上对外衣在胸围线以上前后衣身肩缝处的长度产生影响，在肩缝靠近 SNP 处要加少许松量，具体影响值为：设内衣厚为 a(a≤1)，则在 SNP 处加的松量 ●＝0.1a，在 SP 处加的松量是 ●/3，在 BNP 处加的松量是 ●－0.2。一般来讲，冬季 ●＝0.7～1 cm，春秋季 ●＝0.4～

0.6 cm,夏季●=0,如图 8-10 所示。

图 8-10
内衣厚度对外
衣在胸围线以
上前后衣身肩缝
处长度的影响

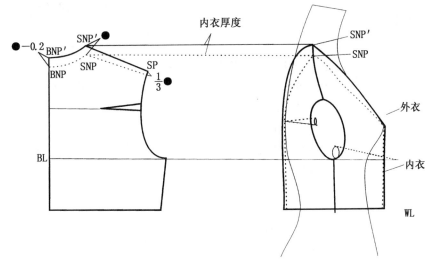

3. 材料厚度对衣身胸围的影响

当材料具有一定厚度时会使衣服穿着后产生胸围变小的感觉,此时须在前门襟处增加材料厚度对衣身胸围的影响值△,一般△≤1 cm,若后衣身的背缝作包缝缝型时应增加一定材料厚度对胸围的影响值。

四、实例分析

例 1　已知条件:宽松风格,胸围宽松量=30 cm,垫肩厚=1 cm,内衣厚度=8 cm(两件毛衣),面料材质厚。

浮余量计算:实际前浮余量=(B*/40+2 cm)−垫肩厚−0.05(B−B*−12 cm)
=4.1−1−0.05(30−12)=2.2 cm

实际后浮余量=(B*/40−0.6 cm)−0.7×垫肩厚−0.02(B−B*−12 cm)
=(2.1−0.6)−0.7×1−0.02(30−12)=0.44 cm

衣身平衡:采用梯形平衡。

前浮余量采用下放 2 cm,其余 0.2 cm 浮于袖窿。

后浮余量采用肩缝缝缩处理。

内衣厚度影响:后领窝 SNP 点抬高约 0.8 cm,BNP 点抬高约 0.6 cm,后肩点 SP 点抬高约 0.3 cm。

材料厚度影响:前中线处加放 0.8 cm。

例 2　已知条件:较宽松风格,胸围宽松量=25 cm,垫肩厚=1.2 cm,内衣厚度=7 cm,面料材质较厚。

浮余量计算:实际前浮余量=(B*/40+2 cm)−垫肩厚−0.05(B−B*−12 cm)
=4.1−1.2−0.05(25−12)=2.25 cm

$$实际后浮余量=(B^*/40-0.6\text{ cm})-0.7\times垫肩厚-0.02(B-B^*-12\text{ cm})$$
$$=2.1-0.6-0.7\times1.2-0.02(25-12)=0.4\text{ cm}$$

衣身平衡：采用梯形-箱形平衡。

前浮余量采用下放 1 cm,其余转为不对准 BP 点的胸省。

后浮余量采用肩缝逢缩处理。

内衣厚度影响：后领窝 SNP 点抬高约 0.7 cm,BNP 点抬高 0.5 cm,后肩点 SP 点抬高约 0.23 cm。

材料厚度影响：前中线处加放 0.5 cm。

例 3　已知条件：贴体风格,胸围宽松量=11 cm,垫肩厚=0.8 cm,内衣厚度 =1 cm,面料材质薄。

浮余量计算：实际前浮余量$=(B^*/40+2\text{ cm})-垫肩厚-0.05(B-B^*-12\text{ cm})$
$$=4.1-0.8=3.3\text{ cm}(其中松量影响值小,处理为0)$$
$$实际后浮余量=(B^*/40-0.6\text{ cm})-0.7\times垫肩厚-0.02(B-B^*-12\text{ cm})$$
$$=(2.1-0.6)-0.7\times0.8=0.94\text{ cm}$$

衣身平衡：采用箱形平衡。

前浮余量采用在分割线中消除 2.3 cm、收胸省 1 cm 或收胸省 2.3 cm、作撇胸处理 1 cm。

后浮余量采用在分割线中消除 0.94 cm。

内衣厚度影响：内衣厚度影响值小,处理为 0。

材料厚度影响：材料影响值小,处理为 0。

第四节　衣身结构制图

一、衣身结构制图方法

衣身结构制图方法分直接制图法和间接制图法。直接制图法是按衣身各部位的计算公式算出具体数值后按顺序制图。间接制图法是在原型的基础上,在具体部位上通过放出、减少、展开、折叠等方法作出所需款式的结构图形。其主要步骤如下：

1. 后衣身　基本步骤分四步,如图 8-11 所示。

① 图(a),放出后胸围大小,放长后衣身长。

② 图(b),定出袖窿深部位,修正侧缝线造型。

③ 图(c),调整领窝大小,在后肩缝处放出内衣厚度影响值。

④ 图(d),定出后肩宽 S/2,放出后肩缝缩量,根据服装造型,画出袖窿形状。

2. 前衣身　基本步骤分六步,如图 8-12 所示。

① 图(a),放出前胸围大小,放长前衣身长,在前门襟处放出面料厚度影响值。

② 图(b),放出前叠门量,画出前领窝基准线,画出前衣身下放量。

③ 图(c),按后肩缝画出前肩缝,画出实际前领窝线。

④ 图(d)，按后衣身袖窿深定出前衣身袖窿深，修正侧缝，画顺底边。

⑤ 图(e)，按造型画顺前袖窿。

⑥ 图(f)，画出衣身内部部件结构图。

图8-11
后衣身结构
制图的四个
基本步骤

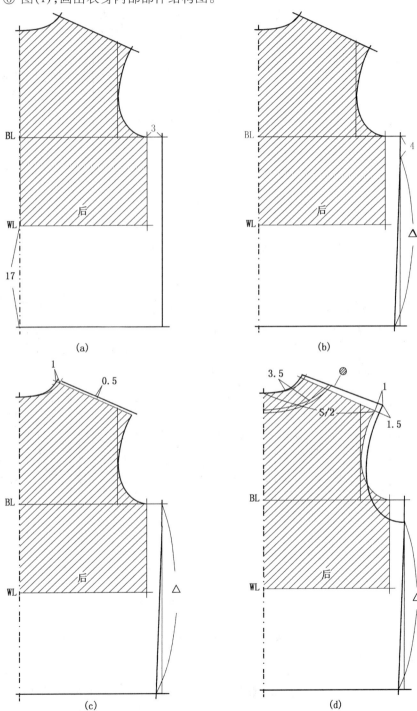

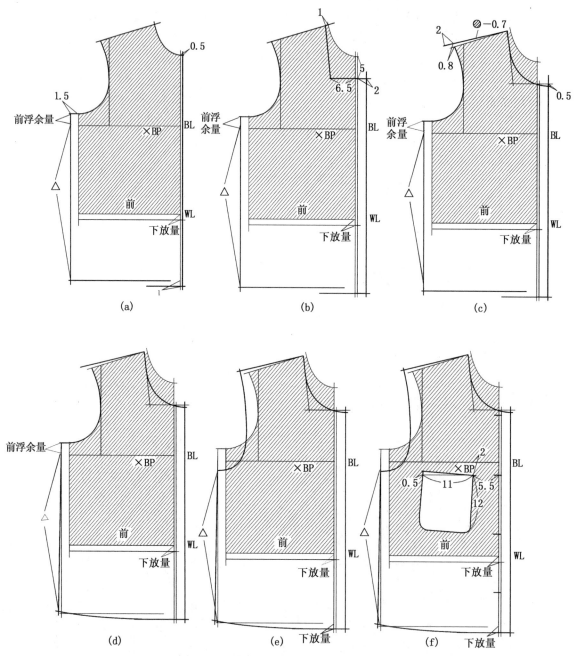

图 8－12　前衣身结构制图的六个基本步骤

二、部位、部件结构制图

（一）肩部

肩部是显示衣服平服、合体的重要部位，应呈自然状态，平服贴体。要使肩部达到平衡状态，关键是前后衣身横开领的配合。图 8－13 中所示实线是与人体肩部相吻合的衣身肩线。这种肩线的前后横开领应符合后横开领大于前横开领的关系。对于前衣身不开口的款式,后横开领应为前横开领+0.7~1 cm;对于驳领款式,其前横开领剔除门襟撇量应比后横开领小0.3 cm左右;对于立领款式,其前横开领剔除门襟撇量应比后横开领小0.5 cm左右。因款式需要,肩线需作前后移动时,前后横开领的吻合关系就会发生变化,图中A为后移肩线,B为前移肩线,此时应注意前后领窝组合后形态不能变。

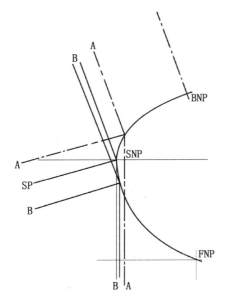

图8-13　与人体肩部吻合的衣身肩线结构

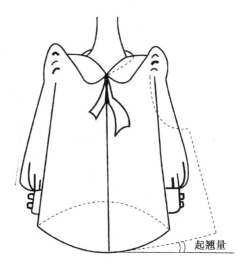

图8-14　底边起翘量的立体构成

（二）底边部位

底边部位主要研究底边的起翘问题。可将穿着的衣服视作一个圆台,如图8-14所示,从该圆台的展开图可以看到衣服的侧缝越是倾斜,扇形边与水平线所形成的角度越大,即起翘量就越大。因此,要取得底边呈水平状的立体视觉效果,一定要在底边除去一个起翘量,使底边与侧缝线呈垂直状。

（三）后中线部位

后中线处左右衣片的重叠是后衣身平衡的重要内容。如果后衣身结构合理,后中线处的开口(衩)应处于稳定,即衣衩的重叠部分应上下一致,如果重叠部分自上而下是增加的趋势,表明后衣身过长或臀围部位的宽度过大;如重叠部分自上而下是减少的趋势,表明后衣片过短或臀围部位窄。

（四）门襟

门襟一般可分为对合襟和对称门襟。

对合襟是没有叠门的门襟形式,一般适用于短外套,可以在止口处配上装饰边,用线扣袢固定,如传统的中式上衣,也可以在止口外装拉链。

对称门襟是有叠门的门襟形式,锁扣眼的一边称为门襟,也称大襟,钉扣子的一边称里襟。一般男装的扣眼锁在左襟上,女装锁在右襟上。

门襟叠门分为单叠门和双叠门。单排直列式钮扣的叠门称为单叠门,是最常用的一种叠门形式,叠门宽度因布料厚度和钮扣大小而不同,一般叠门宽为钮扣直径+边沿量(0.5~1 cm),通常夏装叠门宽=2 cm左右;春秋装叠门宽=2.5 cm左右;冬装叠门宽=3 cm左右。单叠门中分为明门襟和暗门襟,正面能够看到钮扣的称为明门襟,钮扣缝在衣片夹层上的称为暗门襟,暗门襟叠门宽一般在3.5~5 cm。

双排钮扣的叠门称为双叠门,其叠门量可根据个人爱好及款式选定,一般在5~12 cm左右,通常取7~8 cm。钮扣一般对称缝在叠门左右两侧,但有时为了表现特定的造型效果,也可缝钉在一侧。

除常规形式外,门襟还可有直线襟、斜线襟和曲线襟等变化形式。此外,按照暗门襟长度可分为半开襟和全开襟,如套衫大都是半开襟或开至衣长的三分之一处。除在前面开襟的服装之外,也有在后面开襟、肩部开襟和腋下开襟等,如女式连衣裙、旗袍等。

（五）衣袋

衣袋是服装主要附件之一,其功能主要是放手和装盛物品,也起装饰美化的作用。

1. 衣袋分类

衣袋从结构上可归纳为三大类,每一类又有很多造型上的变化。

（1）挖袋

又称开袋,是在衣片上剪出袋口尺寸,内缝袋布。从袋口缝纫工艺的形式分,有单嵌线、双嵌线、箱形口袋等,有的还装饰各种式样的袋盖;从袋口形状分,有直列式、横列式、斜列式、弧形式等。常用于礼服、西服、学生服以及便装。

（2）插袋

一般是在服装分割线缝中留出的口袋,这类口袋隐蔽性好,也可缉明线、加袋盖或镶边等。如女装中与腰省相连的分割缝上的插袋,中式上衣中的边插袋等。

（3）贴袋

是用面料缝贴在服装表面上的一种口袋。贴袋可分为缉装饰缝和不缉装饰缝两种,并可作成尖角形、圆角形、不规则多角形、圆形、椭圆形、环形、月牙形等各种几何图案。在童装中还可以把贴袋设计成各种仿生形图案。

贴袋造型包括暗裥袋、明裥袋、在袋布中缝有贴边的风琴袋和胖贴袋(如男式中山装上的大贴袋,又称老虎袋)等。在结构上可分为有袋盖、无袋盖和子母贴袋(在贴袋上再做一个挖袋,亦称开贴袋)等形式。

2. 衣袋设计

根据衣袋的功能性和装饰性,对衣袋的设计一般应考虑下列几点:

（1）衣袋大小:从衣袋的功能性考虑,上衣腰袋的尺寸应依据手的大小来设计。成年女性的手宽一般在9~11 cm之间;成年男性的手宽约在10~12 cm之间。男女上衣腰袋袋口的净尺寸可按手宽加放 3 cm 左右来设计。如果是缉明线的贴袋,还应另加缉明线的宽度。对大衣类服装,袋口的加放量还可适当增大些。上衣胸袋只用手指取物,其袋口净尺寸,男装约为 9～11 cm,女装约为8～10 cm。

（2）衣袋位置：袋位的设计应与服装的整体造型相协调,需考虑与整件服装的平衡。一般上装腰袋的袋口高低以底边线为基准,在腰节线向下 7～8 cm(短上衣)或 10～11 cm(长上衣)左右的位置。袋口的前后位置以前胸宽线向前 0～2.5 cm 为中心,视袖身形状而定,一般直身袖为 0,弯身袖为 1～2.5 cm。胸袋的袋口高低：中山装袋口前端对准第二粒钮位,西装袋口前端参考胸宽线向上 1～2 cm 左右,胸袋口的后端距胸宽线 2～4 cm。

（3）衣袋造型：要掌握好衣袋本身的造型特点,特别是贴袋的外形,原则上要与服装的外形相匹配,但也可随款式的特定要求而变化。在常规设计中,贴袋的袋底稍大于袋口,而袋深又稍大于袋底。贴袋还要与衣片的条格、图案、花纹、颜色相协调,这样才能取得较为理想的外观效果。

（六）钮扣和钮位

钮扣按照功能可分为扣钮和看钮两种。扣钮是指扣住服装开襟、衣袋等处的钮扣,兼有实用性和装饰性;看钮是指在前胸、口袋、领角、袖子等适当部位缝钉几粒纯粹起装饰作用的钮扣,以烘托服装的整体造型效果。

一般来讲,第一粒钮位应根据服装款式而定,对上装来讲,关键是腰线处应有一粒扣;衬衫常以底边线为基准,向上量取衣长的三分之一减 4.5 cm 左右定位,胸部钮位常与袋口线平齐,钮位在叠门处的排列间距通常是等分的,但对衣长特别长的服装,宜使其间隔愈往下愈宽,否则其间隔看来是不相等的。钮位还可按 2～3 粒一组的直列式或斜列式排列。

（七）袢带

袢带在功能上是扣的一种,上装袢带有功能性和装饰性两种作用,通过各种袢带的设计可以固定、束紧服装,装饰点缀服装。如腰袢,可调节衣身的宽松度,扣上起到卡腰作用;肩袢的运用可给人以肩宽魁武的感觉,又弥补了窄肩、溜肩等体型缺陷;下摆运用袢带,可以调节下摆松紧,缝在前中线的袢带可起钮扣的紧固作用;袖袢可收紧袖口,代替袖克夫或起装饰作用;袋边等部位都可以巧妙地运用袢带起到一定的装饰效果。

第五节　女装整体规格设计 ●●●●●●●●●●●●●●

在生产中成衣规格设计按各细部尺寸与身高 h、净胸围 B* /净腰围 W* 的相互关系,以效果图(造型图)的轮廓造型进行模糊判断,采用控制部位数值的比例数加放一定宽松量来确定。一般各细部规格按下述公式设计：

$$衣长\ L=\begin{cases}0.4\,h\pm a & (短上衣)\\ 0.5\,h+a & (中长上衣)\\ 0.6\,h+a & (长上衣)\end{cases}(a\ 为常数,视具体效果增减)$$

腰节长 FWL＝0.2 h＋9 cm±b(b 为常数,视具体效果增减)

$$袖窿深\ BLL=(0.2\ B+3\ cm)+\begin{cases}2\sim3\ cm & (贴体、较贴体)\\ 3\sim4\ cm & (较宽松)\\ 4\ cm\ 以上 & (宽松)\end{cases}$$

$$袖长\ SL=\begin{cases}0.3\,h+7\sim8\ cm+垫肩厚 & (夏装)\\ 0.3\,h+8\sim9\ cm+垫肩厚 & (秋装)\\ 0.3\,h+10\ cm\ 以上+垫肩厚 & (冬装)\end{cases}$$

$$胸围\ B=(B^*+内衣厚度)+\begin{cases}0\sim10\ cm & (贴体风格)\\ 10\sim15\ cm & (较贴体风格)\\ 15\sim20\ cm & (较宽松风格)\\ 20\ cm\ 以上 & (宽松风格)\end{cases}$$

$$腰围\ W=\begin{cases}B-0\sim6\ cm & (宽腰)\\ B-6\sim12\ cm & (稍收腰)\\ B-12\sim18\ cm & (卡腰)\\ B-18\ cm\ 以上 & (极卡腰)\end{cases}$$

$$臀围\ H=\begin{cases}B-2\ cm\ 以上 & (T\ 型)\\ B+0\sim2\ cm & (H\ 型)\\ B+3\ cm\ 以上 & (A\ 型)\end{cases}$$

领围 N＝0.2(B*＋内衣厚度)＋19～25 cm

$$肩宽\ S=\begin{cases}0.25B+14\sim15\ cm & (宽松风格)\\ 0.25B+15\sim16\ cm & (较宽松、较贴体风格)\\ 0.25B+16\sim17\ cm & (贴体风格)\end{cases}$$

$$袖口\ CW=0.1(B^*+内衣厚度)+\begin{cases}0\sim2\ cm & (紧袖口)\\ 5\sim6\ cm & (较宽袖口)\\ 7\ cm\ 以上 & (宽袖口)\end{cases}$$

裙、裤装:

$$裤长\ TL=\begin{cases}0.3\,h-a & (短裤)(a\ 为常数,视款式而定)\\ 0.6\,h+0\sim2\ cm & (长裤)\end{cases}$$

上裆 BR＝0.25 H＋3～5 cm 或 0.1TL＋0.1 H＋8～10 cm(含腰带宽 3 cm)

腰围 W＝W*＋0～2 cm

$$臀围\ H＝H^*＋\begin{cases}0～6\ cm & （贴体）\\6～12\ cm & （较贴体）\\12～18\ cm & （较宽松）\\18\ cm\ 以上 & （宽松）\end{cases}$$

脚口 SB＝0.2 H±b　（b 为常数,视款式而定）

第六节　女装整体结构分析 ·····················

女装整体结构分析着重分析衣身的结构平衡,衣领及衣袖的结构制图方法的具体应用。

1. 休闲长袖衬衫(图 8 - 15)

(1) 款式风格:宽松风格衣身,翻立领,直身一片袖。

(2) 规格设计:

L＝0.4 h＋9 cm＝73 cm

FWL＝0.2 h＋9 cm＝41 cm

SL＝0.3 h＋8 cm＋1 cm(垫肩)＝57 cm

B＝(B*＋内衣厚度)＋20 cm＝(84＋2)＋20 cm＝106 cm

B－W＝0

H－B＝0

N＝0.2(B*＋内衣厚度)＋23.5 cm≈40.5 cm

S＝0.25B＋16 cm＝42.5 cm

CW＝0.1(B*＋内衣厚度)＋2.5 cm≈11 cm

(3) 衣身结构平衡:采用梯形平衡的方法。前浮余量＝4.1－1－0.05(B－B*－12)＝2.6 cm,采用下放 2 cm,其余 0.6 cm 在袖窿作宽松处理。后浮余量＝1.5－0.7×1－0.02(B－B*－12)＝0.6 cm,采用在育克分割缝中消除。

(4) 衣袖结构制图:用配伍作图法作宽松一片袖,袖山高约取 0.55AHL,前袖山斜线＝前 AH－1.1＋吃f,后袖山斜线＝后 AH－0.8＋吃b。

(5) 衣领结构制图:用直接作用法作翻立领,n_b＝3 cm,n_f＝2.5 cm,m_b＝4.5 cm,m_f＝7.5 cm。

2. 翻领连衣裙(图 8 - 16)

(1) 款式风格:较宽松风格衣身,翻折领,直身一片袖。

(2) 规格设计:

L＝0.6 h＝0.6×160＝90 cm

FWL＝0.2 h＋9 cm＝41 cm

SL＝0.3 h＋8 cm＋1 cm(垫肩)＝0.3×160＋8 cm＋1 cm＝57 cm

B＝(B*＋内衣厚度)＋6 cm＝(84＋2)＋16 cm＝102 cm

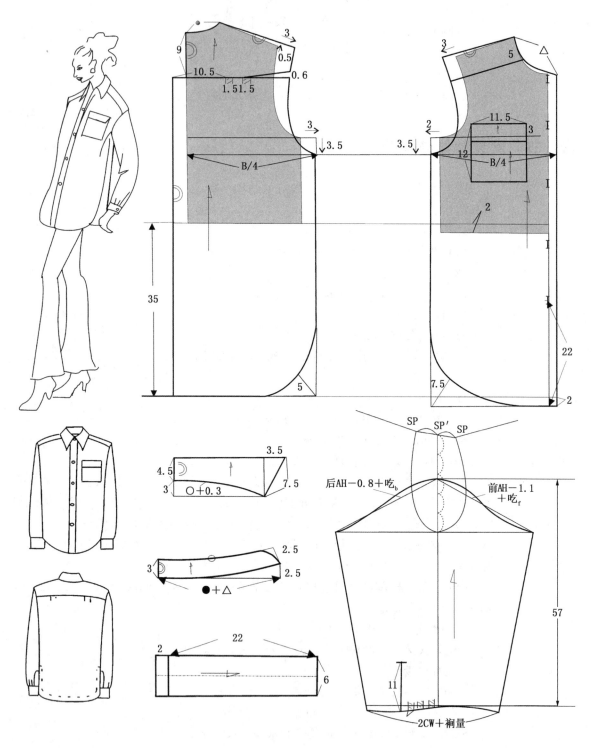

图8-15 休闲长袖衬衫

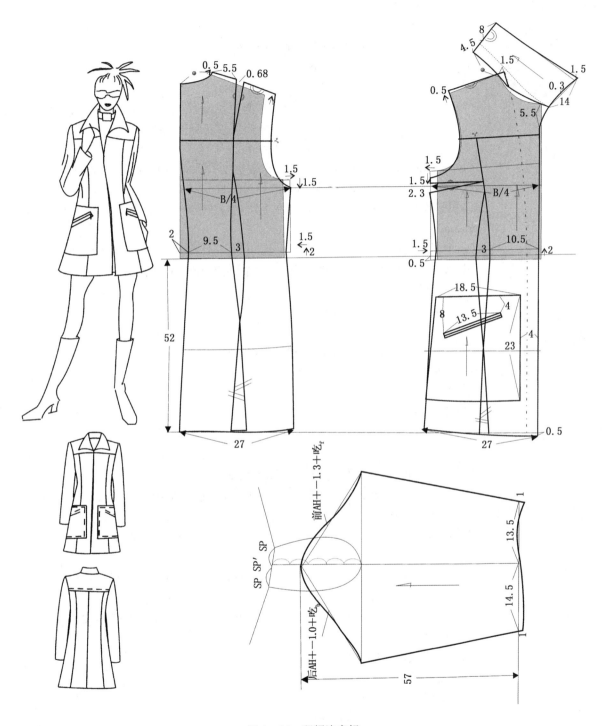

图 8-16 翻领连衣裙

B－W＝20 cm

H－B＝2 cm

N＝0.2(B*＋内衣厚度)＋23 cm≈40 cm

S＝0.25B＋15.5 cm＝41 cm

CW＝0.1(B*＋内衣厚度)＋5.5 cm≈14 cm

(3) 衣身结构平衡：采用梯形-箱形平衡方法，前浮余量＝4.1－1－0.05(B－B*－12)＝2.8 cm，采用下放 0.5 cm，其余转移到衣身分割缝中消除。后浮余量＝1.5－0.7×1－0.02(B－B*－12)＝0.68 cm，在后育克分割缝中消除。

(4) 衣袖结构制图：用配伍作图法作较宽松一片袖，袖山高取 0.7AHL，前袖山斜线＝前 AH－1.3＋吃$_f$，后袖山斜线＝后 AH－1.0＋吃$_b$。

(5) 衣领结构制图：用配伍作图法作翻折线为直线形的翻折领，取 n_b＝4.5 cm，m_b＝8 cm，m_f＝14 cm。

3. 无领连衣裙(图 8－17)

(1) 款式风格：较贴体风格连衣裙，方领口，弯身 1.5 片袖。

(2) 规格设计：

L＝0.6 h＋2 cm＝98 cm

FWL＝0.2 h＋9 cm＝41 cm

SL＝0.3 h＋7.5 cm＋1 cm(垫肩)＝56.5 cm

B＝(B*＋内衣厚度)＋12 cm＝(84＋2)＋12 cm＝98 cm

B－W＝18 cm

H－B＝7 cm

N＝0.2(B*＋内衣厚度)＋23 cm≈40 cm

S＝0.25B＋15.5 cm＝40 cm

CW＝0.1(B*＋内衣厚度)＋5.4 cm＝14 cm

(3) 衣身结构平衡：采用梯形-箱形平衡方法，前浮余量＝4.1－1－0.05(B－B*－12)＝3 cm，采用下放 0.5 cm，其余 2.5 cm 转移到刀背分割缝中进行消除。后浮余量＝1.5－0.7×1－0.02(B－B*－12)＝0.76 cm，采用收肩省的方式进行消除。

(4) 衣袖结构制图：用配伍作图法作较宽松 1.5 片袖，袖山高取 0.7AHL，前袖山斜线＝前 AH－1.3＋吃$_f$，后袖山斜线＝后 AH－1.0＋吃$_b$。

(5) 衣领结构制图：在衣身基础领窝上作方领口，前领口纵向开深 3 cm。

4. 圆口领衬衣(图 8－18)

(1) 款式风格：较宽松上衣，袖山、袖口抽褶，圆口领。

(2) 规格设计：

L＝0.4 h－6.5 cm＝57.5 cm

FWL＝0.2 h＋9 cm＝41 cm

SL＝0.3 h＋8 cm＝56 cm

B＝(B*＋内衣厚度)＋15 cm＝(84＋1)＋15 cm＝100 cm

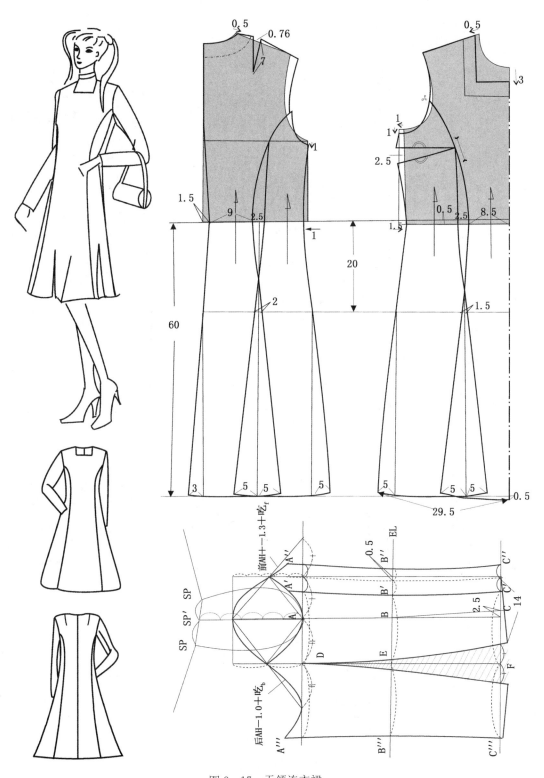

图 8-17 无领连衣裙

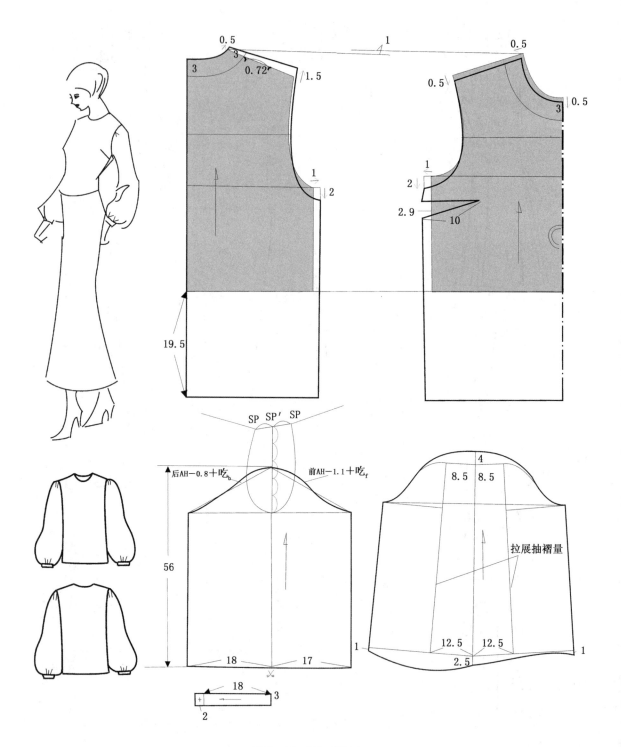

图 8-18　圆口领衬衣

B－W＝0

H－B＝0

N＝0.2(B*＋内衣厚度)＋23 cm＝40 cm

S＝0.25B＋15.5 cm＝40.5 cm

CW＝0.1(B*＋内衣厚度)＋0.5 cm＝9 cm

(3) 衣身结构平衡：采取箱形平衡方法，前浮余量＝4.1－1－0.05 (B－B*－12)＝2.9 cm，全部采用收胁省的方式。后浮余量＝1.5－0.7×1－0.02 (B－B*－12)＝0.72 cm，采用肩缝归拢的方式。

(4) 衣袖结构制图：用配伍作图法作宽松泡泡袖，取袖山高 0.5AHL 采用剪开拉展的方法加放抽褶量。

(5) 衣领结构制图：在衣身基础领窝上作无领结构，横开领开大 0.5 cm，前直开领开大 0.5 cm。

5. 翻立领直身袖衬衫(图 8-19)

(1) 款式风格：较合体风格衣身，较宽松直身一片袖，翻立领。

(2) 规格设计：

L＝0.4 h＋6 cm＝70 cm

FWL＝0.2 h＋9 cm－1 cm＝40 cm

SL＝0.3 h＋9 cm＝57 cm

B＝B*＋14 cm＝98 cm

B－W＝6 cm

H－B＝0

BLL＝(0.2B＋3)＋3 cm＝25.6 cm

N＝0.2B*＋20.2 cm＝37 cm

S＝0.25B＋15～16 cm＝0.25×98 cm＋16 cm＝41.5 cm

CW＝0.1B*＋1.2＝11 cm

(3) 衣身结构平衡：采用箱形-梯形平衡方法。前浮余量＝4.1－0.05(14－12)＝4 cm，采用下放消除 2 cm，前过肩分割线中消除 0.7 cm(相当于 1 cm 前浮)，其余 1.3 cm 在袖窿处作宽松处理。后浮余量＝1.5－0.02×(14－12)≈1.5 cm，在后育克分割缝中消除 1 cm，其余 0.5 cm 在袖窿处作宽松处理。

(4) 衣袖结构制图：用配伍作图法作较宽松风格一片袖，袖山高取 0.6～0.7AHL，前袖山斜线＝前 AH－1.3＋吃$_f$，后袖山斜线＝后 AH－1.0＋吃$_b$，袖身按直身袖设计。

(5) 衣领结构制图：翻立领结构，用配伍作图法作领座，取 α_b＝95°，α_f＝100°，n_b＝3 cm，n_f＝2 cm，领上口线为圆形设计，用剪开拉展法作翻领，取 m_b＝4 cm，m_f＝6 cm，领外轮廓线加入 0.6×(4－3)cm 的松量。

6. 单立领直身一片袖分割上衣(图 8-20)

(1) 款式风格：较合体风格衣身，单立领，较贴体风格直身一片袖。

(2) 规格设计：

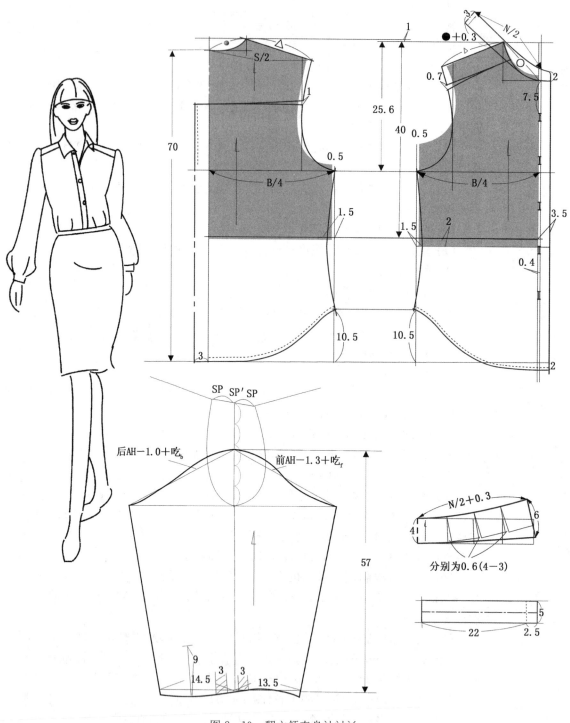

图 8-19 翻立领直身袖衬衫

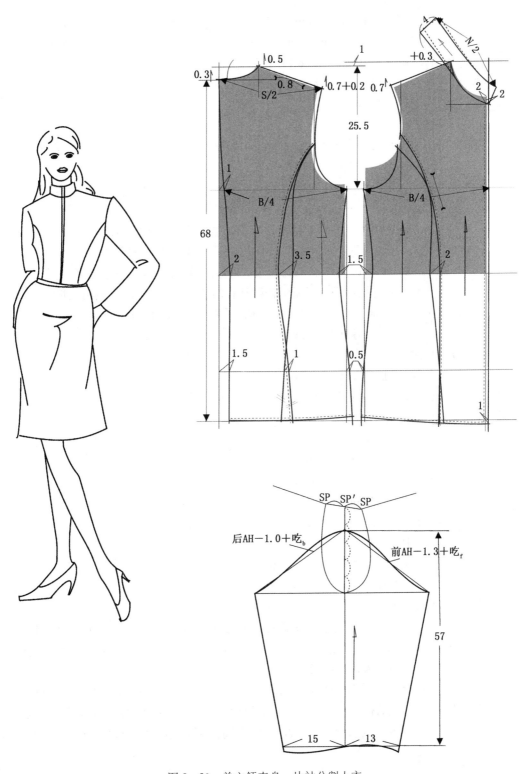

图 8-20 单立领直身一片袖分割上衣

L＝0.4 h＋4 cm＝68 cm

FWL＝0.2 h＋9 cm－1 cm＝40 cm

SL＝0.3 h＋8 cm＋1 cm(垫肩)＝57 cm

B＝B*＋13 cm＝97 cm

B－W＝19 cm

H－B＝3 cm

BLL＝0.2B＋3 cm＋2 cm≈24.5 cm(考虑到前浮余量因素取 25.5 cm)

N＝0.2B*＋21.2 cm＝38 cm

S＝0.25B＋15～16 cm＝0.25×97 cm＋16 cm≈40.5 cm

CW＝0.1 B*＋5.5 cm≈14 cm

（3）衣身结构平衡：采用箱形平衡方法。前浮余量＝4.1－1－0.05×(13－12)≈3.1 cm,将前浮余量移到前衣身刀背缝以收省的形式消除。后浮余量＝1.6－1×0.7－0.02×(13－12)≈0.8 cm,采取肩缝归拢的方法消除。

（4）衣袖结构制图：用配伍作图法作较合体风格一片袖,袖山高取 0.75AHL,前袖山斜线＝前 AH－1.3＋吃$_f$,后袖山斜线＝后 AH－1.0＋吃$_b$。

（5）衣领结构制图：用配伍作图法作单立领,取 α_b＝95°,α_f＝100°,n_b＝4 cm,领上口线为圆弧形。

7. 翻折领衬衣(图 8－21)

（1）款式风格：较合体风格,较贴体短袖,翻折领。

（2）规格设计：

L＝0.4 h－8 cm＝56 cm

FWL＝0.2 h＋9 cm＝41 cm

SL＝0.2 h－4 cm＝28 cm

B＝B*＋14 cm＝98 cm

B－W＝2 cm

H－B＝4 cm

N＝0.2B*＋21.2 cm＝38 cm

S＝0.25B＋16.5 cm＝41 cm

CW＝0.1B*＋7.1 cm＝15.5 cm

（3）衣身结构平衡：采用箱形平衡方法。前浮余量＝4.1－1－0.05(B－B*－12)＝3 cm,全部采用收胁省的方式。后浮余量＝1.5－0.7×1－0.02(B－B*－12)＝0.76 cm,采用肩缝缝缩的方式。

（4）衣袖结构制图：用配伍作图法作较贴体一片袖,袖山高取 0.8AHL,前袖山斜线＝前 AH－1.5＋吃$_f$,后袖山斜线＝后 AH－1.2＋吃$_b$,袖身为直身形。

（5）衣领结构制图：用直接作图法作翻折领,n_b＝2.8 cm, m_b＝4.7 cm,m_f＝7 cm。

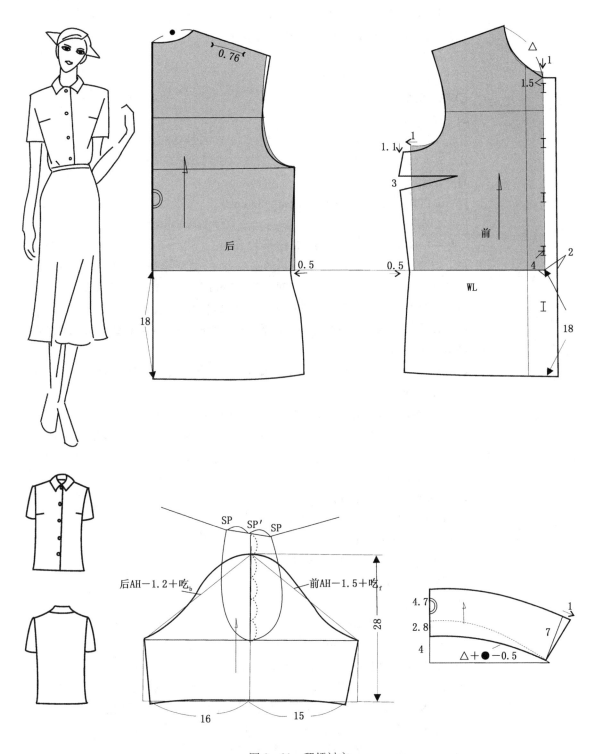

后

前

WL

0.76

1.5

1.1

3

0.5

0.5

18

18

4

2

△

1

1

SP   SP′   SP

后AH－1.2＋吃b

前AH－1.5＋吃f

28

16

15

4.7

2.8

4

7

1

△＋●－0.5

图 8-21　翻领衬衣

197

8. 圆口领衬衣(图 8-22)

(1) 款式风格:较合体风格,圆口领,泡泡袖。

(2) 规格设计:

L=0.4 h−7.5 cm=56.5 cm

FWL=0.2 h+9 cm=41 cm

SL=0.2 h−4 cm=28 cm

B=(B*+内衣厚度)+13 cm=(84+1)+13 cm=98 cm

B−W=10 cm

H−B=0

N=0.2(B*+内衣厚度)+20 cm=38 cm

S=0.25B+16.5 cm=41 cm

CW=0.1(B*+内衣厚度)+3 cm=11.5 cm

(3) 衣身结构平衡:采取梯形-箱形平衡方法,前浮余量=4.1−1−0.05(B−B*−12)=3 cm,采用下放 0.5 cm 和收省 2.5 cm 的方式消除。后浮余量=1.5−0.7×1−0.02(B−B*−12)=0.76 cm,采用收肩省的方式。

(4) 衣袖结构制图:用配伍作图法作较贴体泡泡袖,袖山高取 0.8AHL,采用剪切拉展的方法加放抽褶量。

(5) 衣领结构制图:在衣身基础领窝上作无领结构,横开领开大 1.5 cm,后直开领开大 1.5 cm。

9. 衣身纵向分割落肩袖较卡腰风格连衣裙(图 8-23)

(1) 款式风格:衣身在腰节线下作纵向分割,落肩袖,无领,衣身贴体但收腰量不大。

(2) 规格设计:

L=0.6 h+4 cm=100 cm

FWL=0.2 h+9 cm−1 cm=40 cm

B=B*+10 cm=94 cm

BLL=0.2B+3 cm+2 cm≈24 cm

B−W=14 cm

H−B=0

N=0.2B*+20.2 cm=37 cm

S=0.25B+16~17 cm=0.25×94 cm+16.5 cm=40 cm

(3) 衣身结构平衡:采用箱形-梯形平衡方法,前浮余量=4.1 cm,采用2.5 cm 收胁下省,其余 1.6 cm 转移到腰省中,但前腰省不能收得太大。

(4) 裙身结构制图:用基本的两片裙将腰省关闭,裙摆展开成波浪裙身。

10. 直身袖合体三开身西服(图 8-24)

(1) 款式风格:合体风格三开身衣身,平驳领,合体风格袖山,弯身型袖身。

(2) 规格设计:

L＝0.35 h＋10 cm＝66 cm

FWL＝0.2 h＋9 cm－1 cm＝40 cm

SL＝0.3 h＋8.5 cm＋1 cm(垫肩)＝57.5 cm

B＝(B*＋内衣厚度)＋8 cm＝(84 cm＋4 cm)＋8 cm＝96 cm

B－W＝16 cm

H＝B＋2 cm＝98 cm

N＝0.2(B*＋内衣厚度)＋20 cm≈38 cm

S＝0.25B＋16～17 cm＝0.25×96 cm＋17 cm＝41 cm

CW＝0.1×B*＋5 cm≈13.5 cm

(3) 衣身结构平衡：采用箱形平衡方法。前浮余量＝4.1 cm－1 cm＝3.1 cm，全部用收省的方法解决。后浮余量＝1.5 cm－0.7 cm＝0.8 cm，采用肩缝缝缩消除。

(4) 衣袖结构制图：用配伍作图法作合体弯身两片袖，袖山高取 0.8AHL，前袖山斜线＝前 AH＋缝缩量－1.5 cm，后袖山斜线＝后 AH＋缝缩量－1.2 cm。

(5) 衣领结构制图：用反射作图法作翻折线为直线形的翻折领，取 α_b＝96°，n_b＝3 cm，m_b＝4 cm。

11. 无领宽松大衣(图 8 - 25)

(1) 款式风格：宽松风格衣身，直身一片袖。

(2) 规格设计：

L＝0.7 h＋21 cm＝133 cm

FWL＝0.2 h＋9 cm＝41 cm

SL＝0.3 h＋11 cm＋1 cm(垫肩厚)＝60 cm

B＝(B*＋内衣厚度)＋22 cm＝(84 cm＋8 cm)＋22 cm＝114 cm

B－W＝18 cm

H－B＝0

N＝0.2(B*＋内衣厚度)＋23.6 cm＝42 cm

S＝0.25B＋15 cm＝44 cm

CW＝0.1(84 cm＋8 cm)＋7.3 cm＝16.5 cm

(3) 衣身结构平衡：采用梯形-箱形平衡方法。前浮余量＝4.1－1－0.05×(30－12)＝2.2 cm，采用下放 0.5 cm，其余浮余量以收省消除。后浮余量＝1.5－0.7×1－0.02×18≈0.4 cm，采用在肩缝缝缩处理。

(4) 衣袖结构制图：用配伍作图法作较宽松直身一片袖。袖山高取 0.6AHL，前袖山斜线＝前 AH－1.1＋吃$_f$，后袖山斜线＝后 AH－0.8＋吃$_b$。

(5) 衣领结构制图：在衣身基础领窝上作无领结构，前领口开深 1.5 cm。

12. 翻领宽松直筒大衣(图 8 - 26)

(1) 款式风格：宽松风格衣身，翻领，较宽松式直身一片袖。

(2) 规格设计：

L＝0.6 h＋22 cm＝118 cm

FWL＝0.2 h＋9 cm＋1 cm＝42 cm

SL＝0.3 h＋11 cm＋1 cm(垫肩厚)＝60 cm

B＝(B*＋内衣厚度)＋22 cm＝(84＋8)＋22 cm＝114 cm

W＝B＋6 cm

N＝0.2(B*＋内衣厚度)＋23.6 cm＝42 cm

S＝0.25B＋16.5 cm＝45 cm

CW＝0.1(84 cm＋8 cm)＋5.8 cm＝15 cm

(3) 衣身结构平衡：采用箱形平衡方法。前浮余量＝4.1－1－0.05×(30－12)＝2.2 cm,全部收省处理。后浮余量＝1.5－0.7×1－0.02×18≈0.4 cm,采用在肩缝缝缩处理。

(4) 衣袖结构制图：用配伍作图法作较宽松直身一片袖,袖山高0.65AHL,前袖山斜线＝前 AH－1.1 cm＋吃$_f$,后袖山斜线＝后 AH－0.8 cm＋吃$_b$。

(5) 衣领结构制图：用直接作图法作翻折线为圆弧形的翻折领,n$_b$＝4 cm,n$_f$＝2 cm,m$_b$＝8 cm,m$_f$＝11 cm。

13. 戗驳领较宽松上装(图 8-27)

(1) 款式风格：较宽松风格衣身,戗驳领,较合体型弯身两片袖。

(2) 规格设计：

L＝0.4 h－1 cm＝63 cm

FWL＝0.2 h＋9 cm＝41 cm

SL＝0.3 h＋9 cm＋1 cm(垫肩厚)＝58 cm

B＝(B*＋内衣厚度)＋18 cm＝(84＋4)＋18 cm＝106 cm

B－W＝23 cm

H－B＝0

N＝0.2(B*＋内衣厚度)＋21.4 cm＝39 cm

S＝0.25B＋16 cm＝42.5 cm

CW＝0.1(B*＋内衣厚度)＋4.2 cm＝13 cm

(3) 衣身结构平衡：采用梯形-箱形平衡方法。前浮余量＝4.1－1－0.05(22－12)＝2.6 cm,采用在前衣身下放 0.6 cm,2 cm 转移到前刀背缝中消除。后浮余量＝1.5－0.7×1－0.2≈0.6 cm,采用在肩缝缝缩处理。

(4) 衣袖结构制图：用配伍作图法作较合体风格弯身二片袖,袖山高取0.8AHL。前袖山斜线＝前 AH－1.5 cm＋吃$_f$,后袖山斜线＝后 AH－1.2 cm＋吃$_b$。

(5) 衣领结构制图：用反射作图法作翻折线为直线形的翻折领,α$_b$＝95°,n$_b$＝3 cm,m$_b$＝4 cm。

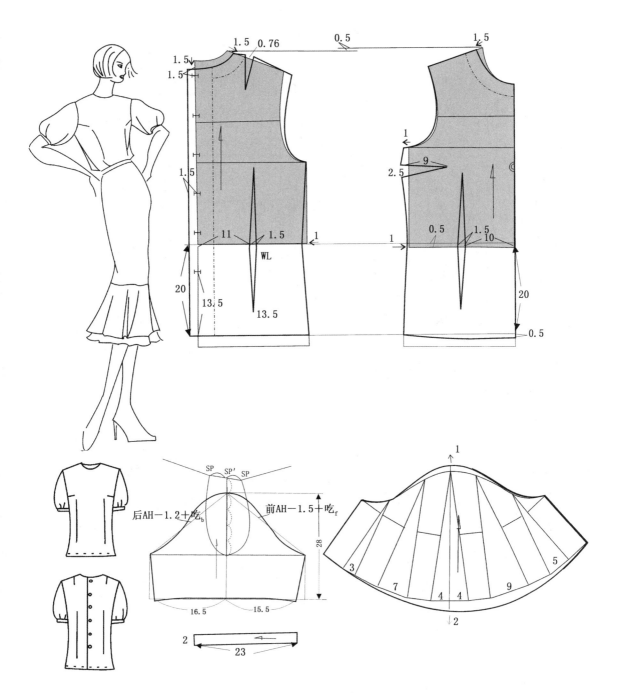

图 8-22　圆领衬衣

图 8 - 23 衣身纵向分割落肩袖较卡腰风格连衣裙

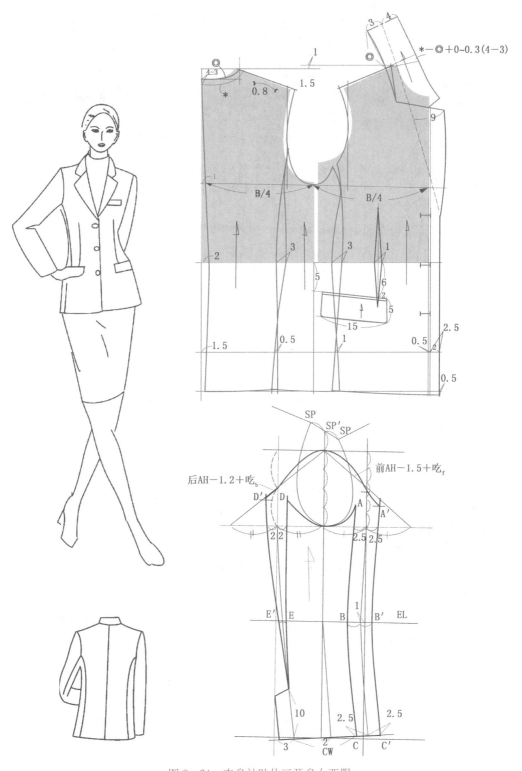

图 8-24　直身袖贴体三开身女西服

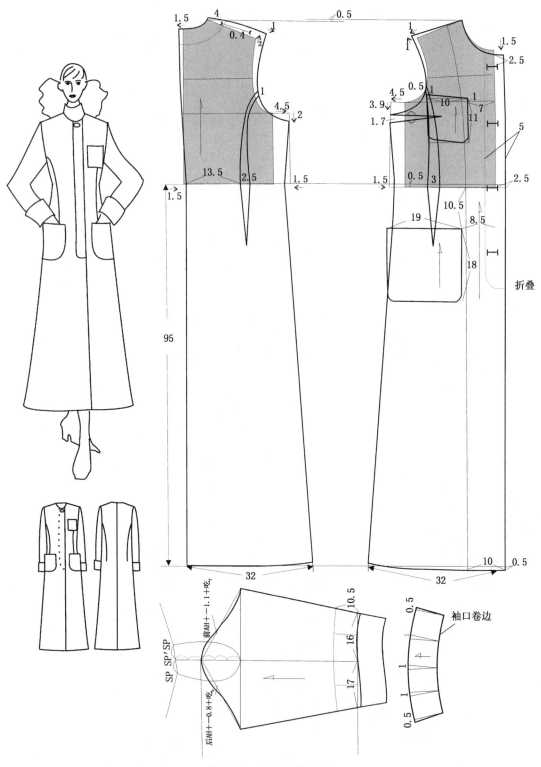

图 8-25　无领宽松大衣

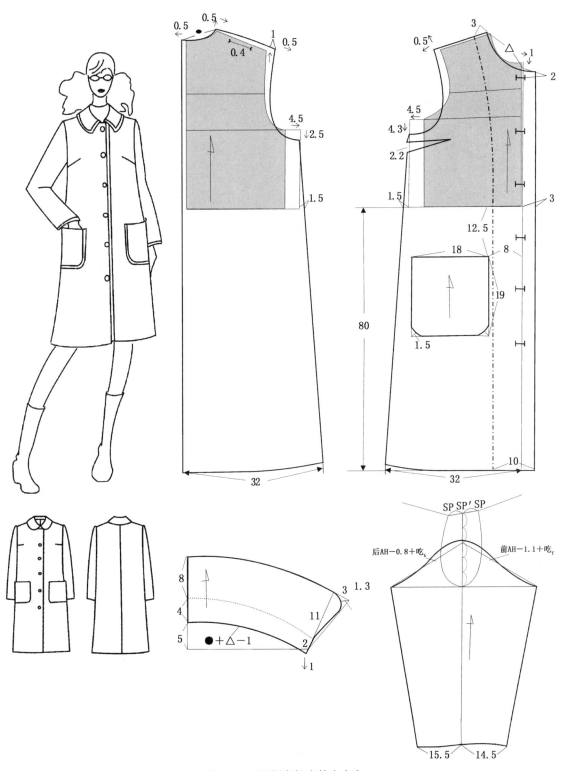

图 8-26　翻领宽松直筒女大衣

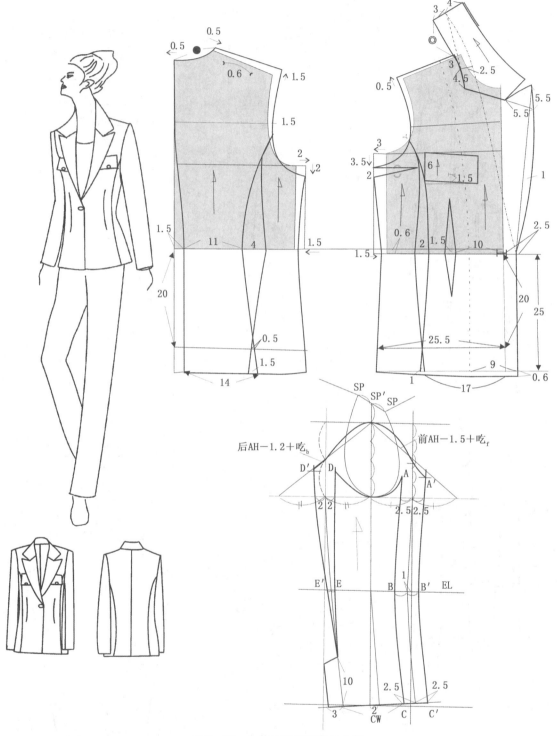

图 8-27 女装戗驳领较宽松上装

14. 翻立领较合体风格短上衣(图 8 - 28)

(1) 款式风格:较合体风格衣身,较合体袖山,弯身一片袖。

(2) 规格设计:

L＝0.4h－4 cm＝60 cm

FWL＝0.2h＋8 cm＝40 cm

SL＝0.3h＋8 cm＋1 cm(垫肩)＝57 cm

B＝B＊＋11 cm＝95 cm

B－W＝18 cm

H－B＝4 cm

BLL＝25 cm

N＝38 cm

S＝0.25B＋15～16 cm＝0.25×95 cm＋15 cm≈40 cm

CW＝13.5 cm

(3) 衣身结构平衡:采用箱形平衡方法。前浮余量＝4.1 cm－1 cm＝3.1 cm,其中1.0 cm 转入撇胸,2.1 cm 装入腰部。

(4) 衣身结构:按翻立领方法设计,要求翻领比领座大 1.6 cm 作为翻领缝制时的吃势。

(5) 衣袖结构:袖山高按成型袖窿的 0.7～0.8 计算,袖身按弯身的一片袖结构设计,袖口的前偏量为≤1.0 cm,以保证后袖缝吃势不会过大。

15. 翻折领、合体风格衣身、弯身二片分割袖短上衣(图 8 - 29)

(1) 款式风格:合体风格衣身,合体风格袖山,弯身风格二片分割袖。

(2) 规格设计:

L＝0.4h－6 cm＝58 cm

FWL＝0.2h＋8 cm＝40 cm

SL＝0.3h＋9 cm＋1.5 cm(垫肩)＝58 cm

B＝B＊＋8 cm＝92 cm

B－W＝16 cm

H－B＝4 cm

BLL＝25 cm

N＝38 cm

S＝0.25×92 cm＋16.5 cm＝39.5 cm

CW＝13 cm

(3) 衣身结构平衡:采用箱形平衡方法。前浮余量＝4.1 cm－1.5 cm＝2.6 cm,其中1.0 cm 转入撇胸,1.6 cm 转入分割线中。

(4) 衣领结构:按翻折领方法设计,领座宽为 3.5 cm,翻折领宽为 5.0 cm,领座侧倾角为 110°。

(5) 衣袖结构:袖山高按成型袖窿的 0.87 cm 计算,袖身按弯身二片袖设计,袖口的前偏量为 1.5 cm,前分割袖的倾斜角＝65°－前肩斜角≈50°,后分割袖的倾斜角＝(65°－40°)－后肩斜角 ≈30°。

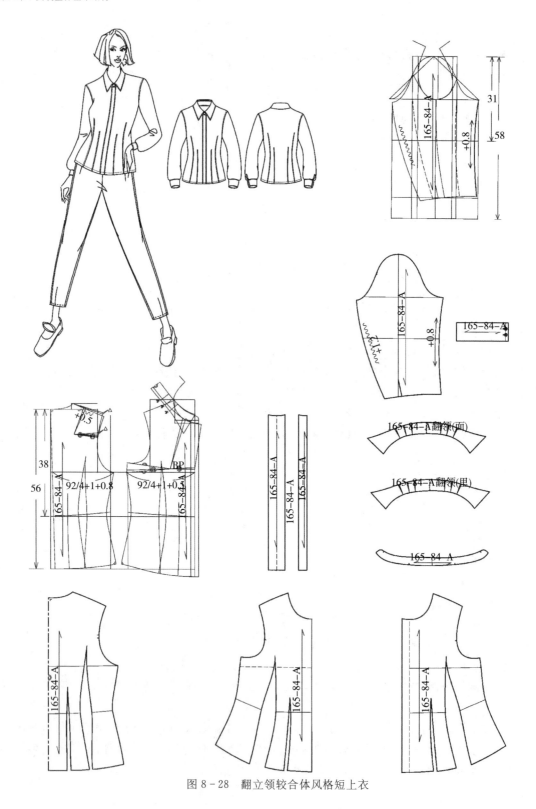

图 8-28　翻立领较合体风格短上衣

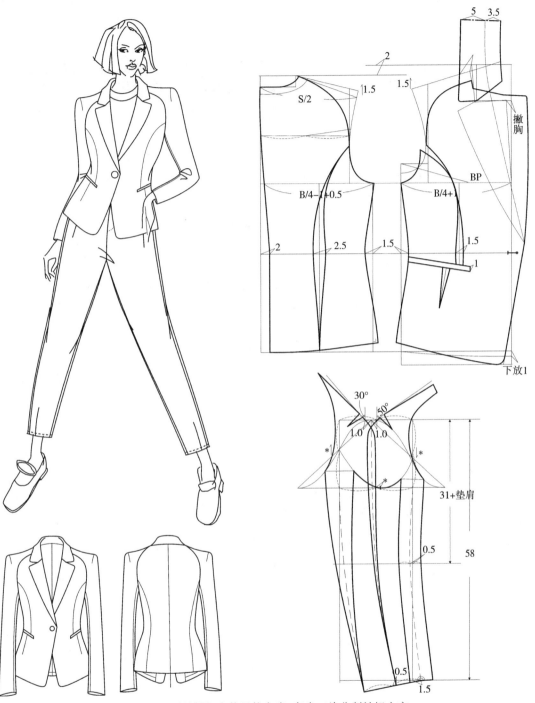

图 8-29　翻折领、合体风格衣身、弯身二片分割袖短上衣

思 考 题

1. 阐述服装效果图、造型图与结构制图的对应关系。
2. 衣身廓体与衣身结构比例各指什么?
3. 衣身结构平衡有哪几种方法,并简要阐述之。
4. 较合体女式衬衫结构制图,L=58 cm, B=90 cm, B−W=18 cm, SL=26 cm, H=38 cm, FWL=40 cm, H=92 cm, S=40 cm, CW=11.5 cm。
5. 弯身两片袖合体三开身女西服结构制图,L=64 cm, B=98 cm, B−W=20 cm, SL=58 cm, N=39 cm, FWL=41 cm, H=102 cm, S=41 cm, CW=13 cm。

模块五　男装整体结构知识模块

内容综述：介绍男体休型特征,男装结构衣身平衡的特殊性,男装结构风格分类,举例分析男装整体规格设计和结构制图。

掌握：男装衣身结构平衡,浮余量的消除方法;男装整体结构设计。

熟悉：男体体型特征和细部结构处理。

第九章　男装整体基本结构

- -

本章要点 -

男性体型特点；男装衣身结构平衡和浮余量的消除方法；男装整体规格设计和结构制图。各类典型款式男装结构分析。

第一节　男性体型分析 -

一、男性体型特点

人体的外观形态是服装设计的重要依据，不同性别和年龄的外形特征不尽相同，男性的体型特点主要表现如下：

1. 躯干部分　躯干主要包括颈、肩、背、胸、腰、腹等部位。

（1）颈部外形：男性颈部比较粗，呈近似圆柱体，颈的前面中央有隆起的喉结，老年男性更为明显，颈项前倾，喉结大，颈的下部有凹形的小窝。

（2）肩部外形：男性的肩部宽而方，肌肉较丰厚，锁骨弯曲度较大，肩头呈圆状，略前倾，整个肩部俯看呈弓形状，老年男性因为脊柱曲度增大，两肩明显下塌，肩峰前倾。

（3）胸部形态：男性胸阔较长而且宽阔，胸肌健壮，呈半环状隆起，凹窝明显，但乳腺不发达，老年男性的胸部较平，胸阔外形易显于体表。

（4）背部形态：男性的背部宽阔，肩胛骨微微隆起，背肌丰厚，肌肉凹凸变化明显，脊柱的弯曲较小。

（5）腹部外形：男性的腹部肌肉变化起伏明显，但较为平坦；女性腹部脂肪较多，大多呈圆形隆起伏。

（6）腰部外形：男性腰部较宽，宽度略大于头长，脊柱弯曲度较小，腰节较低，凹陷稍缓。

（7）髋、臀部外形：男性骨盆高而窄，髋骨外凸不明显；臀部肌肉丰满，但脂肪少，因而侧髋、后臀不如女性圆浑。

2. 上肢外形　上臂肌肉健壮，轮廓分明，肩部宽阔，肩部与上臂的分界较明显；肘部宽大，凹凸清楚；腕部扁平，手宽厚粗大。

3. 下肢外形　下肢肌肉发达；膝、踝关节凹凸起伏明显，大、小腿表面弧度较大，两足并立时，大、小腿的内侧可见缝隙。

二、男性体型的特殊性

男体相对于女体有其特殊性，其中尤以躯体为典型。男女体正面形态、侧面形态、主要部位水平断面形态等存在明显差异，如图 9－1、图 9－2 所示。

图 9－1
男女体正面
和主要部位
水平截面比较

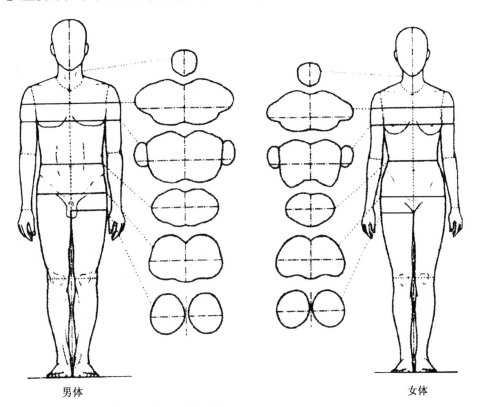

男体　　　　　　　　　　　　　　　　　　　女体

在结构设计上其特殊性主要体现在：

（1）男性胸部形态为扁圆状，故其前浮余量的大小及处理方法不同于女装。

（2）男体背部肌肉浑厚，故后衣身浮余量较女装浮余量稍大。

（3）男性胸腰差、胸臀差，以 A 体为例，分别为 16～12 cm，2～4 cm，比女性 A 体小。

（4）男性前腰节长比女性长，一般占超过 3 个头身的位置，以 0.25 h＋2 cm 为准。

213

图 9 - 2
男女体侧面、
额状切面及主
要角度和部位
宽度比较

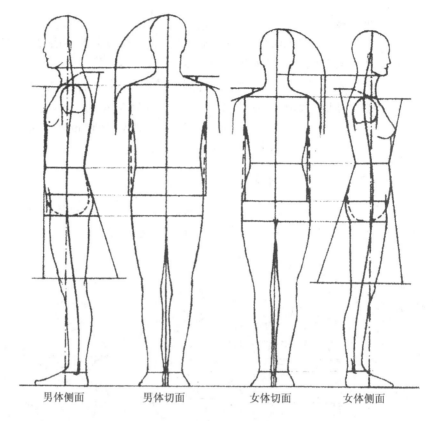

男体侧面　　　　　男体切面　　　　　女体切面　　　　　女体侧面

（5）男性前后腰节的差数＝后腰节长－前腰节长＝1.5 cm，不同于女体前后腰节差。

（6）男体颈部斜方肌、乳突肌发达，故领围和肩斜度均比女性大。

（7）男体肩宽较女体为宽，加上臂部肌肉发达，故男装肩宽较女装为大。

（8）男性手臂自然状态下前曲倾斜的程度和肘部弯曲程度比女体大，正常男体手臂前倾度比女性手臂前倾度大 2°～4°。

（9）男体臂山肌肉发达，故袖山形状应呈浑圆状，袖肥亦较同类风格女装袖肥要大。

（10）男下体侧部倾斜角比女性小，后臀沟垂直倾斜角较小。

第二节　基础纸样

一、男装基础纸样的分类

男装的基础纸样分男装原型和男装基型两类。男装原型是最基本结构最简单的基础纸样。男装基型是某品种中结构最简单最常见的款式纸样。

1. 男装原型分类

根据男装的风格分为箱型原型、梯型原型、箱梯原型。

梯型原型主要用在衬衫、茄克、风衣等宽松类男装结构设计。

箱型原型主要用在西装、马甲等较贴体、贴体类男装结构设计。

箱梯原型主要用于上述两类原型适用范围之外的款式。

2. 男装基型

基型是根据企业所定位的消费群体体型特征和企业产品风格所设计的基本款式的纸样。

当今在许多男装企业都有自己品牌的基础纸样,基础纸样技术是公司的设计技术重要组成部分,是企业对所定位消费群体的自然属性的理解和提炼,公司产品风格的具体体现,基础纸样技术是企业技术战略核心和企业竞争重要方面。

二、男上装箱型原型的立体构成

从衣片构成角度上胸围线是横纱,胸围线和腰围线之间是长方形;从造型立体角度上讲,胸腰部位之间的空间造型呈箱形状。

规格参数见表 9 - 1。

表 9 - 1
箱型原型规格
参数说明
(B* 是指人体
的净胸围,
H 是指
人体的身高,
单位:cm)

名称	公式	说明
身高	H	是指人体的身高
人体胸围	B*	是指人体的净胸围
胸围放松量	14 cm	是指男子箱型衣身平衡下,男子中间体胸围基本放松量,包括男子生理舒适量、胸宽运动量、背阔肌的运动松量
胸宽	0.15B* +4.5 cm	和人体的净胸围相关联
背宽	0.15B* +5.8 cm	和人体的净胸围相关联
前腰节长	0.2H +11 cm	和人体的身高相关联
后腰节长	前腰节+1.5	和人体的身高相关联
胸高	0.1H +9 cm	和人体的身高相关联
前肩斜	18 度	中间体的人体肩斜相关联
后肩斜	22 度	中间体的人体肩斜相关联
前横开领	B* /12−0.3 cm	和人体的净胸围相关联
前直开领	B* /12+0.5 cm	和人体的净胸围相关联
后横开领	B* /12	和人体的净胸围相关联
后直开领	B* /38	和人体的净胸围相关联
前浮余量	B* /40	和人体的净胸围相关联,集中在胸省处理
后浮余量	B* /40−0.4 cm	和人体的净胸围相关联

图 9 - 3 是按此规格表绘制的男装原型结构图。

图 9 - 3
男装箱型原
型结构制图

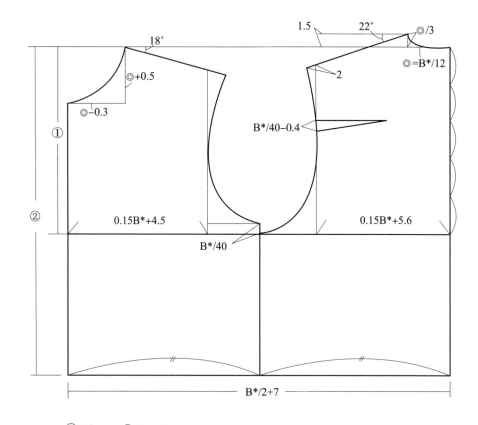

①0.1h+9　②0.2h+11
B*=88　H*=90　N*=40

第三节　男装衣身结构平衡

服装结构的平衡是指服装覆合于人体时外观形态应处于平衡稳定的状态,包括构成服装几何形态的各类部件和部位的外观形态平衡、服装材料的缝制形态平衡。结构的平衡决定了服装的形态与人体准确吻合的程度以及它在人们视觉中的美感,因而是评价服装质量的重要依据。结构平衡是系统的平衡,是指服装和人体配伍之间的系统力学平衡。

一、衣身结构平衡

衣身结构平衡:是指衣服在穿着状态中前后衣身在 WL 以上部位能保持合体、平整,表面无造型所产生的皱褶。在男装中具体体现衣片纱线横平竖直,松量分布动态均匀。

浮余量:是指服装面料覆合于人体中,二维的平面面料在三维人体中,保持结构平衡过程中,自然所产生的皱褶量,抽象出服装解决造型数值化的具体体现。

前浮余量:是指服装面料覆合于人体中,二维的平面面料在三维人体中保持结构平衡过程中,在前身 BL 线上自然所产生的皱褶量。

后浮余量:是指服装面料覆合于人体中,二维的平面面料在三维人体中保持结构平衡过程中,在后身 BL 线上自然所产生的皱褶量。

构造衣身整体结构平衡的关键是如何消除前后浮余量。主要有以下三种形式:

1. 梯形平衡　将前衣身浮余量不用省道的形式消除,而是向下挦至衣身底边以下放的形式消除。一般前衣身下放量≤1.5cm。此类平衡适用于宽腰服装,尤其是下摆量较大的风衣、大衣类服装。

2. 箱形平衡　前后衣身在 WL 处处于同一个水平,前衣身浮余量用省量(对准 BP 或不对准 BP)或工艺归拢的方法消除。此类平衡适用于卡腰服装,尤其是合体风格服装。

3. 梯形—箱形平衡　将梯形平衡和箱形平衡相结合,即部分前浮余量用下放形式处理,一般下放量≤1.5cm;另一部分前浮余量用收省(对准 BP 或不对准 BP)的形式处理。此类平衡适用于较卡腰的较合体或较宽松风格的服装。

男装衣身整体平衡应用:男装衣身平衡主要以箱形平衡和梯形—箱形平衡形式为主。

二、衣身结构平衡要素

衣身结构平衡的要素主要有以下几个方面:

决定衣身前后浮余量大小的因素有二点:即人体净胸围、垫肩量。这两个方面影响着前后衣身浮余量的计算。

1. 人体净胸围　前浮余量的基本公式 $= B^*/40$,后浮余量的基本公式 $= B^*/40-0.3cm$,这表明胸围越大,前后浮余量越大,反之越小。

2. 垫肩量　通过实验可知,肩部垫肩量每增大 1cm,对于前衣身来讲,可消除 1cm 前浮余量,对于后衣身来讲,可消除 0.7cm 后浮余量,原理是加垫肩后使 BL 以上部位逐渐趋于平坦,故垫肩对前浮余量的影响为 1×垫肩量,对后浮余量的影响为 0.7×垫肩量。

三、衣身平衡的造型关系

1. 前后浮余量的具体量化是衣身平衡的关键,是结构设计具体运用的重要步骤。

前浮余量的计算式 ＝ 前浮余量理论值－垫肩量
＝ $B^*/40$－垫肩厚
＝2.3cm－垫肩厚
后浮余量的计算式 ＝ 后浮余量理论值－垫肩量
＝ $(B^*/40-0.3cm)$ － $(0.7×$垫肩厚$)$
＝2.0cm－$(0.7×$垫肩厚$)$

2. 前浮余量消除方法

(1) 前浮余量——→对准 BP,如图 9-3(b)所示,将前衣身原型浮余量对准 BP,然后将其转移至领口,则前浮余量转入撇胸,常用于正装衣身处理。

(2) 前浮余量——→不对准 BP,如图 9-3(c)所示,将前衣身浮余量对准前门襟,则前浮余量转移至前门襟形成撇胸,常用于休闲装衣身处理。

(3) 前浮余量撇胸及肩改斜处理见图 9-3(c)、9-3(d)。

(4) 前浮余量——→拉展胸部隆起量,如图 9-3(a)所示,当浮余量通过撇胸处理后,为使胸部呈隆起状态,可再将衣身门襟剪开,拉展≤1cm 隆起量,然后如图 9-4 所示在门襟处作归拢处理。

(5) 前浮余量——→如图 9-5 所示将前衣身原型下放前浮余量,使前后衣身侧缝在袖窿线处对齐。

(6) 前浮余量——→撇胸+门襟处拉牵条归拢,如图 9-6,将前浮余量一部分转移至门襟处撇胸,其它则通过 BP 转移至门襟,再用牵条拉紧归拢的方法加以工艺处理消除。

图 9-3(a)
前后浮余
量已标注的
箱形原型

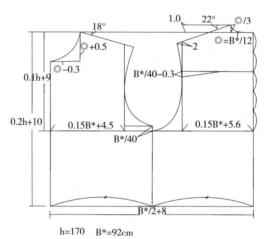

h=170　B*=92cm

图 9-3(b)
前浮余量——→撇胸
(对准 BP 处理)
解决,后浮余量
——→肩缝缩
——→转入背缝

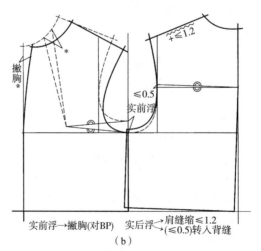

(b)

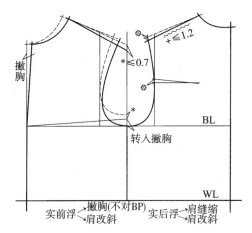

图 9-3(c)

前浮余量——撇胸(不通过 BP)
　　　　　　　↘ 肩改斜

后浮余量——肩缝缩
　　　　　　　↘ 肩改斜

撇胸

* ≤0.7

+ ≤1.2

BL

转入撇胸

实前浮↗撇胸(不对BP)　实后浮↗肩缝缩
　　　↘肩改斜　　　　　　　　↘肩改斜

WL

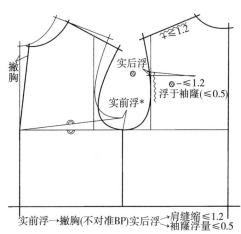

图 9-3(d)

前浮余量——撇胸(不对准 BP 处理)

后浮余量——肩改斜
　　　　　　　↘ 浮于袖窿

撇胸

+ ≤1.2

实后浮

实前浮*

⌀-≤1.2
浮于袖窿(≤0.5)

BL

实前浮→撇胸(不对准BP)实后浮↗肩缝缩≤1.2
　　　　　　　　　　　　　　　↘袖窿浮量≤0.5

WL

图 9-3　前浮余量的处理方法

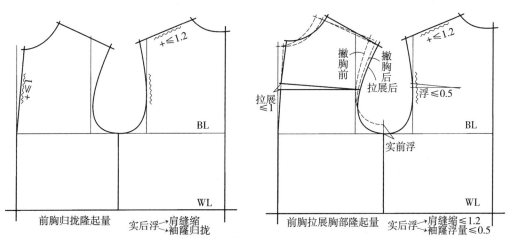

+ ≤1.2

≤1
+

BL

撇胸前　撇胸后
　　　拉展后

拉展
≤1

浮≤0.5

+ ≤1.2

实前浮

BL

前胸归拢隆起量　　实后浮↗肩缝缩
　　　　　　　　　　　　　↘袖窿归拢

WL

前胸拉展胸部隆起量　实后浮↗肩缝缩≤1.2
　　　　　　　　　　　　　　　↘袖窿浮量≤0.5

WL

图 9-4　前浮余量——撇胸＋前胸拉展胸部隆起量(≤1)

后浮余量　——→　肩缝缝缩
　　　　　　　　↘ 浮于袖窿

219

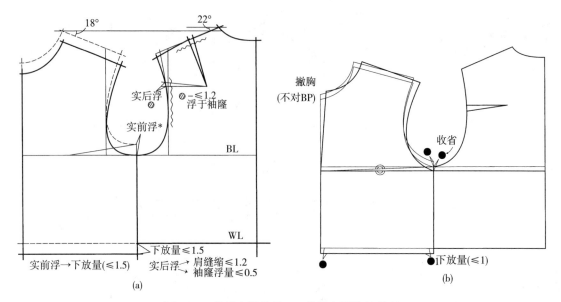

图 9-5　前浮余量处理——撇胸和下放的处理

图 9-6
前浮余量
处理——撇胸＋
工艺处理

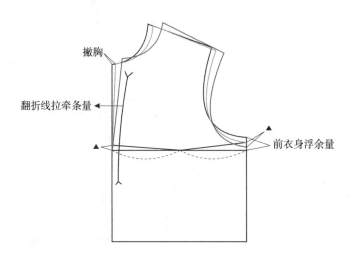

（3）后浮余量消除方法

①后浮余量——肩缝缩缩,如图 9-7(a)所示,将后浮余量用肩部缝缩的形式（分散的肩省）来消除。

②后浮余量——浮于袖窿或转入背缝或归拢,见图 9-7(b)所示。

图 9 - 7
后浮余量
的处理

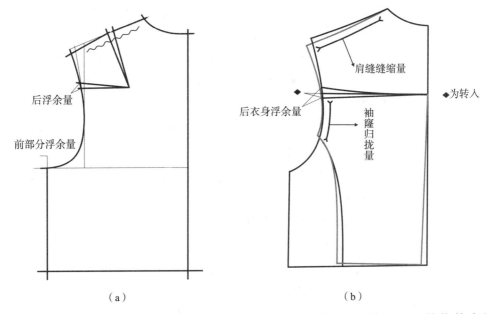

（a）　　　　　　　　　　　　　　　　　（b）

剩余的后浮余量可以转入背缝、可以浮于袖窿、也可以用工艺收拢等方法处理。

四、其他因素对衣身平衡的影响

1. 内衣的影响值

由于人体在外衣内部穿有各种层次、厚度的内衣,其纵向厚度会对外衣在胸围线以上前后衣身肩缝处的长度产生影响,在肩缝靠近 SNP 处要加少许松量,如内衣厚为 a(a≤1),则在 SNP 处加的松量为●＝0.1a,在 SP 处是 $\frac{3}{4}$ ●,在 BNP 处是 $\frac{1}{2}$ ●。一般来讲,冬季●＝0.7～1 cm,春秋季●＝0.4～0.6 cm,夏季●＝0。特殊情况,如在冬季内衣穿着的多时,可取 1～1.5 cm。

2. 材料厚对穿着胸围的影响

当材料具有一定厚度时,会使在上下衣身重叠后产生衣服穿着后胸围有变小的感觉。此时必须在左右前门襟处增加材料对胸围的影响值(一般≤1cm),即这个量一定要放在可增大前胸宽和前领宽的位置上,在后衣身的背缝若作包缝缝型时亦应作上述改动。

第四节　造型、结构、工艺立体配伍 ●●●●●●●●

二维的服装面料是通过省、缝等结构形式来构成三维的立体造型,省、缝、工艺处理是建立男装造型的基础。男装的构成设计和女装的最大的差别是男装用最简单的结构线、复杂的工艺处理模式来构造男装的造型,所以男装的结构设计不仅仅是衣片的结构设计,是结构和工艺配伍的设计。本节以造型处理为主线来探讨对男装的结构和工艺合理配伍的理解。

男装造型构成是通过结构、工艺、衬和面的配伍共同组合的系统体系。本节的学习过程中,必须以整体构型的立体思维来把握西装的造型形态。

1. 基本概念

结构处理:把平面的面料构造成立体三维服装造型,通过结构线的分割、省、缝的处理方法称为结构处理。

工艺处理:把平面的面料构造成立体三维服装造型,通过工艺手段如推、归、拔、缝缩等处理方法称为工艺处理。

材料处理:把平面的面料构造成立体三维服装造型,通过材料的层次和衬料的配伍来满足造型设计的处理方法。

缝缩:是工艺造型的重要手段之一,是将在结构设计中存在大小、形状的差异进行缝合来满足的需求。

推:是工艺造型的重要手段之一,利用面料的热可塑性,将熨斗沿纱线水平或纬纱方向作用,使经纱或变成斜线,使平面的面料成为立体坡度的形态。

归:是工艺造型的重要手段之一,利用服装面料的热可塑性,对缝边进行缩短,使衣片局部由平面状态转化为立体凸起的状态。

拔:是工艺造型的重要手段之一,利用服装面料的热可塑性,对缝边进行拉伸,使衣片局部由平面状态转化为立体凹起的状态。

2. 男装造型处理思路(图 9 - 6)

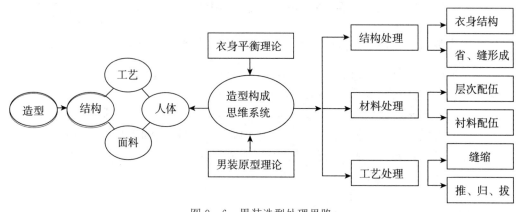

图 9 - 6 男装造型处理思路

第五节　男装肩部造型的立体处理 ●

　　肩部是上装最基础的部件,其它部位通过与肩部的不同形式的衔接形成各种风格和形态。对于上装而言,不论是静态的平服美观还是动态的合体舒适,都是靠合体的肩部进行支撑。人体肩部具有支撑服装、体现人体和着装美的作用,肩型的设计直接关系到上装整体风格的和谐与表现,对服装造型有至关重要的影响,对贴体、较贴体风格的男装造型其肩部的构成设计将直接影响整个造型的衣身平衡,所以肩部的造型立体处理方法是男装设计的关键,同时肩部的区域复杂的立体形态将直接对结构工艺的配伍组合有影响,以合体和舒适为设计的基本准则。

一、男子人体肩部造型的动静状态

　　1.人体肩部基本构成
　　骨骼:形成肩部结构的主要骨骼有锁骨、肩胛骨、肱骨头等。锁骨外半侧形成的弯曲和前突的肱骨头部形成较大的凹坑,即使有三角肌的填充,凹坑仍然存在,从而使人体前肩部形成凹形曲面(图9-7)。肩胛骨内侧缘与肩胛棘交点为中心而突出形成较大凸形曲面,又由于肌肉的附着使曲面的曲度增大。延长前肩部形成凹形曲面和后肩部形成凸形曲面,逐步转向,在上部对接便形成肩线。
　　肌肉:斜方肌、三角肌等。由于斜方肌水平部的肌腹隆起程度的差异,导致人体形成以下三种不同类型的肩型。①平面形肩部形态。即领围线侧颈点到颈窝前中点间较稳定,肩中部平坦,同时前肩突出也不明显,肩棱的前后面也平缓,是中性肩型,为男女常见的类型。②上凸形肩部形态。即肩中部向上隆起,肌肉发达,经过锻炼的男性呈这种肩形的较多。③下凹形肩部形态。即肩中部向下凹进,锁骨内侧的突出明显,肩棱呈马鞍形、侧颈点到颈窝前中点间下陷。

图9-7
肩部的
骨骼组成

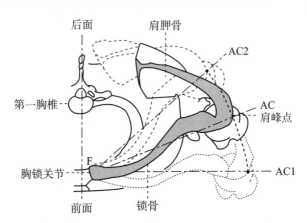

　　2.肩部的立体形态
　　图9-8是肩部的不同形态。

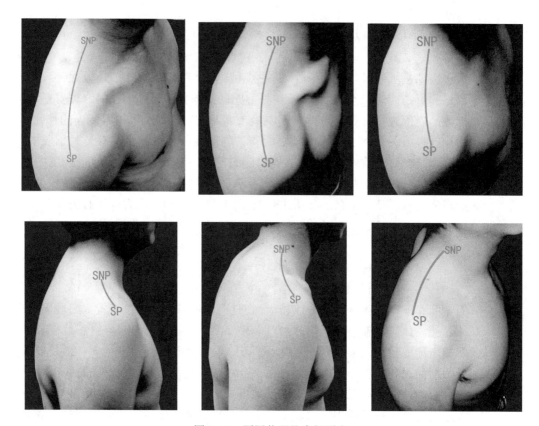

图 9-8　不同体型的肩部形态

3. 肩部动态

人体肩部是指前部凸出的肱骨头水平位置经后背肩骨的水平位置为下限,到领围线为止的区域。它包括胸锁关节和肩关节。胸锁关节是连接肩和躯干的唯一关节。此关节是多轴性关节,使肩部运动自由。日常生活中,人们经常使用的动作和姿势包括上肢上举、抱胸运动等,均使人体背部产生扩张运动,可见背部扩张运动往往与上肢和肩部运动连成一体。图 9-9 表示上肢运动引起的背部扩张和皮肤移位,人体肩部动态变化的背部形状。

①肩斜角

表征肩部形态的最重要的部位是肩斜角度,成年男子的肩斜角度为 12°～30°,平均角度为 22°,≥24°的肩称为斜肩,斜肩亦称溜肩,≤20°的肩称为平肩,中国人体中年青人逐步呈现平肩化特征,此类肩穿着立体结构类型的圆袖类服装常具男性美。

由于立体与平面的角度转换关系,所以男装的肩斜角一般以 20°为基础纸样。

②肩点的范围

肩线无论是站立还是卧床在各种动作中单肩宽总是呈减小状态,故肩线的设计有以下特点:设计圆袖结构时,衣服肩点的位置设计范围以人体肩点 SP 及

≤2 cm 的周边部位上。在设计分割袖结构时,以袖身衣身抬起,衣服肩线不产生过多褶皱的袖结构为好,故连袖、插肩袖、半插肩袖等袖结构优于圆袖结构。

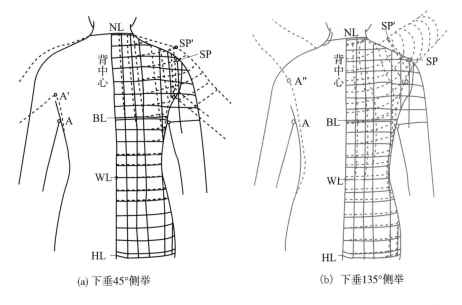

图 9-9
人体肩部
向上运动的
变化情况

(a) 下垂45°侧举　　　　　　　　(b) 下垂135°侧举

③肩部松量

满足肩部和手臂运动所需要的运动量。包括手臂向前运动所需要的松量,手臂向后甩所需要的松量,手臂向上抬举肩部的改变量。如图 9-10 所示,图中的阴影是满足肩部所需要基本运动量的松量。所以在男装结构设计中,肩部的构成设计是满足肩部形态和肩部运动松量的基础上的设计。

图 9-10
肩部松量
说明图

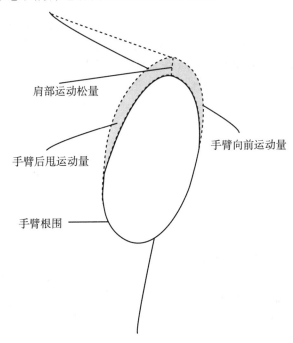

二、合体型衣身肩型设计思路过程

1. 整体设计原则

① 满足男子静态人体参数和服装结构基本参数；

② 满足人体的动态舒适性需求；

③ 结构设计与工艺设计有效组合。

2. 肩部控制参数设计

① 前肩斜和后肩斜关系

男子体型肩斜度一般为22°，由于立体和平面的角度相关性，故在衣身结构设计中，前后衣身肩斜度之和为20°，一般前衣身肩斜度取18°，后衣身肩斜度取22°。

② 前、后单肩宽关系

男装肩宽一般较宽，常超过肩端点，作成T型肩、前肩线常作成外凸的弧形，而后肩成因要消除后浮余量故总比前肩线宽，其形状应成内凹的弧形。

③ 垫肩对肩斜的影响

垫肩的作用主要是修饰人体肩部的缺陷，完成服装肩部造型。将高低肩、溜肩等非标准肩形垫高至标准形态，或是根据服装造型垫高肩部，但高垫肩在一定程度上影响了服装穿着的舒适性。

第六节　衣身平衡的立体处理 ·············

由于男装和女装的设计要求不同，男装中的胸省的处理是不以突出省的外观表现为着眼点的，而只发挥它的功能。在男装结构上把省隐藏于缝线之中或通过工艺进行处理来满足人体和造型形态的配伍。把握男子胸部形态规律和解决造型的技术手段是架构男装胸部造型处理的关键所在。男装背部造型处理比女装复杂得多，主要原因是：(1)男子人体背部凸起度比女子大得多。(2)同时背部的运动状态比胸部运动变化情况更复杂。(3)男装造型款式分割简单，解决造型的手段更趋向于工艺手段。第二节中已分析了男装衣身平衡理论中前浮余量和后浮余量的基本理论。

本节将从造型、工艺、结构配伍性来探讨胸部造型和背部的立体处理。所谓立体处理就是对平面的面料进行三维形态的构造，从符合人体形态的造型和服装本身的造型角度两方面来分析设计技巧和方法。

一、男装胸部形态立体配伍设计

1. 胸部的立体形态

男子胸部呈圆台状，不同于女体的圆锥状胸部。男性人体的胸部呈浑圆厚重形，无明显的凸起。男性胸部的骨骼主要包括由脊柱和12块胸椎骨组成的胸廓及肩胛骨。肩胛骨在背部稍微隆起，加上背部肌肉的附着而形成复杂曲面，使男装在背部不易紧密贴合,因此男装的胸部也是合体性设计的一个重点。男性胸部相对比较平坦,胸高点 BP 在第 4、5 肋骨之间。从颈根部位至胸围线的之间呈较平坦的盆状曲面形态。

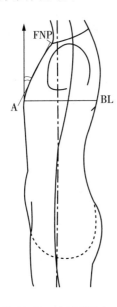

图 9-11
男子侧面形态

2. 动态的胸部运动结构

由于人体上肢的运动大多会引起背部的扩张,而胸大肌一般为收缩,因此,男装在胸围放松量的设计、分配以及袖窿结构形状的设计中与女装有比较大的区别。

3. 胸部造型结构立体设计

根据第二节衣身平衡理论,把胸部造型处理量化为前浮余量的处理,而前浮余量的处理在男装结构设计中,有立体设计结构手段和立体设计工艺手段。

① 撇胸

也是男装设计中的另一重要因素。撇胸是指衣领口在前中心线撇进的部分,撇胸是立体结构设计处理前浮余量的重要手段之一。

其原理见图 9-11,男子体型在前胸存在着一个胸坡角,从前颈点 FNP 作胸围线的垂线交于 A 点,则∠A 即为胸坡角。根据测定,正常男性的胸坡角为 20°左右。由于胸坡角的存在,前颈点处需要一个类似省道的撇胸,以适合人体结构,使服装前胸部位更加合体、自然,撇胸量一般≤1.0 cm 。

A. 撇胸方法一,也称自然撇胸,见图 9-12。

图 9-12
撇胸方法一

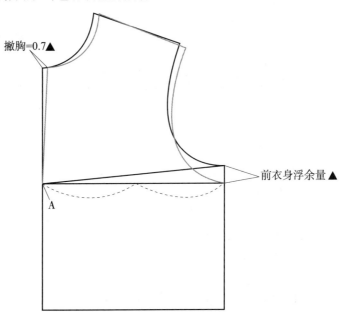

撇胸=0.7▲

前衣身浮余量 ▲

A

　　自然撇胸处理方法以 A 点为基础点,将前浮余量≤1.5 cm,通过 A 点转移至门襟处形成≤1 cm 的自然撇胸,这样的撇胸方法使浮余量消除了,但衣服胸部呈平坦状。

　　B. 撇胸方法二,见图 9-13。

　　如经自然撇胸处理后,前浮余量已经全部消除掉,但由于衣服胸部隆起的造型

图 9-13
撇胸方法二

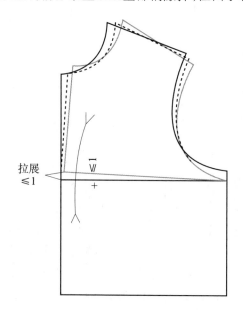

拉展
≤1

需要,可以采用在门襟处剪开,拉展≤1 cm 的量,这个量便形成超过自然撇胸的撇胸量,但这个量必须通过拉牵条归拢门襟的方法消化掉,这样做将使衣服胸部增加立体感,一般在男子正装如西服类服装上使用。

　　② 工艺处理

　　男装的前浮余量形成是由于男子体型的浑圆状曲面,同时男装的款式结构较简单和结构线较少,所以在消除前浮余量上存在比较大的局限。前浮余量的处理常运用工艺手段来解决这种矛盾。主要有牵条缝缩、腋下吃缝、推归拔工艺组合等手段进行立体设计。

　　A. 牵条缝缩

　　牵条工艺在男装工艺设计中运用较多,牵条有两个作用:

　　保型:保证所使用地方形态在缝合中保持不产生形变。

　　塑型:通过牵条的作用,利用缝缩的手段,来处理前浮余量,塑造立体形态。主要用在翻折线位置处。

　　B. 腋下吃缝

　　在腋下侧片以吃势形式缝缩帮助前胸形成立体的胸部形态。

　　4. 男装的优化胸部造型设计:

　　① 衣身胸部造型

衣身 BL 线上斜面角度,主要通过撇门和工艺推的方法解决造型;衣身 BL 线以下部分在工艺处理上,保证衣身平衡进行归拔的工艺处理,实质上根据横平竖直的原理,进行推归拔。推主要是解决两个平面之间面的关系,归是使平面成为凸面、拔是使平面成为凹面的手段。

② 结构工艺配伍的优化处理

男装的前浮余量处理和女装处理存在很大的差别,男装不仅仅是通过结构处理,而是把结构、工艺有效优化组合来处理。撇门的大小、驳头牵条、袖窿归拢等每种处理的手段。

③ 衬、面组合的立体处理

衬是为了面的立体造型构成,男西装的衬布由黑炭衬、毡衬、挺肩衬等组成,这些衬要配合面布来构成西装的立体造型设计必需通过衬布收省、边缘归拢并通过熨烫而形成浑圆的立体造型。

二、背部造型的立体处理

背部造型处理是男装衣身平衡的重点。

1. 男子人体的背部动静结构

男装的背部结构不仅是符合肩胛骨突出的立体形态,而且是更重要的男装的背部造型。

男装的背部动态结构见图 9 - 14。

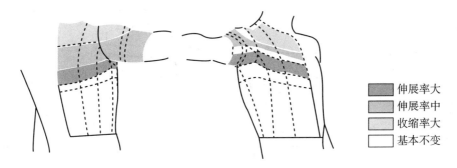

■	伸展率大
■	伸展率中
□	收缩率大
□	基本不变

图 9 - 14　男子背部动态结构

2. 男装背部的立体设计技术手段

根据第二节衣身平衡理论,把背部造型处理量化为后浮余量的处理,而后浮余量的处理在男装结构设计中,有结构手段和工艺手段二种。

① 结构手段

1) 肩胛骨省:实质上在男装衣身平衡中,后浮余量的核心就是肩胛骨造型省的形成和处理,常采用肩部横向分割线的形式。

2) 褶裥:利用褶裥解决背部松量和背部造型

② 工艺手段

1) 肩缝吃势：把大部后浮余量转移到肩部,进行吃势处理(图9-15)。

2) 袖窿归拢：部分浮余量在袖窿进行归拢处理(图9-16)。

3) 转入背缝：将肩缝缝缩处理不了的后浮余量转入背缝处理(图9-17)。

4) 归拔推的组合：同归、推、拔工艺组合处理肩部和背部造型(图9-18)。

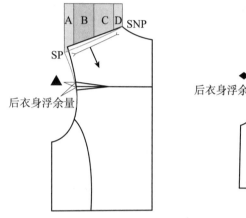

图9-15　后浮余量在肩部
缝缩处理分配

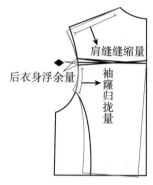

图9-16　后浮余量在肩部和袖窿
工艺处理——缝缩

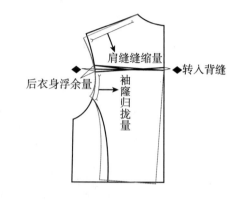

图9-17　后浮余量转入背缝

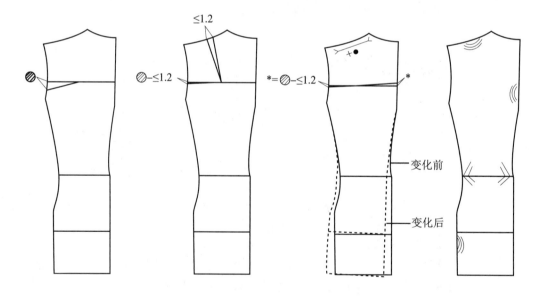

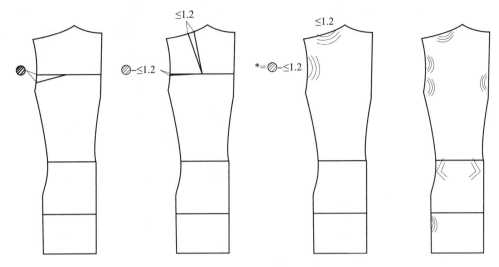

图 9 - 18 后背缝造型优化组合处理

3. 男装背部结构优化设计

1) 动态优化设计

从前述的人体躯体与上肢运动时表面变形分析可知,上肢与躯干的接合处是上体运动变形的主要部位,尤其是人体背部的运动变形量最大,分析该部位的变形与衣服松量的处理对提高上衣的运动舒适性至关重要。

在男体裸体表面敷贴薄膜然后将背部纵向画出 a、b、c、d 四条水平线见图 9 - 19,其中 a 位于 BNP 下 7 cm。b 距 a 2.5 cm, c 距 b 2.5 cm, d 位于后腋点,在 a、b、c、d 四个部位的左右点敷上未拉伸线(一种未经拉伸处理的化纤线),上肢作静止下垂、水平前举、交叉水平前举、180°上举四种动作,观察运动前后的未拉伸线长度之比,即为背部各部位的运动变形量,变形值见表 9 - 2。

图 9 - 19
背部优化
结构设计

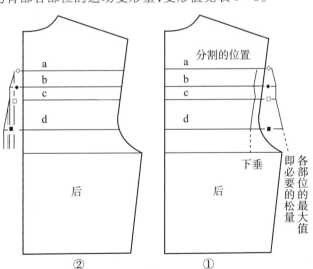

表9-2 背部各部位的 运动变形值 单位:cm	运动 部位	下垂	水平前举	水平前举 (两上肢交叉)	180°上举
	a	18.3	+0.2	+2.7	-1.8
	b	17.5	+1.8	+4.2	+0.7
	c	17.8	+1.7	+4.2	+1.7
	d	17.0	+3.3	+5.5	+8.0

2) 男子背部运动形变结构处理技术

人体背部变形量用两种方法加以解决。其一是将变形量放在袖窿处,即在a、b、c、d所对应的袖窿部位处理,一般地说由于袖窿线要画顺,故很难完全消化各部位的最大变形量;其二是在背部将各变形量加以解决,一般可只考虑解决d部位的松量,因为其量最大,此量解决,其余量亦可解决。

三、腹部造型的立体处理技术

男装为解决腹部肥满凸出的体型,以收肚省帮助衣身腹部形成饱满状。

肚省的设计原理。图9-20中衣身处理增加一个肚省,同时肚省放在口袋的位置,不影响整个的外观设计。这是男装结构设计比较巧妙的一种方式。

图9-20
肚省的设计

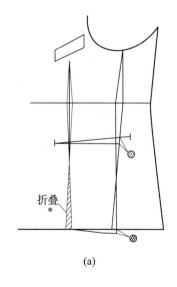
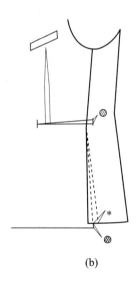

(a)　　　　　　　　　　　　(b)

第七节　男装整体设计

一、宽松类男装

（一）翻折领、圆袖、宽松衣身外套（图9-21）

1. 款式风格

本款为宽松造型的外套，翻折领，胸宽、背宽进行分割，较宽松的一片袖。

2. 规格设计

$WLL = 45\ cm + 1\ cm = 46\ cm$

$L = 48\ cm \times 2.2 = 102\ cm$

$BLL = 46 \times \dfrac{3.1}{5} \approx 28.5\ cm$

$SL = 0.3 \times 170\ cm + 10.5\ cm = 61.5\ cm$

$B = (92\ cm + 2\ cm + 5\ cm) + {>} 25\ cm \to 99\ cm + 28\ cm = 127\ cm$

$N = 44\ cm$

$S = 0.3 \times 127\ cm + (11 \sim 12)\ cm = 38\ cm + 11.5\ cm = 49.5\ cm$

$CW = 0.1 \times 99\ cm + 6.5\ cm \approx 16.5\ cm$

$n_b = 4\ cm$

$m_b = 7\ cm$

$\alpha_b = 110°$

图9-21-1　翻折领、圆袖、宽松衣身外套——款式图

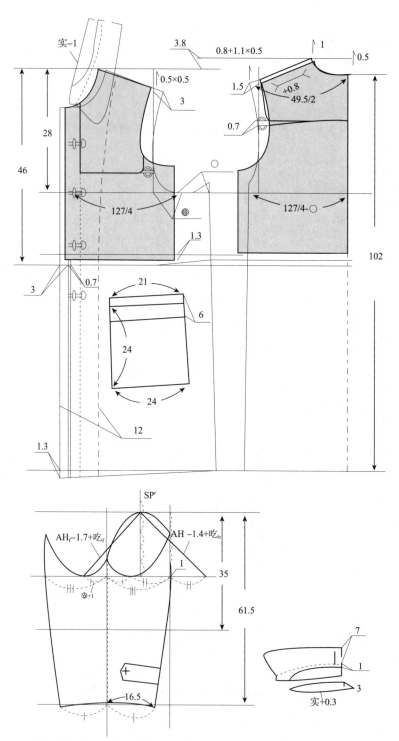

衣身平衡采用梯形平衡的方法。实际前浮余量＝2.3 cm－1 cm＝1.3 cm，全部采用下放的形式消除。实际后浮余量＝1.9 cm－0.4 cm＝1.5 cm，其中0.8 cm采用肩缝缩的形式消除，0.7 m在分割线处消除。

图9－21－2　翻折领、圆袖、宽松衣身外套——结构图

（二）翻立领、插肩分割袖、宽松风衣（图 9-22）

1. 款式风格

本款是双排扣、双插袋，宽松猎装风格风衣造型。衣领为翻折领，挂面翻折造型，插肩分割较贴体造型的衣袖。

2. 规格设计

WLL＝45 cm＋1 cm＝46 cm

L＝48 cm×5/2＝115 cm

BLL＝46 cm×3.1/5≈28 cm

SL＝0.3×170 cm＋11 cm＋0.5 cm＝62.5 cm

B＝（92 cm＋2 cm＋5 cm）＋＞25 cm ＝99 cm

＋31 cm＝130 cm

W＝44 cm

S＝0.3×130 cm＋11～12 cm

＝39 cm＋11.5 cm＝50.5 cm

CW＝0.1×99 cm＋7 cm≈17 cm

n_b＝4 cm

m_b＝7 cm

n_f＝3 cm

m_f＝10 cm

α_b＝110°

图 9-22-1　翻立领、插肩分割袖、宽松风衣——款式图

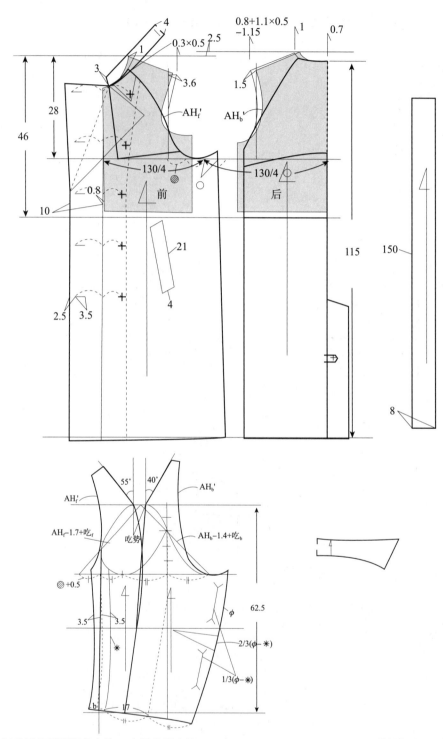

衣身平衡采用箱形平衡的方法。实际前浮余量＝2.3 cm−0.5 cm−1 cm＝0.8 cm,采用撇胸的形式消除。
实际后浮余量＝1.9 cm−0.7×0.5 cm−0.4 cm＝1.15 cm,采用肩缝缩的形式消除。

图 9−22−2　翻立领、插肩分割袖、宽松风衣——结构图

（三）翻折领、插肩袖、宽松茄克（图 9－23）

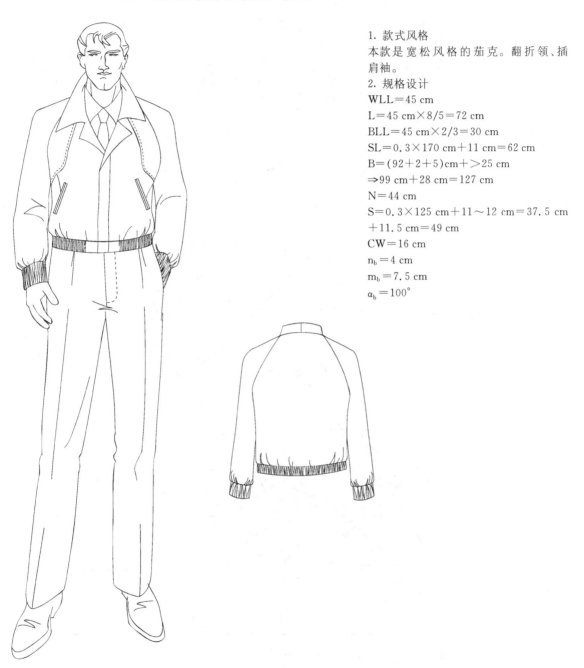

1. 款式风格

本款是宽松风格的茄克。翻折领、插肩袖。

2. 规格设计

WLL＝45 cm

L＝45 cm×8/5＝72 cm

BLL＝45 cm×2/3＝30 cm

SL＝0.3×170 cm+11 cm＝62 cm

B＝（92＋2＋5）cm＋＞25 cm

⇒99 cm＋28 cm＝127 cm

N＝44 cm

S＝0.3×125 cm+11～12 cm＝37.5 cm

＋11.5 cm＝49 cm

CW＝16 cm

n_b＝4 cm

m_b＝7.5 cm

α_b＝100°

图 9－23－1　翻折领、插肩袖、宽松夹克——款式图

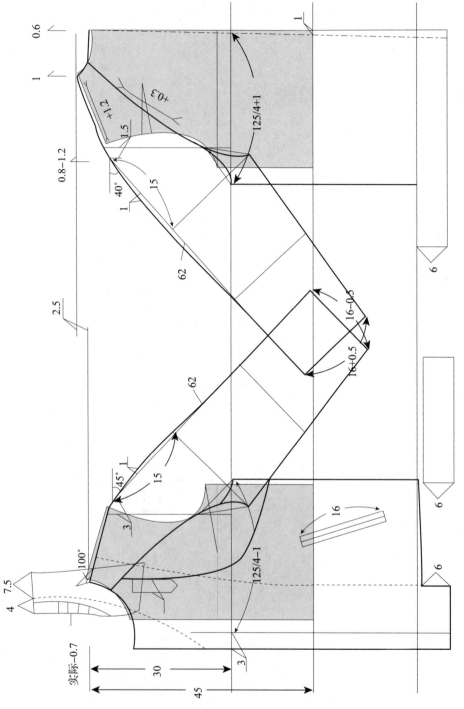

衣身平衡采用箱型—梯形平衡的方法。实际前浮余量＝2.3 cm—1 cm＝1.3 cm,其中下放 0.5 cm,0.8 cm 采用撇胸的形式消除。实际后浮余量＝1.9 cm—0.4 cm＝1.5 cm,采用肩缝缩消除 1.2 cm,袖窿归拢 0.3 cm。

图 9 - 23 - 2　翻折领、插肩袖、宽松茄克——结构图

二、较宽松风格

（一）连帽领、袖底与衣身相连圆袖、较宽松外套（图9-24）

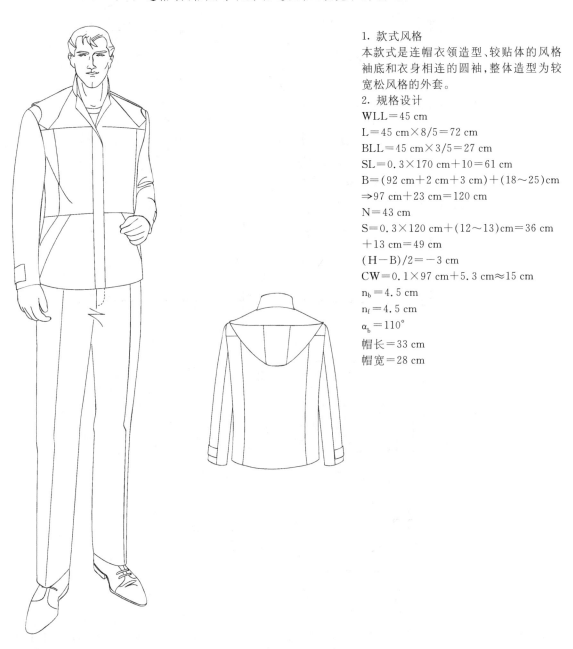

1. 款式风格

本款式是连帽衣领造型、较贴体的风格袖底和衣身相连的圆袖，整体造型为较宽松风格的外套。

2. 规格设计

$WLL=45$ cm

$L=45$ cm$\times8/5=72$ cm

$BLL=45$ cm$\times3/5=27$ cm

$SL=0.3\times170$ cm$+10=61$ cm

$B=(92$ cm$+2$ cm$+3$ cm$)+(18\sim25)$cm

$\Rightarrow97$ cm$+23$ cm$=120$ cm

$N=43$ cm

$S=0.3\times120$ cm$+(12\sim13)$cm$=36$ cm

$+13$ cm$=49$ cm

$(H-B)/2=-3$ cm

$CW=0.1\times97$ cm$+5.3$ cm≈15 cm

$n_b=4.5$ cm

$n_f=4.5$ cm

$\alpha_b=110°$

帽长$=33$ cm

帽宽$=28$ cm

图9-24-1　连帽领、袖底与衣身相连圆袖、较宽松外套——款式图

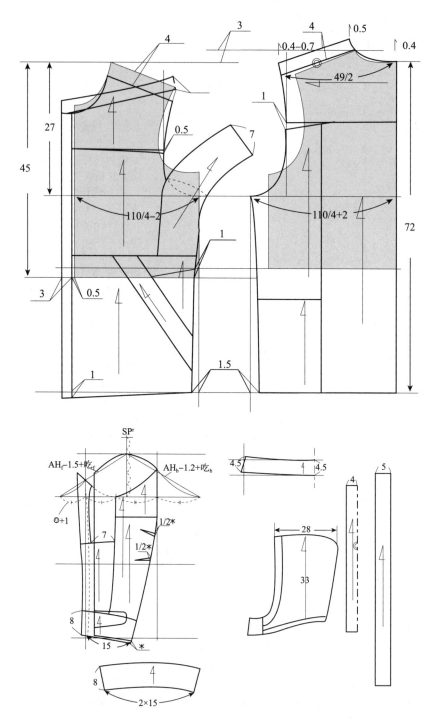

衣身平衡采用箱形—梯形平衡的方法。实际前浮余量＝2.3 cm－0.05(120 cm－106 cm)≈1.7 cm,其中 1 cm 采用下放的形式消除,0.7 cm 在分割缝处消除。实际后浮余量＝1.9 cm－0.02(120 cm－106 cm)≈1.7 cm, 其中 0.7 cm 采用肩改斜的形式消除,其余 1.2 cm 在分割缝处消除。

图 9-24-2　连帽领、袖底与衣身相连圆袖、较宽松外套——结构图

（二）一片袖较宽松衬衫（图 9 - 25）

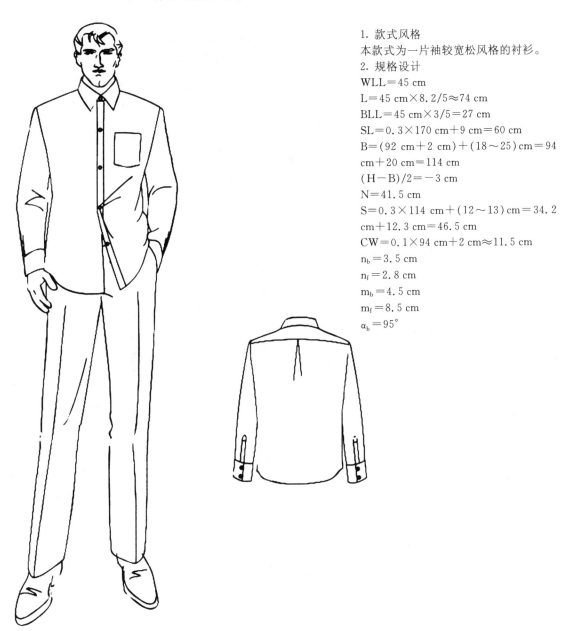

1. 款式风格

本款式为一片袖较宽松风格的衬衫。

2. 规格设计

WLL＝45 cm

L＝45 cm×8.2/5≈74 cm

BLL＝45 cm×3/5＝27 cm

SL＝0.3×170 cm＋9 cm＝60 cm

B＝(92 cm＋2 cm)＋(18～25)cm＝94 cm＋20 cm＝114 cm

(H－B)/2＝－3 cm

N＝41.5 cm

S＝0.3×114 cm＋(12～13)cm＝34.2 cm＋12.3 cm＝46.5 cm

CW＝0.1×94 cm＋2 cm≈11.5 cm

n_b＝3.5 cm

n_f＝2.8 cm

m_b＝4.5 cm

m_f＝8.5 cm

α_b＝95°

图 9 - 25 - 1　一片袖较宽松衬衫——款式图

241

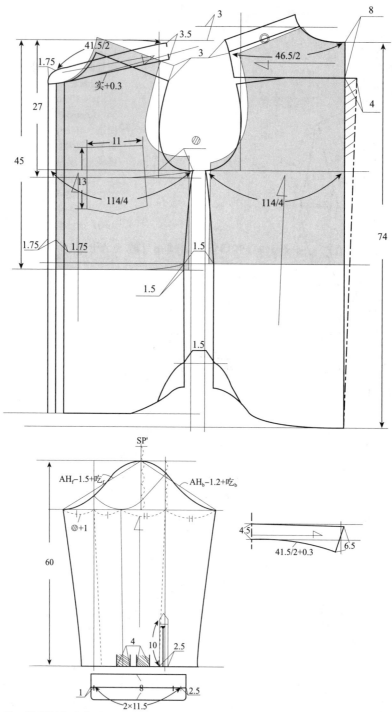

衣身平衡采用箱形—梯形平衡的方法。实际前浮余量＝2.3 cm－0.05(114 cm－106 cm)＝2 cm,其中1.5 cm
采用下放的形式消除,0.5 cm 浮于袖窿。实际后浮余量＝1.9 cm－0.02(114 cm－106 cm)≈1.8 cm,其中
0.5 cm采用肩改斜,1 cm 在横向分割处消除,0.3 cm 浮于袖窿

图9-25-2 一片袖较宽松衬衫——结构图

（三）中山装（图 9 - 26）

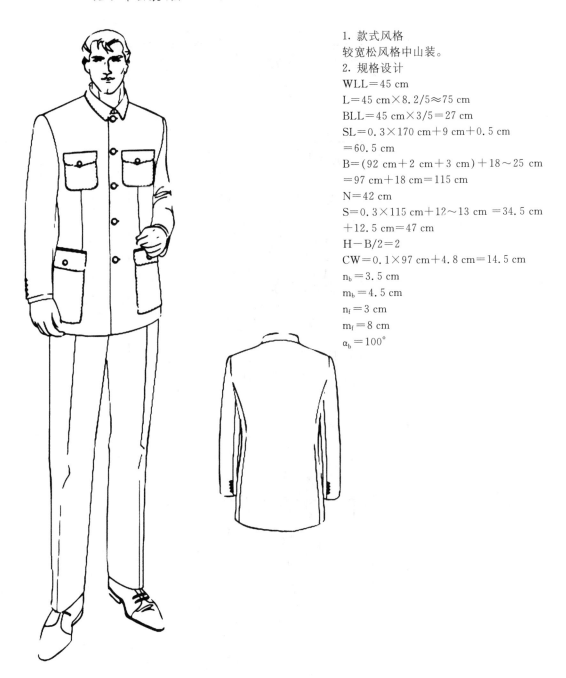

1. 款式风格

较宽松风格中山装。

2. 规格设计

$WLL = 45\ cm$

$L = 45\ cm \times 8.2/5 \approx 75\ cm$

$BLL = 45\ cm \times 3/5 = 27\ cm$

$SL = 0.3 \times 170\ cm + 9\ cm + 0.5\ cm$

$= 60.5\ cm$

$B = (92\ cm + 2\ cm + 3\ cm) + 18 \sim 25\ cm$

$= 97\ cm + 18\ cm = 115\ cm$

$N = 42\ cm$

$S = 0.3 \times 115\ cm + 12 \sim 13\ cm = 34.5\ cm$

$+ 12.5\ cm = 47\ cm$

$H - B/2 = 2$

$CW = 0.1 \times 97\ cm + 4.8\ cm = 14.5\ cm$

$n_b = 3.5\ cm$

$m_b = 4.5\ cm$

$n_f = 3\ cm$

$m_f = 8\ cm$

$\alpha_b = 100°$

图 9 - 26 - 1　中山装——款式图

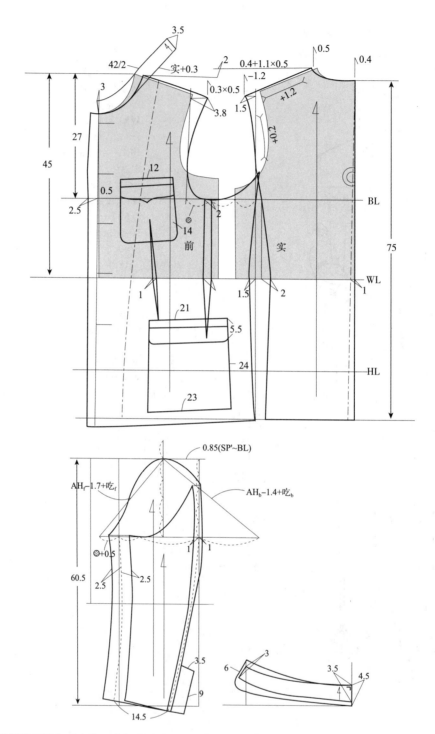

衣身平衡采用箱形平衡的方法。实际前浮余量=2.3 cm−0.05(115 cm−106 cm)≈2 cm,其中 1.5 cm 采用下放的形式消除,0.5 cm 浮于袖窿。实际后浮余量=1.9 cm−0.35 cm−0.02(115 cm−106 cm) =1.4 cm,肩缝缩 1.2 cm,余下 0.2 cm 浮于袖窿。

图 9−26−2　中山装——结构图

三、较合体风格

（一）较合体风格西服（图 9 - 27）

1. 款式风格

本款式是较合体造型、单排四粒扣西装。

2. 规格设计

WLL＝45

L＝45×8.2/5≈74

BLL＝45×3/5＝27

SL＝0.3×170＋8＋0.5＝59.5

B＝（92＋2＋3）＋12～18 ＝97＋13 ＝110

N＝42

S＝0.3×110＋13～14 ＝33＋13.5＝46.5

CW＝14

B－W/2＝8.7

H－B/2＝0

n_b＝2.8

m_b＝3.6

α_b＝120°

图 9 - 27 - 1 较合体风格西服——款式图

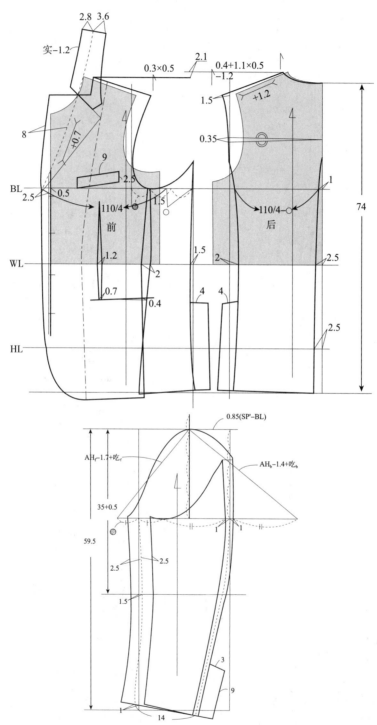

衣身平衡采用箱形平衡的方法。实际前浮余量＝2.3 cm－0.5 cm－0.05(110 cm－106 cm)＝1.6 cm,1.6 cm 全部以撇胸的形式消除。实际后浮余量＝1.9 cm－0.35 cm＝1.85 cm,其中 1.2 cm 采用肩缝缩的形式消除,余下的 0.5 cm 转入背缝。

图 9-27-2　较合体风格西服——结构图

（二）戗驳领西装（图 9-28）

1. 款式风格
本款是双排扣、戗驳领、较合体风格的西装。

2. 规格参数
WLL＝45
L＝45×8.2/5≈74
BLL＝3.1/5≈28
SL＝0.3×170＋8.5＋0.5＝60
B＝（92＋2＋3）＋12～18⇒97＋13＝110
N＝42.5
S＝0.3×115＋13～14＝34.5＋13＝47.5
CW＝0.1×97＋4.8＝14.5
$B-W/2＝5.7$
$H-B/2＝-1.7$
$n_b＝2.8$
$m_b＝3.8$
$\alpha_b＝120°$

图 9-28-1　戗驳领西装——款式图

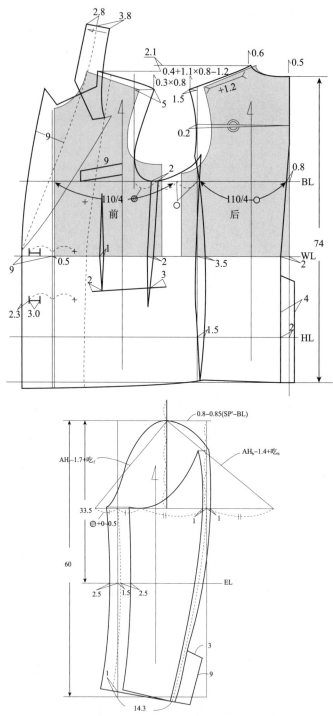

衣身平衡采用箱型平衡的方法。实际前浮余量＝2.3 cm－0.5 cm－0.05(115 cm－106 cm)＝1.35 cm，
1.45 cm 的浮余量全部采用撇胸的形式消除。实际后浮余量＝1.9 cm－0.35 cm－0.02(115 cm－106 cm)≈1.4 cm，其中采用肩缝缩消除 1.2 cm，0.2 cm 转入背缝。

图 9-28-2　戗驳领西装——结构图

四、贴合风格

西装马甲(图 9 - 29)

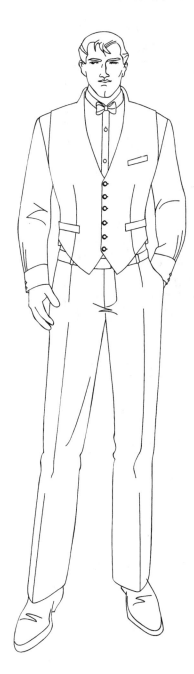

1. 款式风格

本款式是典型的合体类风格西装马甲。

2. 规格设计

$WLL = 45 \text{ cm} - 1 \text{ cm} = 44 \text{ cm}$

$L = 44 \text{ cm} \times 5/4 = 55 \text{ cm}$

$BLL = 44 \text{ cm} \times 3.2/5 \approx 28 \text{ cm}$

$B = (92 \text{ cm} + 2 \text{ cm}) + (8 \sim 12) \text{cm}$

$= 94 \text{ cm} + 6 \text{ cm} = 100 \text{ cm}$

$N = 41.5 \text{ cm}$

$(B - W)/2 = 7.5 \text{ cm}$

$n_b = 2 \text{ cm}$

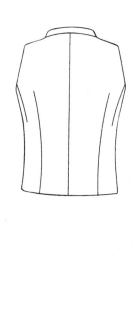

图 9 - 29 - 1 西装马甲——款式图

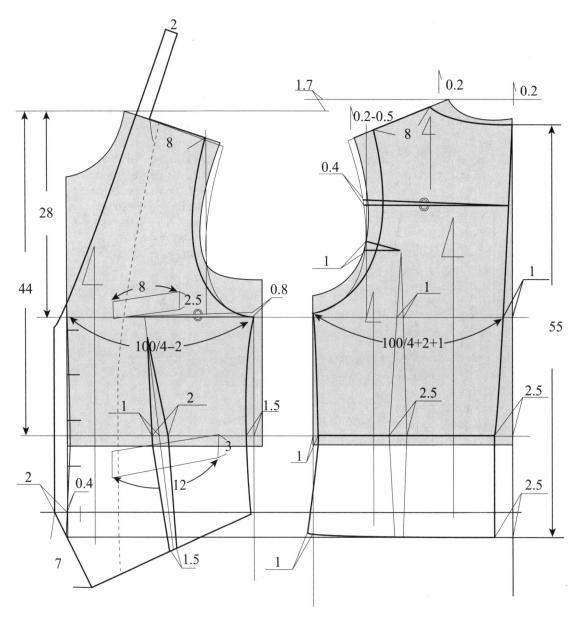

衣身平衡采用箱型平衡的方法。实际前浮余量＝2.3 cm,其中撇胸消掉 1.5 cm,其余浮余量转入腰省。实际后浮余量＝1.9 cm,其中转入腰省 1 cm,转入背缝 0.4,肩改斜消除 0.5 cm。

图 9 - 29 - 2 西装马甲——结构图

第八节　男装衣领、衣身、衣袖的整体对条格 ··············

男装在使用条格大于 1cm 的材料时,要注意在前后衣身之间、衣领与衣身之间、衣袖与衣身之间对条格,即横、竖的条格都要对合。

一、前后衣身的横条对合

前后衣身以 WL 为准,WL 以上的侧缝、WL 以下的侧缝都要对横条,如图 9－30(a)的③所示。当前后衣身如图 9－30(a)①所示,两侧的斜度不一时,应该如 9－30(a)②所示,将前衣身侧缝改小,后衣身侧缝放大,修正成如图 9－30(a)②所示。

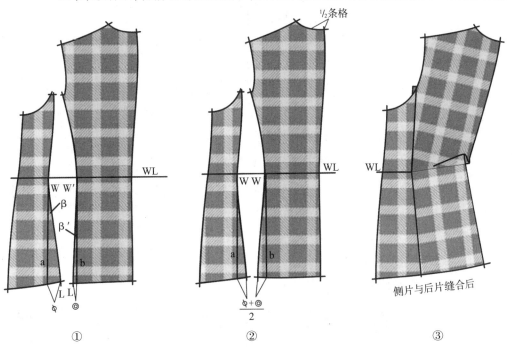

图 9－30　衣身整体对条格

二、腰袋与衣身对条格

如图 9－31 所示,将腰袋样版置于衣身的腰袋位上,然后按衣身条格位置在袋盖样版上画出条格位置,这样只须将腰袋样版置于面料上对准条格即可。

图 9 - 31
腰袋与衣身
对条格

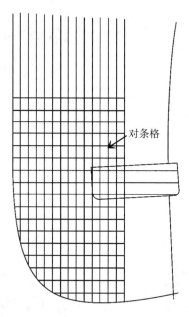

对条格

三、胸袋、驳头的对条格

如图 9 - 32 所示,胸袋应与衣身对条格,驳头的边缘应和材料的条纹平行,不管驳头的边缘是何种形状,男装的挂面驳头都应做到条纹平行(必要时通过归拢工艺处理)。

图 9 - 32
胸袋、驳头的
对齐条格

四、衣袖与衣身的对条格

如图9-33所示,在衣身上自SP以下 ＊＝10～ 11cm 处找到一根横条,然后在袖身上按＊＋1cm左右的吃势画出一条对横条的线,则袖身自这条横线以下都与衣身对条。

图9-33
衣袖与衣身
对条格

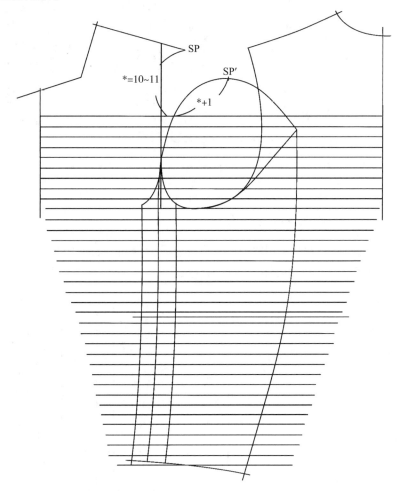

五、后衣身的条格处理

后衣身条格处理如图9-34所示,即后背缝上端应处于1/2条距,这样左右后背缝合后就会合成整条竖条宽,这样有助于后面的对衣领。

图 9 - 34
后衣身的
条格处理

六、领身与后衣身的对条格

将领身样版按图 9 - 35 所示与后衣身对合,注意要求领身的条格要与衣身的条格对齐,同时要注意领身的放置方向。

图 9 - 35
领身与后
衣身的对条格

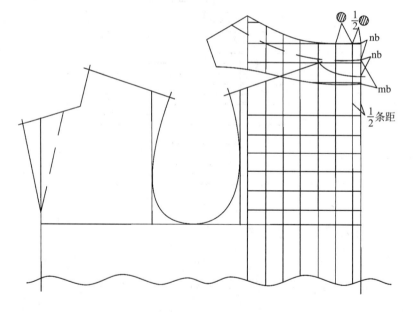

七、整体衣片的对条格

图 9 - 36 所示为上衣及裤身所有衣片的对条格情况。

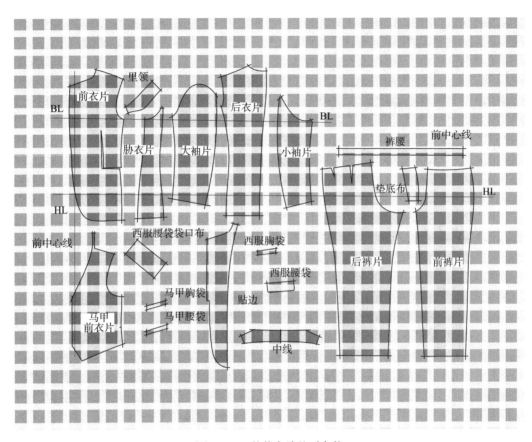

图 9-36　整体衣片的对条格

思 考 题

1. 男女体型主要差别以及在结构上的处理方法。
2. 男装衣身结构平衡种类,浮余量的消除方法。
3. 男式衬衫结构制图:L=74cm, B=102cm, B−W=4cm, H=B, S=46cm,
   N=41cm, SL=60cm, CW=12cm。
3. 男式西装结构制图:L=76cm, B=110cm, B−W=12cm, S=46cm,
   N=41.5cm, SL=62cm, CW=14cm。
4. 男式中山装结构制图:L=76cm, B=116cm, B−W=10cm, H−B=4cm,
   S=47cm, N=41.5cm, SL=61cm, CW=15cm。
5. 男宽松风格风衣结构制图:L=110cm, B=120cm, H−B=8cm, S=52cm,
   N=43cm, SL=62cm, CW=17cm。

模块六　工业样版基础知识模块

　　内容综述：介绍服装号型标准的基本概念及其应用和配置；介绍纸样推档的基本概念、主要原理和方法，并举例进行说明；介绍工业样版的基本知识、技术规定和规格设计。

　　掌握：服装号型的定义、标志、体型分类、中间体的设置；纸样推档的方法及应用实例；工业样版的技术规定。

　　熟悉：服装号型的配置方式；推档的技术原理；工业样版的构成和各项技术规定。

　　了解：男、女、童装号型系列以及号型应用。

第十章　服装号型标准

●●

本章要点 ···

　　服装号型的定义、标志、体型分类、中间体的设置、号型系列、号型的应用与配置。

第一节　服装号型的基本概念 ·······················

一、号型定义

　　身高、胸围和腰围是人体体型的基本数据，用这些数据来推算人体其它各部位的尺寸，误差最小。在 GB1335－1997 标准中规定将身高命名为"号"，人体胸围和人体腰围及体型分类代号命名为"型"。

　　"号"指人体的身高，是设计服装长度的依据。颈椎点高、坐姿颈椎点高、腰围高和全臂长等均与人体身高密切相关，并随着身高的增长而增长。

　　"型"指人体的净体胸围或腰围，是设计服装围度的依据，与人体臀围、颈围和总肩宽等围向尺寸紧密联系。

二、体型分类

　　体型分类是根据人体的胸腰差，即净体胸围减去净体腰围的差数划分人体体型，如表 10－1 所示。体型分类代号最能反映人的体型特征，用这些部位及体型分类代号作为服装成品规格的标志，消费者易接受，也方便服装生产和经营。

表 10 - 1
我国人体
体型的分类
单位：cm

体型分类代号	男子：胸围—腰围	女子：胸围—腰围
Y	22～17	24～19
A	16～12	18～14
B	11～7	13～9
C	6～2	8～4

号与型分别统辖人体长度和围度方向的各主要部位,体型代号 Y、A、B、C 则控制体型特征,因此服装号型的要素为：身高、净胸围/净腰围和体型代号。

与成人不同的是,由于儿童身高逐渐增长,胸围、腰围等部位处于逐渐发育变化的状态,因此儿童不划分体型。

三、号型标志

号型标志是服装号型规格的代号。成品服装上必须标明号型,号、型之间用斜线分开,后接体型分类代号。例如：160/84A、160/80B,其中 160 表示身高为 160 cm,84 表示净胸围为 84 cm,A 表示体型代号,即人体胸腰差为 18～14 cm 这一组别。在套装系列服装中,上、下装必须分别标有号型标志。由于儿童不分体型,因此童装号型标志不带体型分类代号。

四、中间体

根据大量实测的人体数据,通过计算求出均值,即为中间体。它反映了我国男女成人各类体型的身高、胸围、腰围等部位的平均水平,具有一定的代表性。在设计服装规格时必须以中间体为中心,按一定分档数值,向上下、左右推档组成规格系列。中心号型是指在人体测量的总数中占有最大比例的体型,国家设置的中间号型是指全国范围而言,各个地区的情况会有差别,所以,对中心号型的设置应根据各地区的不同情况及产品的销售方向而定,不宜照搬,但规定的系列不能变。中间体的设置参见表 10 - 2 所示。

表 10 - 2
男女各体型分
类的中间体设置
单位：cm

体　型		Y	A	B	C
男子	身　高	170	170	170	170
	胸　围	88	88	92	96
	腰　围	70	74	84	92
	臀　围	90	90	95	97
女子	身　高	160	160	160	160
	胸　围	84	84	88	88
	腰　围	64	68	78	82
	臀　围	90	90	96	96

五、号型系列

号型系列是指将人体的号和型进行有规则的分档排列与组合。在标准中规定身高以 5 cm 分档,分成 7 档,男子标准从 155 cm、160 cm、165 cm、170 cm、175 cm、180 cm 到 185 cm;女子标准从 145 cm、150 cm、155 cm、160 cm、165 cm、170 cm 到 175 cm,胸围和腰围分别以 4 cm 和 2 cm 分档,组成号型系列:5·4 系列和 5·2 系列,上装一般多采用 5·4 系列,下装多采用 5·4 系列和 5·2 系列,如表10-3所示。在上下装配套时,上装可以在系列表中按需选一档胸围尺寸,下装可选用一档腰围尺寸,也可按系列表选两档或两档以上腰围尺寸,如表10-4所示。

表 10-3
男女号型系列分档范围和分档间距表
单位: cm

型　　号		男	女	分档间距
		155～185	145～175	5
胸围	Y 型	76～100	72～96	4
	A 型	72～100	72～96	4
	B 型	72～108	68～104	4
	C 型	76～112	68～108	4
腰围	Y 型	56～82	50～76	2 和 4
	A 型	58～88	54～84	2 和 4
	B 型	62～100	56～94	2 和 4
	C 型	70～108	60～102	2 和 4

表 10-4
男女 A 型体上下装号型系列的配置
单位: cm

胸　围	男　　子		女　　子	
	腰　围	臀　围	腰　围	臀　围
72	56	75.6	54	77.4
	58	77.2	56	79.2
	60	78.8	58	81.0
76	60	78.8	58	81.0
	62	80.4	60	82.8
	64	82	62	84.6
80	64	82	62	84.6
	66	83.6	64	86.4
	68	85.2	66	88.2
84	68	85.2	66	88.2
	70	86.8	68	90.0
	72	88.4	70	91.8

（续表）

胸　围	男　子		女　子	
	腰　围	臀　围	腰　围	臀　围
88	72	88.4	70	91.8
	74	90	72	93.6
	76	91.6	74	95.4
92	76	91.6	74	95.4
	78	93.2	76	97.2
	80	94.8	78	99.0
96	80	94.8	78	99.0
	82	96.4	80	100.8
	84	98	82	102.6
100	84	98	84	104.4
	86	99.6	86	106.2
	88	101.2	88	108.0

　　儿童服装号型把身高划分成二段编制，一段是 80～130 cm 身高的儿童，身高以 10 cm 分档，胸围以 4 cm 分档，腰围以 3 cm 分档，将上装组成 10·4 号型系列，下装组成 10·3 号型系列。另一段是身高 135～160 cm 的儿童，身高以 5 cm 分档，胸围以 4 cm 分档，腰围以 3 cm 分档，分别组成上装 5·4 系列和下装的 5·3 系列，如表 10−5 所示。

表 10−5
儿童号型系列
分档范围和
分档间距表
单位：cm

儿　童	号		型	
	80～130 cm		上装 48～64 cm，下装 47～59 cm	
	档距/cm	数量/个	档距/cm	数量/个
	10	6	4 或 3	5
男　童	号		型	
	135～160 cm		上装 60～80 cm，下装 54～69 cm	
	档距/cm	数量/个	档距/cm	数量/个
	5	6	4 或 3	6
女　童	号		型	
	135～155 cm		上装 56～76 cm，下装 49～54 cm	
	档距/cm	数量/个	档距/cm	数量/个
	5	5	4 或 3	6

国家标准在设置号型时,各体型的覆盖率即人口比例≥3‰时就设置号型。但也存在这样的情况,有些号型比例虽小(没有达到3‰),但这些小比例号型也具有一定的代表性,所以在设置号型系列时,增设了一些比例虽小但具有一定实际意义的号型,使得系列表更加完整,更加切合实际。实际验证表明,经调整后的服装号型覆盖面,男子达到96.15%,女子达到94.72%,总群体覆盖面为95.46%。

第二节　服装号型标准的应用与配置

一、号型应用

在号型的实际应用中,首先要确定着装者属于哪一种体型,然后看身高和净胸围(腰围)是否和号型设置一致,如果一致则可对号入座,如有差异则采用近距靠拢法。

考虑到服装造型和穿着的习惯,某些矮胖和瘦长体形的人,也可选大一档的号或大一档的型。

儿童正处于长身体阶段,特别是身高的增长速度大于胸围、腰围的增长速度,选择服装时,号可大一至二档,型可不动或大一档。

对服装企业来说,在选择和应用号型系列时,应注意以下几点:

1. 必须从标准规定的各系列中选用适合本地区的号型系列。

2. 无论选用哪个系列,必须考虑每个号型适应本地区的人口比例和市场需求情况,相应地安排生产数量。各体型人体的比例,分体型、分地区的号型覆盖率可参考国家标准,同时也应生产一定比例的两头号型,以满足各部分人群的穿着需求。

3. 标准中规定的号型不够用时,也可适当扩大号型设置范围。扩大号型范围时,应按各系列所规定的分档数和系列数进行。

二、控制部位

控制部位是指在设计服装规格时必须依据的主要部位。长度方面有身高、颈椎点高、坐姿颈椎点高、全臂长、腰围高;围度方面有胸围、腰围、颈围、臂围、总肩宽。

服装规格中的衣长、胸围、领围、袖长、总肩宽、裤长、腰围、臀围等,就是用控制部位的数值加上不同加放量而制定的。

国家标准中分别给出了男性、女性 Y、A、B、C 四种体型的不同号型系列的控制部位数值,以供将控制部位数值转化为服装规格时使用,如表 10－6、10－7 所示。

表 10－6　男性 A 体 5·4,5·2 号型系列控制部位数值

单位：cm

部位＼身高	155	160	165	170	175	180	185
身高	155	160	165	170	175	180	185
颈椎点高	133.0	137.0	141.0	145.0	149.0	153.0	157.0
坐姿颈椎点高	60.5	62.5	64.5	66.5	68.5	70.5	72.5
全臂长	51.0	52.5	54.0	55.5	57.0	58.5	60.0
腰围高	93.5	96.5	99.5	102.5	105.5	108.5	111.5

部位	数　　值							
胸围	72	76	80	84	88	92	96	100
颈围	32.8	33.8	34.8	35.8	36.8	37.8	38.8	39.8
总肩宽	38.8	40.0	41.2	42.4	43.6	44.8	46.0	47.2

部位	数　　值																							
腰围	56	58	60	60	62	64	64	66	68	68	70	72	72	74	76	76	78	80	80	82	84	84	86	88
臀围	75.6	77.2	78.8	78.8	80.4	82.0	82.0	83.6	85.2	85.2	86.8	88.4	88.4	90.0	91.6	91.6	93.2	94.8	94.8	96.4	98.0	98.0	99.6	101.2

263

表10-7　女性A体5.4、5.2号型系列控制部位数值

单位：cm

部位	数 值																				
身高	145			150			155			160			165			170			175		
颈椎点高		124.0			128.0			132.0			136.0			140.0			144.0			148.0	
坐姿颈椎点高		56.5			58.5			60.5			62.5			64.5			66.5			68.5	
全臂长		46.0			47.5			49.0			50.5			52.0			53.5			55.0	
腰围高		89.0			92.0			95.0			98.0			101.0			104.0			107.0	
胸围		72			76			80			84			88			92			96	
颈围		31.2			32.0			32.8			33.6			34.4			35.2			36.0	
总肩宽		36.4			37.4			38.4			39.4			40.4			41.4			42.4	
腰围	54	56	58	58	60	62	62	64	66	66	68	70	70	72	74	74	76	78	78	80	84
臀围	77.4	79.2	81.0	81.0	82.8	84.6	84.6	86.4	88.2	88.2	90.0	91.8	91.8	93.6	95.4	95.4	97.2	99.0	99.0	100.8	102.6

三、号型配置

对于服装企业来说,必须根据选定的号型系列编出产品系列的规格表,这是对正规化生产的一种基本要求。规格系列表中的号型,基本上能满足某一体型 90% 以上人们的需求,但在实际生产和销售中,由于投产批量小,品种不同,服装款式或穿着对象不同等客观原因,往往不能或者不必全部完成规格系列表中的规格配置,而是选用其中的一部分规格进行生产或选择部分热销的号型安排生产。在规格设计时,可根据规格系列表并结合实际情况编制出生产所需要的号型配置。如男西服 A 体型一般有以下几种配置方式:

1. 号和型同步配置

配置形式为:160/80A、165/84A、170/88A、175/92A、180/96A。

2. 一号和多型配置

配置形式为:170/84A、170/88A、170/92A、170/96A。

3. 多号和一型配置

配置形式为:160/88A、165/88A、170/88A、175/88A、180/88A。

号型的配置在具体使用时,可根据地区人体体型特点或产品特点,在服装规格系列表中做好号和型的搭配,达到可以满足大部分消费者的需要,同时又可避免生产过量,产品积压。

思　考　题

1. 号型定义和体型分类。
2. 成人上、下装和童装号型系列。
3. 男女体型中间体的设置。
4. 号型应用的注意因素?
5. 号型配置的方式。

第十一章　服装推档原理与基本造型的推档技术

本章要点

服装推档的档差设定方法,推档的主要方法和原理应用,直筒裙、女西裤、男西裤、女衬衫、男衬衫等款式的推档实例分析。

第一节　服装推档基本概念

现代服装工业化大生产要求同一种款式的服装要有多种规格,以满足不同体型消费者的需求,这就要求服装企业要按照国家标准制定产品的规格系列,这种以标准母版为基准,兼顾各个号型,进行科学的计算、缩放、制定出系列号型样版的方法叫做规格系列推档,即服装推档,也称服装纸样放缩。它是服装生产企业基本的技术要求,是整个生产工序过程中最重要的技术环节之一。

一般来讲确定成品规格的档差有以下三种方式:

一、按国家号型标准确定

国家号型标准规定男女 A 型体的部分号型同步配置档差确定如表 11 - 1、11 - 2 所示。

表 11 - 1
男性 A 型体
主要部位号型
同步配置的档差
单位：cm

	165/84A(S)	170/88A(M)	175/92A(L)	档　差
身　高	165	170	175	5
颈椎点高	141	145	149	4
全臂长	54.0	55.5	57.0	1.5

（续表）

	165/84A(S)	170/88A(M)	175/92A(L)	档　差
腰围高	99.5	102.5	105.5	3
胸　围	84	88	92	4
颈　围	35.8	36.8	37.8	1
总肩宽	42.4	43.6	44.8	1.2
腰　围	70	74	78	4
臀　围	86.8	90	93.2	$0.8\Delta W = 3.2$

表 11-2
女性 A 型体
主要部位号型
同步配置的档差
单位：cm

	155/80A(S)	160/84A(M)	165/88A(L)	档　差
身　高	155	160	165	5
颈椎点高	132	136	140	4
全臂长	49.0	50.5	52.0	1.5
腰围高	95.0	98.0	101.0	3
胸　围	80	84	88	4
颈　围	32.8	33.6	34.4	0.8
总肩宽	38.4	39.4	40.4	1.0
腰　围	64	68	72	4
臀　围	86.4	90	93.6	$0.9\Delta W = 3.6$

由上表可得到男女 A 型体部分号型同步配置的档差的不同点，如表 11-3
所示。

表 11-3
男女 A 型
体部分号型
同步配置档
差的不同点
单位：cm

	男 人 体 档 差	女 人 体 档 差
颈　围(N)	1.0	0.8
总肩宽(S)	1.2	1.0
臀　围(H)	3.2	3.6

国家标准号型系列的档差值在服装工业纸样设计中可作为放码的理论依据加
以应用和参考。但在生产实际中，由于不同服装款式的特点不同，部分档差值需灵
活应用。

二、按企业标准确定

在遵守国家标准的前提下,各企业根据不同的地区、不同的款式、不同的需求,制定出各企业自己的标准。

某企业采用男衬衫规格尺寸号型同步配置和号型不同步配置时的档差设置如表 11－4、11－5 所示。

表 11－4
男衬衫号型
同步配置

部位	160/80	165/84	170/88	175/92	180/96	档差
N	37	38	39	40	41	1
L	70	72	74	76	78	2
B	102	106	110	114	118	4
S	43.6	44.8	46	47.2	48.4	1.2
SL	56	57.5	59	60.5	62	1.5
CF	22.4	23.2	24	24.8	25.6	0.8

表 11－5
男衬衫号型
不同步配置

部位	155/76	160/80	165/84	170/88	170/92	175/96	175/100	175/104	180/108	档差
N	36	37	38	39	40	41	42	43	44	1
L	68	70	72	74	74	76	76	76	78	2
B	98	102	106	110	114	118	122	126	130	4
S	42.4	43.6	44.8	46	47.2	48.4	49.6	50.8	52	1.2
SL	54.5	56	57.5	59	59	60.5	60.5	60.5	62	1.5
CF	21.6	22.4	23.2	24	24.8	25.6	26.4	27.2	28	0.8

按号型同步配置确定的规格尺寸进行放码,档差少,生产容易管理,但适合群体对象少;按号型不同步配置确定的规格尺寸进行放码,档差多,生产不易管理,但适合群体对象多。

三、按客户要求确定

随着我国市场经济的深入和加入 WTO 以后外销服装日益增多,因此在确定成品规格尺寸档差时,必须充分考虑不同国家、不同地区、不同客户、不同款式的特点。当客户提出所需的成品规格尺寸档差时,首先应尽量满足客户的要求,但同时要分析其要求是否合理,与国家标准、企业标准是否矛盾,进行放码后是否会影响款式特点和穿着要求。

第二节　服装样版推档的方法 ‧‧‧‧‧‧‧‧‧‧‧‧‧‧‧‧‧‧‧‧‧‧‧

服装样版的推档可分为手工推档和计算机推档两大类。

一、手工推档

手工推档常用的方法有推放法和制图法。

1. 推放法的操作方法　先确定基准样版,然后按档差,在领口、肩部、袖窿、侧缝、底边等进行上下左右移动,可扩大或缩小,直接用硬纸板或软纸完成推档样版,这种推档方法需要较高的技能。

2. 制图法的操作方法　先确定基准样版,标出基准坐标的位置,根据档差运用数学方法,计算各放码点的差值,连接各放码点,形成推档样版。制图法又分为"档差法"、"等分法"和"射线法"等三种方法。

"档差法"是以标准样版为基准,先推放出相邻的一个规格,剪下并与标准样版进行核对,在完全正确的情况下,再以该样版为基准,放出更大一号的规格,以此类推。对于缩小的规格亦采用同样的方法,如图 11－1 所示。

图 11－1
"档差法"
推档操作方法

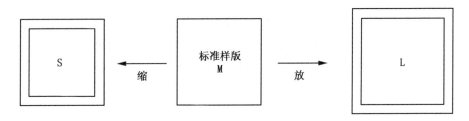

"等分法"是将最大规格与最小规格的样版特征点相连,然后等分获得每档样版。当档数是奇数时,可直接将最大档与最小档选为基础档;当档数为偶数时,应加设一最大档为过渡档,再选最大档与最小档为基础档,进行等分推档,如图 11－2 所示。

图 11－2
"等分法"
推档操作方法

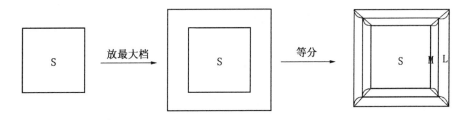

"射线法"是以标准样版为基型,确定一个坐标中心点,以此中心点为基准,向标准样版的各个结构部位点引出射线。然后运用等分法来推画出全套规格系列样版,如图 11－3 所示。

269

图 11-3
"射线法"
推档操作方法

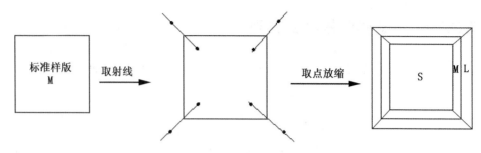

二、计算机推档(放码)

计算机推档常用的方法有点的推档(放码)和线的推档(放码)两种。

1. 点的推档

点的推档是计算机推档的基本方式,其基本原理是:在基本码样版上选取决定样版造型的关键点作为放码点,根据档差,在放码点上分别给出不同号型的 X 和 Y 方向的增减量,即围度方向和长度方向的变化量,构成新的坐标点,根据基本样版轮廓造型,连接这些新的点就构成不同号型的样版。

这种方法原理比较简单,与手工推档方式相符合,一般 CAD 系统都提供了多种检查工具,可以从多个角度检查样版的放缩,大大提高了放码精度。点的推档可以根据具体服装造型、号型的不同,灵活地对某些决定服装款式造型的关键点进行放缩规格的设定,比较精确,适用于任何款式的服装。

2. 线的推档

线的推档是在纸样放大或缩小的位置引入恰当合理的切开线对纸样进行假想的切割,并在这个位置输入一定的切开量(根据档差计算得到的分配数),从而得到另外的号型样版。常用的有三种形式的切开线:水平、竖直和倾斜的切开线。水平切开线使切开量沿竖直方向放大或缩小,竖直切开线使切开量沿水平方向变化,倾斜切开线使切开量沿切开线的垂直方向变化。

第三节　服装样版推档基本原理

一、缩放基准点的设置原则及方法

1. 缩放基准点的设置原则

在进行服装样版推档时,必须根据服装款式的特点,合理地选择恰当的缩放基准点,缩放基准点设置的原则如下:

(1) 必须尽可能地设置在结构图形的内部,保证基准点至各点的距离尽可能接近;

(2) 必须设置在主要纵向线与主要围向线交接的位置上;

（3）前后、左右的结构图的基准点必须放在前后、左右图形对称的位置上；

（4）缩放基准点的位置变化不影响各部位的最终档差值。

2. 缩放基准点的设置方法

缩放基准点的设置一般来讲有下列几种：

（1）前片以前中心线和胸围线的交点为缩放基准点；后片以后中心线和胸围线的交点为缩放基准点；

（2）前片以前胸宽线和胸围线的交点为缩放基准点；后片以后背宽线和胸围线的交点为缩放基准点；

（3）前片以前中心线和上平线的交点为缩放基准点；后片以后中心线和上平线的交点为缩放基准点；

（4）对于一片袖、两片袖而言，一般以袖窿深线与袖中线的交点为缩放基准点。

在进行服装样版推档时，合理地选择恰当的坐标轴将会产生事半功倍的结果。

二、推档原理的应用

以东华原型为例分析服装样版推档的基本原理。

（一）东华原型结构制图和档差值

东华原型制图规格为：160/84A

身高 h＝160 cm；净胸围 B* ＝84 cm；背长 BWL＝38 cm

东华原型结构制图如图 11 - 4 所示。

图 11 - 4
东华原型
结构制图

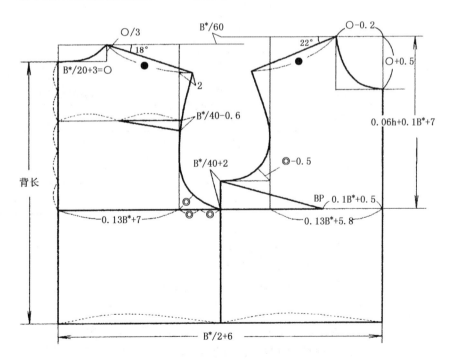

根据上装5·4系列讨论,其主要部位的档差如表11－6所示:

表11－6
东华原型主要
部位的档差值
单位：cm

	S	M	L	档　差
身　高	155	160	165	5
净胸围	80	84	88	4
背　长	37	38	39	1

其细部档差值的确定如表11－7所示:

表11－7
东华原型细
部的档差值
单位：cm

部　位	应　用　公　式	档　差　值
前、后胸围	$B^*/4+3$	$\Delta B/4=1$
前胸宽	$0.13B^*+5.8$	$0.13\Delta B\approx0.5$
后背宽	$0.13B^*+7$	$0.13\Delta B\approx0.5$
胸围线(袖窿深线)	$0.06h+0.1B^*+7$	$0.06\Delta h+0.1\Delta B=0.7$
后横开领宽	$B^*/20+3$	$\Delta B/20=0.2$
前横开领宽	$B^*/20+2.8$	$\Delta B/20=0.2$
前直开领	$B^*/20+3+0.5$	$\Delta B/20=0.2$
后直开领	$\frac{1}{3}$后直开领	$\frac{1}{3}\Delta B/20\approx0.07$
肩　宽	与后背宽尺寸变化同步	1 cm 定数
前浮余量	$B^*/40+2$	$\Delta B/40=0.1$
后浮余量	$B^*/40-0.6$	$\Delta B/40=0.1$
背　长	$0.2h+5$	$\Delta BWL=0.2\Delta h=1$
后腰节		$\Delta BWL+\Delta B/60=1.07$
前腰节		$\Delta BWL+\Delta B/60+\Delta B/60=1.14$

（二）东华原型推档方法

用三种不同的坐标轴对东华原型进行推档:

1. 前片以前中心线和胸围线的交点为缩放基准点;后片以后中心线和胸围线的交点为缩放基准点。

这种坐标轴的建立适合于横向分割款式的推档。

后片推档图如图11－5所示,后片各放码点的位移情况如表11－8所示。

前片推档图如图11－6所示,前片各放码点的位移情况如表11－9所示。

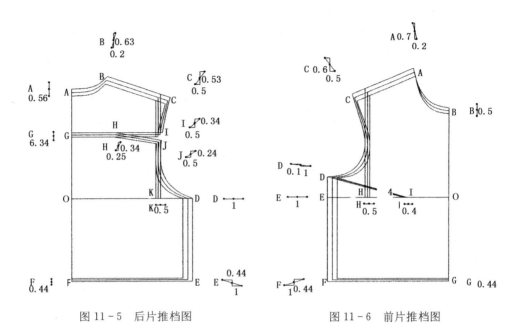

图 11-5　后片推档图　　　　　图 11-6　前片推档图

表 11-8 后片各放码点的位移情况 单位：cm	放 码 点	公　　式	备　　注
	A	Y：0.56(0.63-ΔB/60) X：0	$\Delta B/60\approx\dfrac{1}{3}\left(\dfrac{B}{20}+3\right)$
	B	Y：0.63(0.7-ΔB/60) X：0.2(ΔB/20)	ΔB/60≈0.07
	C	Y：0.53(平行 BC 线) X：0.5(与后背宽的变量相同)	保"型"
	D	Y：0 X：1(ΔB/4)	
	E	Y：0.44(ΔBWL-0.56) X：1(同 D 点)	ΔBWL＝1
	F	Y：0.44(1-0.56) X：0	
	G	Y：0.34(0.56×3/5) X：0	
	H	Y：0.34(同 G 点) X：0.25(0.13ΔB/2)	0.13ΔB≈0.5
	I	Y：0.34(同 G 点) X：0.5(0.13ΔB)	保"型"

（续表）

放 码 点	公　　式	备　　注
J	Y：0.24(0.34－ΔB/40) X：0.5(0.13ΔB)	ΔB/40(后浮余量的变量)
K	Y：0 X：0.5(0.13ΔB)	后背宽的变量

表 11 - 9
前片各放码点
的位移情况
单位：cm

放 码 点	公　　式	备　　注
A	Y：0.7(0.06Δh＋0.1ΔB) X：0.2(ΔB/20)	
B	Y：0.5(0.7－ΔB/20) X：0	
C	Y：0.6(平行 AC 线) X：0.5(肩冲不变)	保"型"
D	Y：0.1(ΔB/40) X：1(ΔB/4)	前浮余量的档差值
E	Y：0 X：1(ΔB/4)	
F	Y：0.44(1.14－0.7) X：1(同 E 点)	前腰节的档差值 1.14
G	Y：0.44(1.14－0.7) X：0	
H	Y：0 X：0.5(0.13ΔB)	前胸宽的档差值
I	Y：0 X：0.4(0.1ΔB)	

　　2. 前片以前胸宽线和胸围线的交点为缩放基准点；后片以后背宽线和胸围线的交点为缩放基准点。

　　这种坐标轴的建立适合较复杂的款式(如刀背缝分割或插肩袖等)的推档。

　　后片推档图如图 11 - 7 所示,后片各放码点的位移情况如表 11 - 10 所示。

　　前片推档图如图 11 - 8 所示,前片各放码点的位移情况如表 11 - 11 所示。

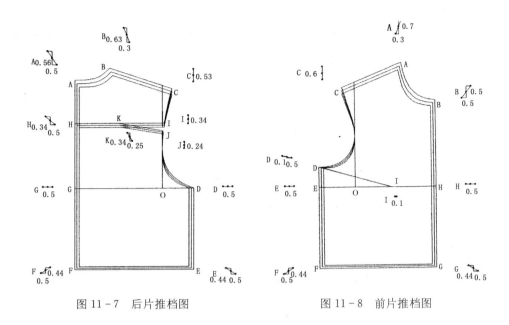

图 11 - 7 后片推档图　　　　　图 11 - 8 前片推档图

表 11 - 10 后片各放码点的位移情况单位：cm		
放 码 点	公　　　式	备　　　注
A	Y：0.56(0.63－ΔB/60) X：0.5(0.13ΔB)	ΔB/60 是前后腰节的档差值
B	Y：0.63(0.7－ΔB/60) X：0.3(0.5－ΔB/20)	ΔB/60＝0.07
C	Y：0.53(平行 BC 线) X：0(肩冲不变)	保"型"
D	Y：0 X：0.5(ΔB/4－0.5)	
E	Y：0.44(ΔBWL－0.6) X：0.5(同 D 点)	
F	Y：0.44(ΔBWL－0.6) X：0.5(0.13ΔB)	后背宽的变量
G	Y：0 X：0.5(0.13ΔB)	后背宽的变量
H	Y：0.34(0.56×3/5) X：0.5(同 G 点)	
I	Y：0.34(0.56×3/5) X：0	

（续表）

放码点	公　　式	备　　注
J	Y：0.24(0.36－ΔB/40) X：0	ΔB/40(后浮余量的变量)
K	Y：0.34(同 H 点) X：0.25(0.5/2)	0.13ΔB≈0.5

表 11－11
前片各放码点
的位移情况
单位：cm

放 码 点	公　　式	备　　注
A	Y：0.7(0.06Δh＋0.1ΔB) X：0.3(0.5－ΔB/20)	
B	Y：0.5(0.7－ΔB/20) X：0.5(0.13ΔB≈0.5)	前胸宽的变量
C	Y：0.6(平行 AC 线) X：0(肩冲不变)	保"型"
D	Y：0.1(ΔB/40) X：0.5(ΔB/4－0.5)	前浮余量的档差值
E	Y：0 X：0.5(ΔB/4－0.5)	
F	Y：0.44(1.14－0.7) X：0.5(ΔB/4－0.5)	前腰节的档差值1.14
G	Y：0.44 X：0.5(0.13ΔB≈0.5)	前胸宽的变量
H	Y：0 X：0.5(0.13ΔB≈0.5)	前胸宽的变量

　　3. 前片以前中心线和上平线的交点为缩放基准点；后片以后中心线和上平线的交点为缩放基准点。

　　这种坐标轴的建立适合较简单的款式的推档。

　　后片推档图如图 11－9 所示,后片各放码点的位移情况如表 11－12 所示。

　　前片推档图如图 11－10 所示,前片各放码点的位移情况如表 11－13 所示。

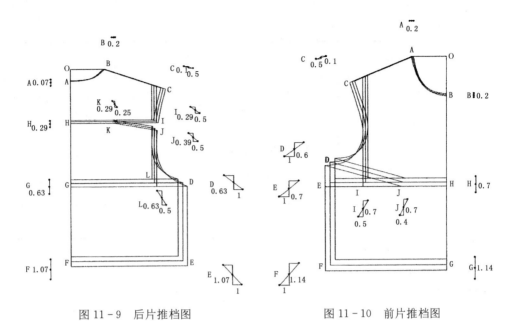

图 11 - 9 后片推档图   图 11 - 10 前片推档图

表 11 - 12
后片各放码点
的位移情况
单位：cm

放码点	公　　　式	备　　注
A	Y：0.07(ΔB/60) X：0	ΔB/60≈0.07
B	Y：0 X：0.2(ΔB/20)	
C	Y：0.1(平行 BC 线) X：0.5(与后背宽的变量相同)	保"型" 肩冲不变
D	Y：0.63(0.7−ΔB/60) X：1(ΔB/4)	
E	Y：1.07(ΔBWL＋ΔB/60＝1.07) X：1(同 D 点)	后腰节的档差值
F	Y：1.07(同 E 点) X：0	
G	Y：0.63(0.7−ΔB/60) X：0	
H	Y：0.29(0.07＋0.56×2/5) X：0	或 0.63−0.56×3/5
I	Y：0.29(同 H 点) X：0.5(0.13ΔB＝0.5)	后背宽的变量

（续表）

放 码 点	公　　　式	备　　　注
J	Y：0.39(0.29＋ΔB/40) X：0.5(0.13ΔB≈0.5)	ΔB/40 后浮余量的变量
K	Y：0.29 X：0.25(0.5/2)	后背宽的变量/2
L	Y：0.63(同 G 点) X：0.5(0.13ΔB≈0.5)	后背宽的变量

表 11-13
前片各放码点
的位移情况
单位：cm

放 码 点	公　　　式	备　　　注
A	Y：0 X：0.2(ΔB/20)	
B	Y：0.2(ΔB/20) X：0	
C	Y：0.1(平行 AC 线) X：0.5(与前胸宽的变量相同)	保"型"
D	Y：0.6(0.7－ΔB/40) X：1(ΔB/4)	ΔB/40 前浮余量的变量
E	Y：0.7(0.06Δh＋0.1ΔB) X：1(ΔB/4)	
F	Y：1.14(前腰节的档差值) X：1(同 E 点)	
G	Y：1.14(前腰节的档差值) X：0	
H	Y：0.7(同 E 点) X：0	
I	Y：0.7(同 H 点) X：0.5	前胸宽的变量
J	Y：0.7(同 H 点) X：0.4(0.1ΔB)	

　　根据东华原型的样版推版原理,分析讨论如下：

　　1. 袖窿深档差的变值直接影响袖窿弧的变化,从而会影响袖窿深和袖肥的变化,因此袖窿深的档差值应考虑几方面的因素：身高的变量(胸点纵向长度变化)；胸围的变量(腋下点发生位移)；款式的特点(基准纸样在制图时运用的公式)；客户对某细部尺寸有特殊的要求(如规定袖肥的变量；袖窿深的档差值)。

一般情况下,5·4 号型同步配置时,女装的胸围线深的档差值可取值为 0.7;男装的胸围线深的档差值可取值为 0.8。当号型不同步配置时,必须综合考虑各方面的因素来确定。

2. 前胸宽和后背宽的档差值应考虑的因素:人体净体测量的前胸宽、后背宽的变量;前胸宽、后背宽和袖窿宽这三者的档差值在人体中所占的百分比的变量;肩宽的档差值与前胸宽和后背宽的档差值之间的关系(男、女肩宽的档差值在国标中是不同的);款式的特点(宽松的和贴体的)。

在东华原型的推档中,前胸宽和后背宽的档差值(参考公式 0.13ΔB＝0.52)取值 0.5 cm,与其同步变化的肩部的档差值也是 0.5 cm(肩冲量保持不变),总肩宽的档差值是 1 cm(与国标中规定的女的肩宽档差 1 cm 相一致,与人体净体测量的前胸宽、后背宽的变量也相一致),但袖窿宽的档差值将以 1 cm 的变量进行变化,似乎太快;如果前胸宽和后背宽的档差值按 0.6 cm,肩部的档差值按 0.5 cm(与国标中规定的女的肩宽档差 1 cm 相一致)进行推档,这时将出现规格尺寸越大而肩冲量越小的不保型现象。

因此,在确定前胸宽和后背宽的档差值时,必须综合考虑以上的各种因素来加以运用。一般地没有垫肩的女装常取第一种形式的推档,装有垫肩的女装常取第二种形式的推档。

3. 背长档差、前腰节档差、后腰节档差的关系

背长档差的取值,一般可从国标号型系列的净体数值中获得(颈椎点高与腰围高的差数)。

对于女人体来讲,其前腰节长大于后腰节长,前腰节档差为 1.14,后腰节档差为 1,因此对于女装上衣的前衣长档差值、后衣长档差值、后中衣长档差值从理论上来讲也是有区别的。

对于男人体来讲,其后腰节长大于前腰节长,因此对于男装上衣的后衣长档差值和后中衣长档差值也是不同的。

4. 对不同的款式进行推版时,掌握样版推版的基本原理是十分重要的,但基本原理必须与实际应用相结合,合理地定出各细部的档差值,合理地处理好保"量"和保"型"的关系。

第四节　服装基础样版的推档实例

一、直筒裙

1. 主要规格设计

裙长:SL＝0.3h＋12＝60 cm

腰围:W＝W*＋2＝70 cm

臀围:H＝H*＋6＝96 cm

2. 主要部位档差(表 11 - 14)

表 11 - 14
直筒裙主要
部位档差
单位：cm

	155/80A(S)	160/84A(M)	165/88A(L)	档差(Δ)
裙长(SL)	58	60	62	2
腰围(W)	66	70	74	4
臀围(H)	92.4	96	99.6	3.6

3. 样版推档图

前片以前中心线与臀围线交点为基准点;后片以后中心线与臀围线交点为基准点。

后片推档图如图 11 - 11 所示,后片各放码点的位移情况如表 11 - 15 所示。

前片推档图如图 11 - 12 所示,前片各放码点的位移情况如表 11 - 16 所示。

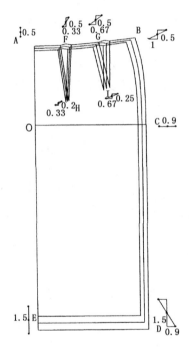
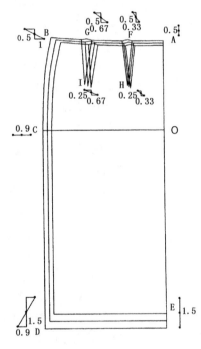

图 11 - 11　直筒裙后片推档图　　　　图 11 - 12　直筒裙前片推档图

表 11 - 15
后片各放码点
的位移情况
单位：cm

放 码 点	公　　　　式	备　　注
O	Y：0 X：0	坐标原点
A	Y：0.5(0.1Δh) X：0	
B	Y：0.5(0.1Δh) X：1(ΔW/4)	

（续表）

放 码 点	公　　式	备　　注
C	Y：0 X：0.9(ΔH/4)	
D	Y：1.5(ΔL−0.1Δh) X：0.9(ΔH/4)	ΔL＝2
E	Y：1.5(ΔL−0.1Δh) X：0	
F	Y：0.5(0.1Δh) X：0.33(ΔW/4×1/3)	
G	Y：0.5(0.1Δh) X：0.67(ΔW/4×2/3)	
H	Y：0.2 X：0.33(ΔW/4×1/3)	保"型"
I	Y：0.25 X：0.67(ΔW/4×2/3)	保"型"

表 11－16
直筒裙前片
各放码点的
位移情况
单位：cm

放 码 点	公　　式	备　　注
O	Y：0 X：0	坐标原点
A	Y：0.5(0.1Δh) X：0	Δh＝5
B	Y：0.5(0.1Δh) X：1(ΔW/4)	ΔW/4＝1
C	Y：0 X：0.9(ΔH/4)	ΔH/4＝0.9
D	Y：1.5(ΔL−0.1Δh) X：0.9(ΔH/4)	ΔL＝2
E	Y：1.5(ΔL−0.1Δh) X：0	ΔL＝2
F	Y：0.5(0.1Δh) X：0.33(ΔW/4×1/3)	
G	Y：0.5(0.1Δh) X：0.67(ΔW/4×2/3)	
H	Y：0.25 X：0.33(ΔW/4×1/3)	保"型"
I	Y：0.25 X：0.67(ΔW/4×2/3)	保"型"

281

裙腰推档图如图 11 - 13 所示。

图 11 - 13
裙腰推档图

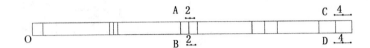

裙腰各放码点的位移情况如表 11 - 17 所示：

表 11 - 17
裙腰各放码点
的位移情况
单位：cm

放 码 点	公　　式	备　　注
O	Y：0 X：0	坐标原点
A	Y：0 X：2	
B	Y：0 X：2	
C	Y：0 X：4	
D	Y：0 X：4	

二、女西裤

1. 主要规格设计

裤长：$TL=0.6h+2=98$ cm

腰围：$W=W^*+2=70$ cm

臀围：$H=(H^*+内裤厚度)+10=102$ cm

上裆：$BR=TL/10+H/10+8=28$ cm

脚口：$SB=0.2H+2=22$ cm

2. 主要部位档差（表 11 - 18）

表 11 - 18
主要部位档差
单位：cm

	165/70A(S)	170/74A(M)	175/78A(L)	档差(Δ)
裤长(TL)	95	98	101	3
腰围(W)	66	70	74	4
臀围(H)	98.4	102	105.6	3.6(A 体)
上裆深(BR)	27.25	28	28.75	0.75
脚口(SB)	21.5	22	22.5	0.5

3. 样版推档图

后片以后挺缝线与横档的交点为基准点;前片以前挺缝线与横档的交点为基准点。

后片推档图如图 11-14 所示,后片各放码点的位移情况如表 11-19 所示。

前片推档图如图 11-15 所示,前片各放码点的位移情况如表 11-20 所示。

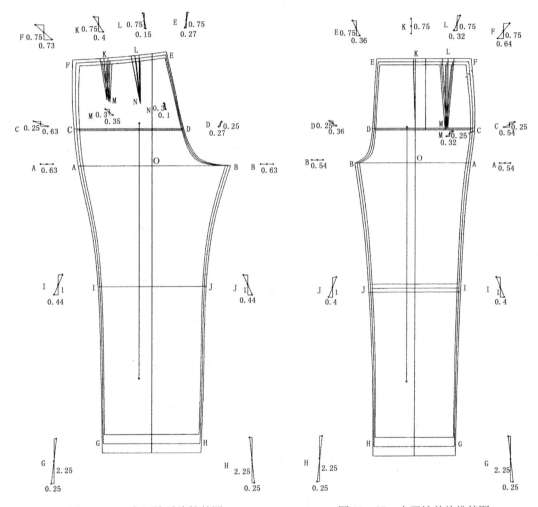

图 11-14　女西裤后片推档图　　　　　图 11-15　女西裤前片推档图

表 11-19 女西裤后片 各放码点的 位移情况 单位：cm	放 码 点	公　　　　式	备　　　注
	O	Y：0 X：0	坐标原点
	A	Y：0 X：0.63(ΔH/4+0.1ΔH)/2	ΔH=3.6

（续表）

放 码 点	公　　　式	备　　　注
B	Y：0 X：0.63(ΔH/4＋0.1ΔH)/2	
C	Y：0.25(ΔBR/3) X：0.63	ΔBR＝0.75,保证形不变
D	Y：0.25(同 C) X：0.27(ΔH/4－0.63＝0.27)	
E	Y：0.75(ΔBR) X：0.27	
F	Y：0.75(同 E) X：0.73(ΔW/4－0.27)	
G	Y：2.25(ΔTL－ΔBR) X：0.25(ΔSB/2)	ΔTL＝3 ΔSB＝0.5
H	Y：2.25(同 G) X：0.25(ΔSB/2)	
I	Y：1((ΔTL－2ΔBR/3)/2－ΔBR/3) X：0.44	保"型"
J	Y：1(同 I) X：0.44	
K	Y：0.75(同 E) X：0.4 保型	也可参考(0.73－ΔW/4×1/3)
L	Y：0.75(同 E) X：0.15 保型	也可参考(0.73－ΔW/4×2/3)
M	Y：0.3(0.75－省长的变量) X：0.35	省长变量取 0.45 保"型"
N	Y：0.3(同 M) X：0.1	保"型"

放 码 点	公　　　式	备　　　注
O	Y：0 X：0	坐标原点
A	Y：0 X：0.54(ΔH/4＋0.05ΔH)/2	ΔH＝3.6

表 11－20
女西裤前片
各放码点的
位移情况
单位：cm

（续表）

放码点	公　　　式	备　　　注
B	Y：0 X：0.54(ΔH/4＋0.05ΔH)/2	
C	Y：0.25(ΔBR/3) X：同 A	ΔBR＝0.75,保证侧缝型不变
D	Y：0.25(同 C) X：0.36(ΔH/4－0.54)	
E	Y：0.75(ΔBR) X：0.36	保证前裆线型不变
F	Y：0.75(同 E) X：0.64(ΔW/4－0.36)	ΔW＝4
G	Y：2.25(ΔTL－ΔBR) X：0.25(ΔSB/2)	ΔTL＝3 ΔSB＝0.5
H	Y：2.25(同 G) X：0.25(ΔSB/2)	
I	Y：1[(ΔTL－2ΔBR/3)/2－ΔBR/3] X：0.4	保"型"
J	Y：1(同 I) X：0.4	
K	Y：0.75(同 E) X：0	
L	Y：0.75(同 E) X：0.32(0.64/2)	保证省位
M	Y：0.25(同 C) X：0.32(同 L)	保"型"

三、男西裤

1. 主要规格设计

裤长：TL＝0.6h＝102 cm　（h＝170 cm）

腰围：W＝W*＋2＝76 cm

臀围：H＝(H*＋内裤厚度)＋10＝102 cm

上裆深：BR＝TL/10＋H/10＋8＝29 cm

脚口：SB＝0.2H＋4＝24 cm

2. 主要部位档差(如表 11-21 所示)

表 11-21
男西裤主要
部位档差
单位：cm

	165/70A(S)	170/74A(M)	175/78A(L)	档差(△)
裤长(TL)	99	102	105	3
腰围(W)	72	76	80	4
臀围(H)	98.8	102	105.2	3.2
上裆深(BR)	28.25	29	29.75	0.75
脚口(SB)	23	24	25	1

3. 样版推档图

前片以前挺缝线与横档的交点为基准点;后片以后挺缝线与横档的交点为基准点。

后片推档图如图 11-16 所示,后片各放码点的位移情况如表 11-22 所示。

前片推档图如图 11-17 所示,前片各放码点的位移情况如表 11-23 所示。

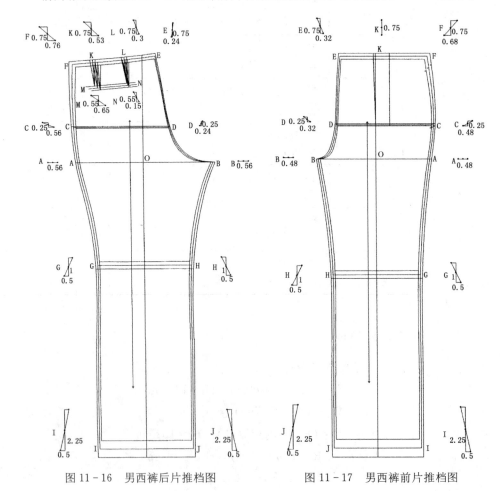

图 11-16　男西裤后片推档图　　图 11-17　男西裤前片推档图

表 11 - 22
男西裤后片
各放码点的
位移情况
单位：cm

放 码 点	公　　式	备　　注
O	Y：0 X：0	坐标原点
A	Y：0 X：0.56(ΔH/4＋0.1ΔH)/2	ΔH＝3.2
B	Y：0 X：0.56(ΔH/4＋0.1ΔH)/2	
C	Y：0.25(ΔBR/3) X：0.56	ΔBR＝0.75，保侧缝形状
D	Y：0.25(同 C) X：0.24(ΔH/4－0.56)	
E	Y：0.75(ΔBR) X：0.24	保"型"
F	Y：0.75(同 E) X：0.76(ΔW/4－0.24)	
G	Y：1((ΔTL－2ΔBR/3)/2－ΔBR/3) X：0.5(ΔSB/2)	ΔTL＝3 ΔSB＝1
H	Y：1(同 G) X：0.5(ΔSB/2)	
I	Y：2.25(ΔTL－ΔBR) X：0.5(同 G)	
J	Y：2.25(同 I) X：0.5(同 H)	
K	Y：0.75(同 E) X：0.53	保"型"
L	Y：0.75(同 E) X：0.3	
M	Y：0.55(0.75－省长的变量) X：0.65	省长变量＝0.2 保"型"
N	Y：0.55(同 M) X：0.15	口袋档差＝0.5 保"型"

表 11-23 男西裤前片 各放码点的 位移情况 单位：cm	放 码 点	公　　　式	备　　　注
	O	Y：0 X：0	坐标原点
	A	Y：0 X：0.48(ΔH/4+0.05ΔH)/2	ΔH=3.2
	B	Y：0 X：0.48(ΔH/4+0.05ΔH)/2	
	C	Y：0.25(ΔBR/3) X：0.48(同 A)	ΔBR=0.75,保证侧缝型不变
	D	Y：0.25(同 C) X：0.32(ΔH/4-0.48)	
	E	Y：0.75(ΔBR) X：0.32(同 D)	保证前裆线型不变
	F	Y：0.75(同 E) X：0.68(ΔW/4-0.32)	ΔW=4
	G	Y：1((ΔTL-2ΔBR/3)/2-ΔBR/3) X：0.5(ΔSB/2)	ΔTL=3 ΔSB=1
	H	Y：1(同 G) X：0.5(ΔSB/2)	
	I	Y：2.25(ΔTL-ΔBR) X：0.5(同 G)	
	J	Y：2.25(同 I) X：0.5(同 H)	
	K	Y：0.75(同 E) X：0	保证省位

四、女衬衫

1. 规格设计

衣长：L=0.4h+5=69 cm　　（h=160 cm）

胸围：B=(B*+内衣厚度)+15～20(较宽松风格)=(84+2)+16 cm=102 cm

领围：N=0.2(B*+内衣厚度)+20.8 cm=0.2×86+20.8=38 cm

肩宽：S=0.25B+16～17=25.5+16 cm=41.5 cm

袖长：SL=0.15h-2=22 cm

袖口大：CW=0.1(B*+内衣厚度)+2.6≈11 cm

2. 主要部位档差(表 11-24)

表 11-24
主要部位档差
单位：cm

	155/80A(S)	160/84A(M)	165/88A(L)	档差(△)
衣长(L)	67	69	71	2
胸围(B)	100	104	108	4
袖长(SL)	21.3	22	22.8	0.75
肩宽(S)	40.5	41.5	42.5	1
袖口(CW)	10.6	11	11.4	0.4
领围(N)	37.2	38	38.8	0.8

3. 样版推档图

本款式前后片均有肩复势分割片,因此分别采用整体推档法和分开推档法两种方法进行推档。

(1) 整体推档法

① 后片以后中心线与胸围线的交点为基准点对肩复势片和后下片进行同步推档。

后片推档图(图 11-18);后片各放码点的位移情况如表 11-25 所示。

② 前片以前胸宽与胸围线的交点为基准点;

前片推档图(图 11-19);前片各放码点的位移情况如表 11-26 所示。

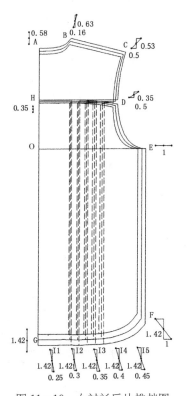

图 11-18　女衬衫后片推档图

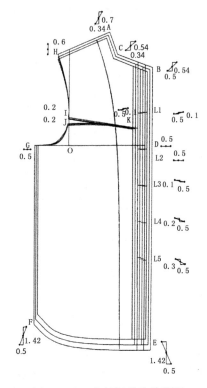

图 11-19　女衬衫前片推档图

放 码 点	公 式	备 注
表 11－25 女衬衫后片 各放码点的 位移情况 单位：cm		
O	Y：0 X：0	坐标原点
A	Y：0.58(0.63－ΔN/15) X：0	
B	Y：0.63(0.7－ΔB/60) X：0.16(ΔN/5)	ΔN＝0.8
C	Y：0.53(与 BC 平行) X：0.5(ΔS/2)	ΔS＝1
D	Y：0.35 X：0.5(ΔS/2)	0.5 后背宽档差
E	Y：0 X：1(ΔB/4)	
F	Y：1.42 X：1(同 E)	(ΔL－0.58)＝1.42 保"型"
G	Y：1.42 X：0	
H	Y：0.35 X：0	
I1	Y：1.42 X：0.25	
I2	Y：1.42 X：0.3	
I3	Y：1.42 X：0.35	
I4	Y：1.42 X：0.4	
I5	Y：1.42 X：0.45	

放 码 点	公 式	备 注
表 11－26 女衬衫前片 各放码点的 位移情况 单位：cm		
O	Y：0 X：0	坐标原点
A	Y：0.7 X：0.34(0.5－ΔN/5)	(ΔB/6≈0.7) 0.5 后背宽档差

（续表）

放码点	公　　式	备　　注
B	Y：0.54(0.7－ΔN/5) X：0.6(ΔS/2)	
C	Y：0.54(与 CB 平行) X：0.34(与 AC 平行)	保"型"
D	Y：0 X：0.5(ΔS/2)	
E	Y：1.42(Δ 前衣长－0.7) X：0.5(同点 D)	Δ 前衣长＝2.12
F	Y：1.42 X：0.5(ΔB/4－0.5)	
G	Y：0 X：0.5(ΔB/4－0.5)	
H	Y：0.6(与 AH 平行) X：0(肩冲不变)	保"型"
I	Y：0.2 X：0	
J	Y：0.2 X：0	
K	Y：0.1 X：0.5(同点 D)	保"型"
L1	Y：0.1 X：0.5(同点 D)	
L2	Y：0 X：0.5(同点 D)	
L3	Y：0.1 X：0.5(同点 D)	
L4	Y：0.2 X：0.5(同点 D)	
L5	Y：0.3 X：0.5(同点 D)	

注意：规格尺寸的衣长是指后中心长,前衣长指前侧颈点到下摆的垂直距离,Δ 前衣长＝2.12 cm,Δ 后衣长(ΔL)＝2 cm。

（2）分开推档法

前育克以前中心线与前育克分割线的交点为基准点;前下衣片以前中心线与胸围线的交点为基准点。

前育克推档图如图 11－20 所示;前育克各放码点的位移情况如表 11－27 所示。

前下衣片推档图如图 11－21 所示;前下衣片各放码点的位移情况如表 11－28 所示。

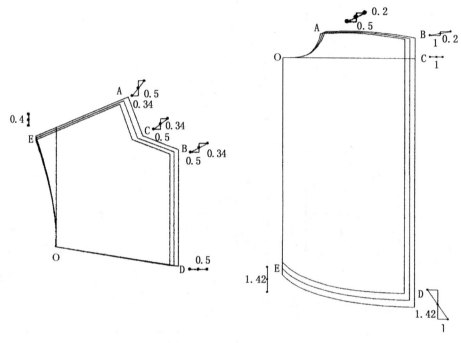

图 11－20　前育克推档图　　　　图 11－21　前下衣片推档图

表 11－27 前育克各放码点的位移情况 单位：cm	放 码 点	公　　　式	备　　　注
	O	Y：0 X：0	坐标原点
	A	Y：0.5(0.7－0.2) X：0.34(0.5－ΔN/5)	0.5 前胸宽档差
	B	Y：0.34(0.5－ΔN/5) X：0.5(ΔB/6)	0.5 前胸宽档差
	C	Y：0.34(与 BC 平行) X：0.5(与 AC 平行)	保"型"
	D	Y：0(或 0.1) X：0.5(ΔB/6)	保"型" 0.5 前胸宽档差
	E	Y：0.4(与 AE 平行) X：0(肩冲不变)	与 ΔS/2 有关

表 11-28
前下衣片各放
码点的位移情况
单位：cm

放码点	公　式	备　注
O	Y：0 X：0	坐标原点
A	Y：0.2 X：0.5($\Delta B/4-0.5$)	
B	Y：0.2 X：1($\Delta B/4$)	保"型"
C	Y：0 X：1($\Delta B/4$)	
D	Y：1.44(Δ前衣长-0.7) X：1($\Delta B/4$)	Δ前衣长＝2.14 cm
E	Y：1.44(与后侧缝线相等) X：0	保"型"

　　后肩覆势在肩覆势片和后下片中设置基准点分开进行推档。肩覆势片以后中心线与肩覆势片分割线的交点为基准点；后下片以后中心线与胸围线的交点为基准点。

　　后肩覆势推档图如图 11-22 所示；后肩覆势各放码点的位移情况如表 11-29 所示。

　　后下衣片推档图如图 11-23 所示；后下衣片各放码点的位移情况如表 11-30 所示。

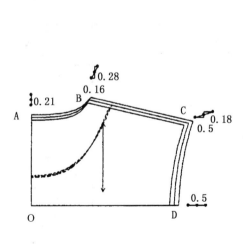

图 11-22　后肩覆势推档图

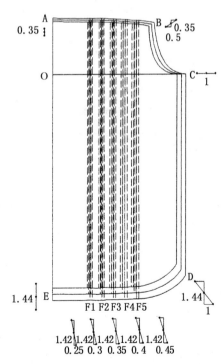

图 11-23　后下衣片推档图

表 11 - 29
后肩覆势各放
码点的位移情况
单位: cm

放 码 点	公 式	备 注
O	Y: 0 X: 0	坐标原点
A	Y: 0.23(0.58-0.35) X: 0	
B	Y: 0.28(0.23+0.05) X: 0.16(ΔN/5)	
C	Y: 0.18 X: 0.5(ΔS/2)	保"型"
D	Y: 0 X: 0.5(ΔB/6)	

表 11 - 30
后下衣片各放
码点的位移情况
单位: cm

放 码 点	公 式	备 注
O	Y: 0 X: 0	坐标原点
A	Y: 0.35 X: 0	同前
B	Y: 0.35 X: 0.5(ΔS/2)	保"型"
C	Y: 0 X: 1(ΔB/4)	
D	Y: 1.42(ΔL-0.58) X: 1(ΔB/4)	保"型"
E	Y: 1.42 X: 0	
F1	Y: 1.42 X: 0.25	
F2	Y: 1.42 X: 0.3	
F3	Y: 1.42 X: 0.35	
F4	Y: 1.42 X: 0.4	
F5	Y: 1.42 X: 0.45	

挂面推档图(图 11-24);挂面各放码点的位移情况如表 11-30 所示。

后领贴边推档图(图 11-25);后领贴边各放码点的位移情况如表 11-32 所示。

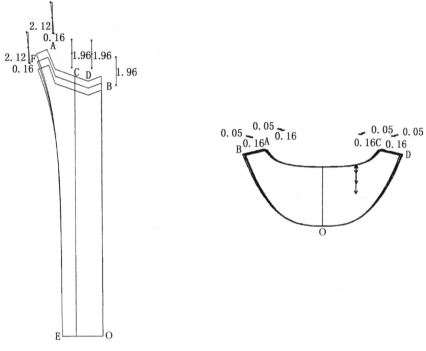

图 11-24 挂面推档图　　　　　图 11-25 后领贴边推档图

表 11-31
挂面各放码点
的位移情况
单位(cm)

放 码 点	公　　　式	备　　　注
O	Y：0 X：0	坐标原点
A	Y：2.12 X：0.16(ΔN/5)	Δ 前衣长＝2.12
B	Y：1.96(2.12－ΔN/5) X：0	
C	Y：1.96 X：0	
D	Y：1.96 X：0	
E	Y：0 X：0	保持挂面宽度不变
F	Y：2.12(同 A) X：0.16(同 A)	保"型"

表 11 - 32
后领贴边各放
码点的位移情况
单位：cm

放 码 点	公　　　式	备　　　注
O	Y：0 X：0	坐标原点
A	Y：0.05($\Delta N/15$) X：0.16($\Delta N/5$)	
B	Y：0.05 X：0.16	保"型"
C	Y：0.05 X：0.16	
D	Y：0.05 X：0.16	

袖片以袖中心线和袖肥线的交点为基准点。

袖片推档图(图 11 - 26)；袖片各放码点的位移情况如表 11 - 33 所示。

领片以后中心线为基准线。

领面推档图(图 11 - 27)；领面各放码点的位移情况如表 11 - 34 所示。

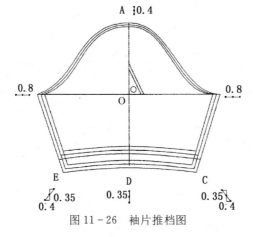

图 11 - 26　袖片推档图

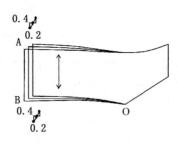

图 11 - 27　领面推档图

表 11 - 33
袖片各放码
点的位移情况
单位：cm

放 码 点	公　　　式	备　　　注
O	Y：0 X：0	坐标原点
A	Y：0.4($\Delta B/10$) X：0	
B	Y：0 X：0.8($\Delta B/5$)	0.8是袖肥档差

（续表）

放 码 点	公　　式	备　　注
C	Y：0.35(ΔSL－ΔB/10) X：0.4	Δ SL＝0.75 ΔCW＝0.4
D	Y：0.35(同 C) X：0	
E	Y：0.35(同 C) X：0.4	ΔCW＝0.4

注意：较宽松袖子袖山高档差按照袖的风格取一定比例的袖窿档差,袖肥档差取 ΔB/5。

表 11－34
领面各放码点
的位移情况
单位：cm

放 码 点	公　　式	备　　注
O	Y：0 X：0	坐标原点
A	Y：0.2 X：0.4(ΔN/2)	ΔN＝0.8
B	Y：0.2 X：0.4(ΔN/2)	

领里推档图如图 11－28 所示。

图 11－28
领里推档图

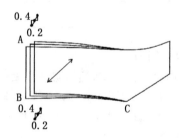

领里各放码点的位移情况如表 11－35 所示。

表 11－35
领里各放码点
的位移情况
单位：cm

放 码 点	公　　式	备　　注
O	Y：0 X：0	坐标原点
A	Y：0.2 X：0.4(ΔN/2)	ΔN＝0.8
B	Y：0.2 X：0.4(ΔN/2)	

五、男衬衫

1. 主要规格设计

衣长：L＝0.4h＋7＝75 cm　（h＝170 cm）

胸围：B＝(B*＋内衣厚度)＋20 cm＝(92＋2)＋20 cm＝114 cm

领围：N＝0.25(B*＋内衣厚度)＋17.5 cm＝41 cm

肩宽：S＝0.3B＋12.4 cm≈46.5 cm

背长：BWL＝0.25h＋2 cm＝44.5 cm

袖长：SL＝0.3h＋8＝59 cm

袖口：CW＝0.1(B*＋内衣厚度)＋2.8 cm≈12 cm

2. 主要部位档差(表11－36)

表11－36
男衬衫主要
部位档差
单位：cm

	165/88A(S)	170/92A(M)	175/96A(L)	档差(△)
衣长(L)	73	75	77	2
胸围(B)	110	114	118	4
领围(N)	40	41	42	1
肩宽(S)	45.3	46.5	47.7	1.2
背长(BWL)	43.5	44.5	45.5	1
袖长(SL)	57.5	59	60.5	1.5
袖口(CW)	11.5	12	12.5	0.5

3. 样版推档图

后片采用分开推档法,肩覆势片以后中心线与肩覆势分割线的交点为基准点;后下片以后中心线与胸围线的交点为基准点。

肩覆势片推档图如图11－29所示;肩覆势各放码点的位移情况如表11－37所示。

后下片推档图如图11－30所示;后下片各放码点的位移情况如表11－38所示。

前片采用整体推档法,以前中心线与胸围线的交点为基准点。

前片推档图如图11－31所示;前片各放码点的位移情况如表11－39所示。

表11－37
男衬衫肩覆
势片各放码点
的位移情况
单位：cm

放码点	公　　式	备　　注
O	Y：0 X：0	坐标原点
A	Y：0 X：0	

（续表）

放码点	公　　式	备　　注
B	Y：0.07(ΔN/5×1/3) X：0.2	ΔN＝1 ΔN/15＝0.07
C	Y：0.07(同 B) X：0.2(ΔN/5)	
D	Y：0.07(与 CD 平行) X：0.6(ΔS/2)	保"型" ΔS＝1.2
E	Y：0.07(与 CD 平行) X：0.6(ΔS/2)	保"型"
F	Y：0(纵向不变) X：0.6	保"型"

表 11 - 38
男衬衫后下片
各放码点的
位移情况
单位：cm

放码点	公　　式	备　　注
O	Y：0 X：0	坐标原点
A	Y：0.7(ΔB/6＝0.66,取 0.7) X：0	ΔB＝4
B	Y：0.7(同 A) X：0.6(ΔB/6)	0.6 是后背宽的档差
C	Y：0(纵向不变) X：1(ΔB/4)	
D	Y：0.3(ΔBWL－0.7) X：1(ΔB/4)	ΔBWL＝1
E	Y：1.3(ΔL－0.7＝1.3) X：1(ΔB/4)	ΔL＝2　保"型"
F	Y：1.3(同 E) X：0.5(ΔB/4×1/2)	
G	Y：1.3(同 E) X：0	
H	Y：0.3(同 D) X：0	
I	Y：0.7(同 A) X：0.4(0.6×2/3)	0.6 是后背宽的变量

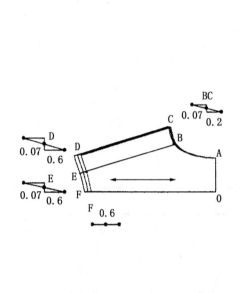

图 11－29　男衬衫肩覆势片推档图　　　　图 11－30　男衬衫后下片推档图

表 11－39 男衬衫前片 各放码点的 位移情况 单位：cm	放 码 点	公　　　式	备　　　注
	O	Y：0 X：0	坐标原点
	A	Y：0.7(ΔB/6＝0.66,取0.7) X：0.2(ΔN/5)	ΔB＝4 ΔN＝1
	B	Y：0.5(0.7－ΔN/5) X：0	
	C	Y：0.3 X：0	
	D	Y：1.3 X：0	ΔL＝2
	E	Y：1.3 X：0.5(ΔB/4×1/2)	
	F	Y：1.3 X：1(ΔB/4)	保持底摆造型

（续表）

放 码 点	公　　式	备　　注
G	Y：0.3(ΔBWL−0.7) X：1(ΔB/4)	
H	Y：0 X：1(ΔB/4)	
I	Y：0.6(与 AI 平行) X：0.6(ΔS/2)	保"型" ΔS=1.2
J	Y：0.2 X：0.6(ΔB/6)	保持袖窿造型 前胸宽档差取 0.6
K	Y：0 X：0.2(0.6−ΔB/10)	ΔB/10 小口袋档差
L	Y：0 X：0.6(ΔB/6)	与 J 同步

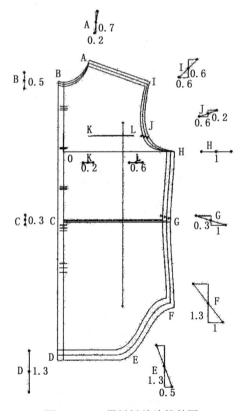

图 11-31　男衬衫前片推档图

袖片以袖中心线和袖肥线的交点为基准点。

袖片推档图如图 11-32 所示。

图 11-32
男衬衫袖
片推档图

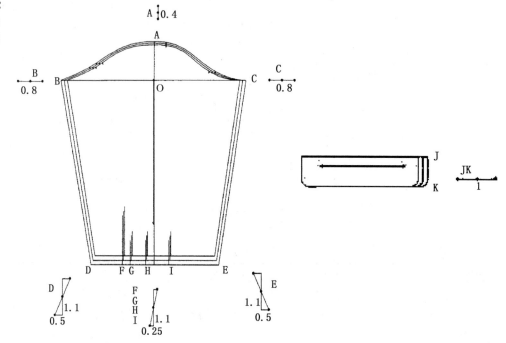

袖片各放码点的位移情况如表 11-40 所示。

表 11-40
男衬衫袖片
各放码点的
位移情况
单位：cm

放码点	公　　式	备　　注
O	Y：0 X：0	坐标原点
A	Y：0.4(ΔB/10) X：0	ΔB＝4
B	Y：0 X：0.8(ΔB/5)	
C	Y：0 X：0.8(ΔB/5)	
D	Y：1.1(ΔSL−0.4) X：0.5(ΔCW)	0.4 是袖山 深档差 ΔCW＝0.5
E	Y：1.1(ΔSL−0.4) X：0.5(ΔCW)	
F	Y：1.1 X：0.25(1/2×ΔCW)	

（续表）

放 码 点	公　　式	备　　注
G	Y：1.1 X：0.25	同 F
H	Y：1.1 X：0.25	同 F
I	Y：1.1 X：0.25	同 F
J	Y：0 X：1	$2\triangle CW=1$
K	Y：0 X：1	同 J

领片以后中心线为基准线。

领子推档图如图 11－33 所示。

图 11－33
男衬衫领
子推档图

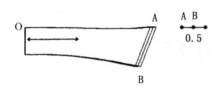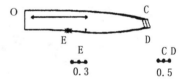

领子各放码点的位移情况如表 11－41 所示。

表 11－41
男衬衫领子
各放码点的
位移情况
单位：cm

放 码 点	公　　式	备　　注
A	Y：0 X：0.5($\triangle$N/2)	$\triangle N=1$
B	Y：0 X：0.5($\triangle$N/2)	
C	Y：0 X：0.5($\triangle$N/2)	
D	Y：0 X：0.5($\triangle$N/2)	
E	Y：0 X：0.3	与后领弧的变量有关

303

口袋推档图如图 11 - 34 所示。

图 11 - 34
男衬衫口
袋推档图

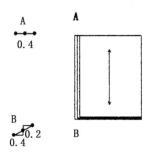

口袋各放码点的位移情况如表 11 - 42 所示。

表 11 - 42
男衬衫口袋
各放码点的
位移情况
单位：cm

放码点	公　　式	备　　注
A	Y：0 X：0.4（ΔB/10 口袋档差）	
B	Y：0.2 X：0.4	口袋长度的变量

思 考 题

1. 服装样版推档档差的确定依据有哪些？
2. 服装推档的主要方法。
3. 基准点的设定原则和方法。
4. 胸围线深的档差值应考虑的因素是哪些？
5. 前胸宽和后背宽的档差值应考虑的因素是哪些？
6. 女式西裤的推档。
7. 男式衬衫的推档。

第十二章　工业样版制作

∙∙

本章要点 ∙∙

工业样版的分类,工业样版缝份的加放原则,工业样版的主要标志和标注,工业样版制作实例。

第一节　工业样版概述 ∙∙∙∙∙∙∙∙∙∙∙∙∙∙∙∙∙∙∙∙∙∙∙∙∙∙∙∙∙∙∙∙∙∙∙∙∙∙

一、工业样版概述

服装工业样版设计就是为服装工业化大生产提供符合款式要求、面料要求、规格尺寸和工艺要求的可用于裁剪、缝制与整理的全套工业样版(纸样)。它是一项十分重要的技术准备工作,会直接影响所生产品种的质量优劣和成品是否合格。

服装工业样版设计的主要内容包含以下几方面:

1. 根据款式设计的要求进行基准纸样的确定。

2. 根据基准纸样的要求进行成品规格档差的确定。

3. 根据成品规格档差的要求进行全套工业样版的制作。

4. 根据不同规格尺寸的数量进行排料和算料。

二、工业样版的分类

服装工业样版可分为两大类:裁剪样版(毛样)、工艺样版(毛样和净样)。

(一)裁剪样版

裁剪样版通常是在成衣生产裁剪时所运用的样版,包括面子样版、里子样版、衬料样版等。

1. 面子样版　服装结构图中主件部分的样版,如：前片、后片、袖子、领子、口袋、袋盖、袖克夫、挂面等,样版上应含有缝份、贴边以及规定的标记,如货号、号码尺寸(S、M、L、170/92A、175/96A)、结构名称和片数、布纹方向(或倒顺毛方向)、对位剪口等等。

2. 里子样版　在面子样版基础上适当增加或减少缝份的样版。对于面子有分割的样版,里子尽量做到不分割。每个里子样版都应有规定的标记。

3. 衬料样版　根据款式所需的衬料部位确定的样版(如胸衬、袖口衬、领衬等)。

(二)工艺样版

工艺样版是在成衣生产的缝制和熨烫过程中所用的样版,包括修正样版、定位样版、定型样版等。

1. 修正样版　又称劈样,有毛样,也有净样。如衣片加衬后变形、衣片上有较多分割、有特殊缝制要求的衣片(如缝制塔克工艺),衣片有对条对格等情况下需要修正样版对衣片进行修正。修正样版上需有布纹方向(或倒顺毛方向)、袋口位置、省道位置、剪口对位等规定的标记。

2. 定位样版　一般用于钮扣、口袋、装饰定位等,大部分为净样。

3. 定型样版　用于勾画前止口、领子、袋盖等缝缉的基准线;用于口袋、腰带、腰襻等小部件的整烫;用于烫折裥、烫贴边、门襟翻边等,大部分为净样样版。

每个产品的样版设计完成后,要进行认真的检查、校核,并按不同的号码相对集中归类、归档存放。

第二节　工业样版技术规定 ·····························

一、缝份加放的原则

所谓缝份是缝合衣片的必要宽度,因为结构制图都是以净缝份绘制,所以脱版时必须加放缝份。

工业样版加放缝份主要与款式特点、缝制工艺有关。

从款式特点的角度来讲,一般样版拼接缝的缝份量为 1～1.2 cm,某些部位如后中缝、后上裆缝需适当增加缝份量,底边的贴边一般加放 3.5～4 cm;对于有些流行款式,领口和底边采用密拷缝边,不需加放缝份;有些圆弧形的底边则加放少量的缝份(0.5～1 cm)。

从缝制工艺的角度来讲,按不同缝份的形式加放的缝份量也有所不同。常见的缝份形式有分开缝(0.8～1.2 cm)、倒缝(相同缝份 0.8～1.2 cm 或大小缝份0.5～1 cm、1～2 cm)、包缝(内包缝和外包缝 0.5～1 cm)、来去缝(1～1.2 cm)、装饰缝(缉塔克)、滚边、绷缝、折边等。

二、工业样版的标志

1. 缝份量大小的标志(图 12－1)

图 12－1
缝份量大
小的标志

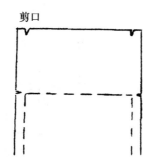

剪口

底边

2. 缝份方向的标志(图 12－2)

图 12－2
缝份方向
的标志

后　前

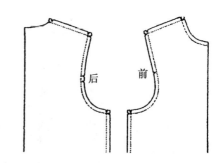

后　前

3. 缝份对位的标志(图 12－3)

图 12－3
缝份对位
的标志

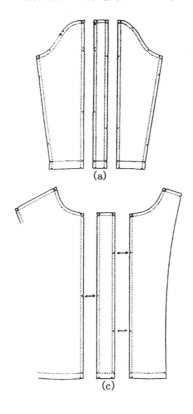

(a)

(c)

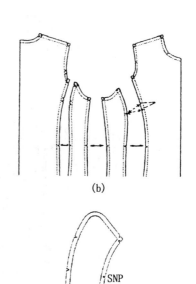

(b)

SNP

SNP

(d)

307

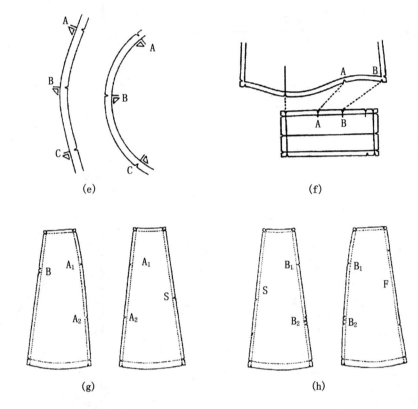

(e)　　　　　　　(f)

(g)　　　　　　　(h)

4. 缝份量形状的标志(图 12-4)

图 12-4
缝份量形
状的标志

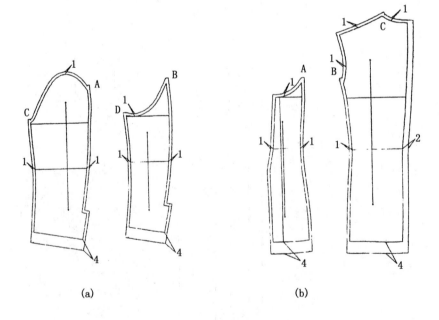

(a)　　　　　　　(b)

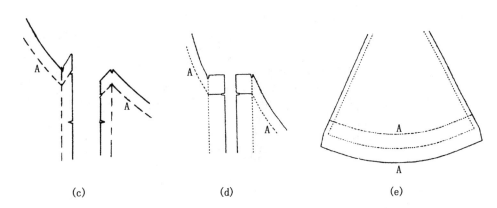

(c)　　　　　　　(d)　　　　　　　(e)

5. 部件定位的标志(图 12-5)

图 12-5
部件定位
的标志

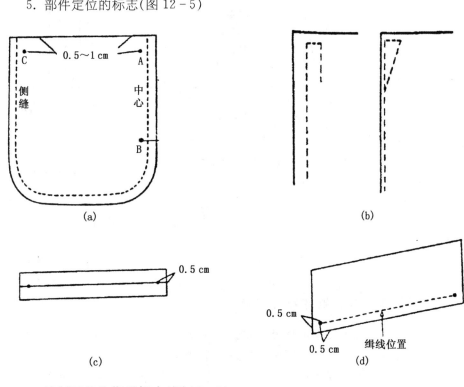

(a)　　　　　　　　　　　　　　(b)

(c)　　　　　　　　　　　　　　(d)

6. 缝制工艺的指示标志(图 12-6)

图 12-6
缝制工艺
的指示标志

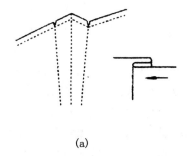

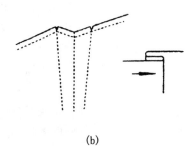

(a)　　　　　　　　　　　　　　(b)

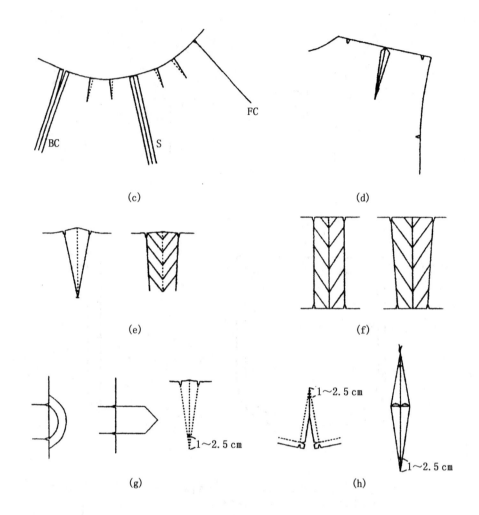

三、工业纸样的文字标注

服装工业纸样设计完成前,必须按要求在每块样版上进行相应的文字标注,以保证生产管理的正确性与条理性,其主要内容有:

1. 产品的货号(产品的名称)　　每个公司对产品货号的命名都有自己的一套方法,主要能反映出该产品的款式特点、生产日期、所使用的材料、内外销客商等。产品货号的文字标注通常用英文字母和阿拉伯数字按约定进行组合排列(一般不超过 10 位)。如 Q04022CJK(Q 指客户的代号,04 指年份,022 指第 22 款,C 指 Cotton 全棉,JK 指茄克)。

2. 产品的规格　　产品规格尺寸的文字标注通常按国家号型系列或国际及英制标准。如 160/84A,165/88A,170/92A;S、M、L、XL,34″、36″、38″、40″等。

3. 样版结构名称和数量　　如前片×2、后片×1、领面×1、袖子×2 等。

4. 样版的名称　　如面子样版、里子样版、定型样版、定位样版等。

5. 布纹的标注　　对于裁剪样版和工艺样版(部分)需标注布纹的经纬向或

斜丝,有方向性的需标注顺倒方位。

　　6.不对称的服装款式,需在样版上注明正、反面。

不同品种的服装样版要分别排列,便于取放及管理。

第三节　工业样版制作实例

一、女式西裤工业样版

　　1.结构制图(图 12-7)

图 12-7
女式西裤
结构制图

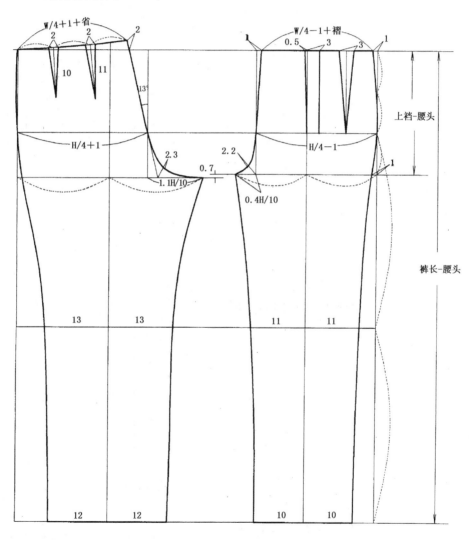

　　2.裁剪样版

　　面子样版如图 12-8 所示。

图 12 - 8
女式西裤
面子样版

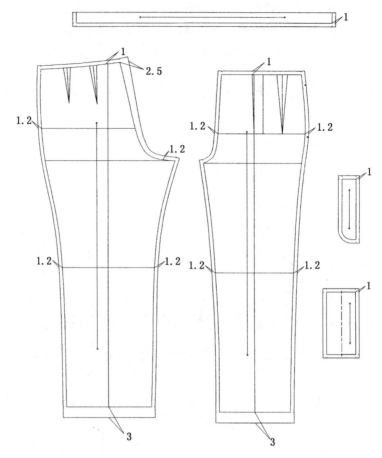

3. 工艺样版

定型样版如图 12 - 9 所示。

图 12 - 9
女式西裤
定型样版

二、男式西装工艺样版

1. 结构制图(图 12 - 10)

图 12 - 10
男式西装
结构制图

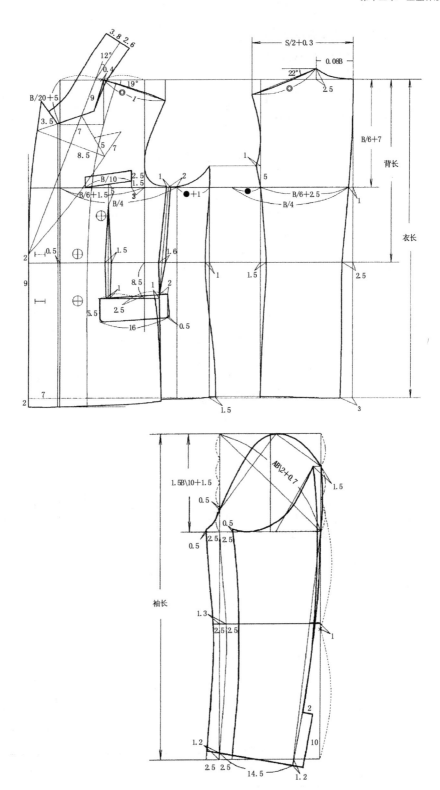

2. 裁剪样版

（1）面子样版如图 12－11 所示。

图 12－11
男式西装
面子样版

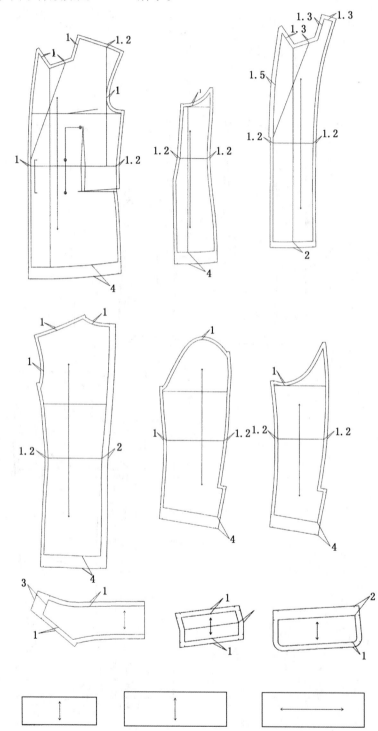

（2）里子样版如图 12－12 所示,图中内线为结构线,与面子样版同。

图 12－12
男式西装
里子样版

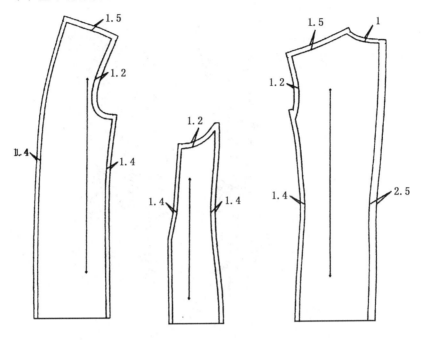

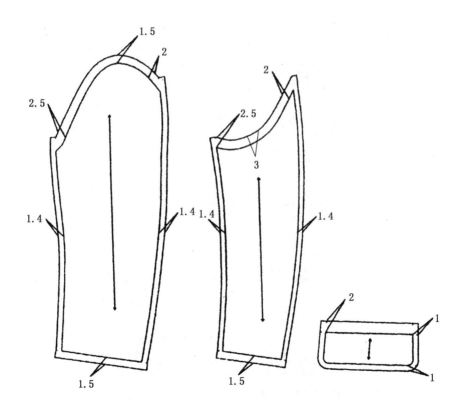

（3）衬料样版如图 12-13 所示。

图 12-13
男式西装
衬料样版

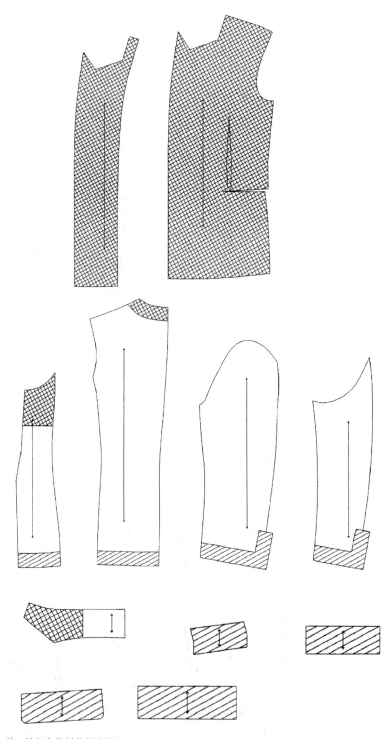

注：针织有纺衬使用方格标注，无纺衬使用斜线标注。

3. 工艺样版

定型样版如图 12 - 14 所示。

图 12 - 14
男式西装
定型样版

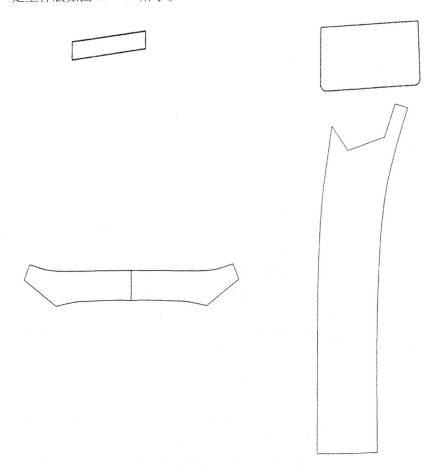

思　考　题

1. 工业样版的分类。
2. 工业样版加放缝份的原则和文字标注的内容要求。
3. 工业样版规格设计的原则。

参 考 文 献

1. 张文斌.服装工艺学(结构设计分册)(第三版)[M].北京:中国纺织出版社,2002

2. 吕学海.服装结构设计与技法[M].北京:中国纺织出版社,1997

3. 日本登丽美时装造型·工艺设计——裙子·裤子[M].上海:东华大学出版社.2003

4. (日)文化服装学院编.服装造型讲座——裙子·裤子[M].北京:东华大学出版社,2004

5. 苏石民,包昌法,李青.服装结构设计(服装高等职业教育教材)[M].北京:中国纺织出版社,1999

6. 龙晋,静子.服装设计裁剪大全(制图——打版——推版教程)[M].北京:中国纺织出版社,1994

7. 吴俊.女装结构设计与应用[M].上海:中国纺织出版社,2000

8. 冯冀.服装技术手册[M].上海:上海科学技术文献出版社,2005

9. 张文斌.服装部件设计丛书——典型领型198[M].北京:中国纺织出版社,2000

10. 张文斌.服装部件设计丛书——典型袖型178[M].中国纺织出版社,2000

11. (日)文化服装学院编.张祖芳,周洋溢,纪万秋,俞永涛等译.(日)文化服装学院编.文化服饰大全 服饰造型讲座5——大衣·披风[M].上海:东华大学出版社,2005

12. 刘瑞璞.女装纸样和缝制教程——童装篇[M].北京:中国纺织出版社,1998

13. 姜连军、杨瑞良.新编服装结构设计理论与应用[M].北京:中国标准出版社,1997

14. (日)文化服装学院编.范树林编译.文化服装讲座[M].北京:中国轻工业出版社,1998

15. 吴俊.男装童装结构设计与应用[M].北京:中国纺织出版社,2001

16. 潘波.服装工业制版[M].北京:中国纺织出版社,2000

17. 戴鸿.服装号型标准及其应用[M].北京:中国纺织出版社,2001

18. 周邦桢.服装工业制版推版原理和技术[M].北京:中国纺织出版社,2004

19. 余国兴.工业纸型设计教程[M].上海:东华大学出版社,2004